"十二五"普通高等教育本科国家级规划教材

服装展示设计

（第2版）

张 立 王芙亭 编著

中国纺织出版社

内容提要

本书从服装展示设计基础入手，以服装销售场所的展示设计和服装商业展览展示设计为主要内容，对服装展示设计进行讲解。全书基础理论、精美图片和必要的文字说明相辅相成，结合大量展示实例，系统讲述了服装展示空间基础、色彩基础、照明基础以及服装商业卖场设计、服装展览会场设计和服装展示设计的表现技法等内容。网络教学资源中收集了大量经典服装展示图片，给读者以直观的感受。

本书既可作为高等院校服装专业学生的教科书，又可供从事服装展示设计工作的人员学习、阅读和参考。

图书在版编目（CIP）数据

服装展示设计／张立，王芙亭编著．—2版．—北京：中国纺织出版社，2017.3（2023.2重印）

"十二五"普通高等教育本科国家级规划教材

ISBN 978-7-5180-3123-8

Ⅰ．①服…　Ⅱ．①张…　②王…　Ⅲ．①服装—陈列设计—高等学校—教材　Ⅳ．①TS942.8

中国版本图书馆CIP数据核字（2016）第303626号

责任编辑：张晓芳　　特约编辑：陆丽娅　　责任校对：王花妮
责任设计：何　建　　责任印制：何　建

中国纺织出版社出版发行
地址：北京市朝阳区百子湾东里A407号楼　邮政编码：100124
销售电话：010—67004422　传真：010—87155801
http：//www.c-textilep.com
中国纺织出版社天猫旗舰店
官方微博http: //weibo.com/2119887771
北京通天印刷有限责任公司印刷　各地新华书店经销
2009年5月第1版　2017年3月第2版　2023年2月第4次印刷
开本：787×1092　1/16　印张：14.75
字数：206千字　定价：48.00元（附网络教学资源）

出版者的话

全面推进素质教育，着力培养基础扎实、知识面宽、能力强、素质高的人才，已成为当今教育的主题。教材建设作为教学的重要组成部分，如何适应新形势下我国教学改革要求，与时俱进，编写出高质量的教材，在人才培养中发挥作用，成为院校和出版人共同努力的目标。2011年4月，教育部颁发了教高［2011］5号文件《教育部关于“十二五”普通高等教育本科教材建设的若干意见》（以下简称《意见》），明确指出“十二五”普通高等教育本科教材建设要以服务人才培养为目标，以提高教材质量为核心，以创新教材建设的体制机制为突破口，以实施教材精品战略、加强教材分类指导、完善教材评价选用制度为着力点，坚持育人为本，充分发挥教材在提高人才培养质量中的基础性作用。《意见》同时指明了“十二五”普通高等教育本科教材建设的四项基本原则，即要以国家、省（区、市）、高等学校三级教材建设为基础，全面推进，提升教材整体质量，同时重点建设主干基础课程教材、专业核心课程教材，加强实验实践类教材建设，推进数字化教材建设；要实行教材编写主编负责制，出版发行单位出版社负责制，主编和其他编者所在单位及出版社上级主管部门承担监督检查责任，确保教材质量；要鼓励编写及时反映人才培养模式和教学改革最新趋势的教材，注重教材内容在传授知识的同时，传授获取知识和创造知识的方法；要根据各类普通高等学校需要，注重满足多样化人才培养需求，教材特色鲜明、品种丰富。避免相同品种且特色不突出的教材重复建设。

随着《意见》出台，教育部于2012年11月21日正式下发了《教育部关于印发第一批“十二五”普通高等教育本科国家级规划教材书目的通知》，确定了1102种规划教材书目。我社共有16种教材被纳入首批“十二五”普通高等教育本科国家级教材规划，其中包括了纺织工程教材7种、轻化工程教材2种、服装设计与工程教材7种。为在“十二五”期间切实做好教材出版工作，我社主动进行了教材创新型模式的深入策划，力求使教材出版与教学改革和课程建设发展相适应，充分体现教材的适用性、科学性、系统性和新颖性，使教材内容具有以下几个特点：

（1）坚持一个目标——服务人才培养。“十二五”职业教育教材建设，要坚持育人为本，充分发挥教材在提高人才培养质量中的基础性作用，充分体现我国改革开放30多年来经济、政治、文化、社会、科技等方面取得的成就，适应不同类型高等学校需要和不同教学对象需要，编写推介一大批符合教育规律和人才成长规律的具有科学性、先进性、适用性的优秀教材，进一步完善具有中国特色的普通高等教育本科教材体系。

（2）围绕一个核心——提高教材质量。根据教育规律和课程设置特点，从提高学生分析问题、解决问题的能力入手，教材附有课程设置指导，并于章首介绍本章知识点、重点、难点及专业技能，增加相关学科的最新研究理论、研究热点或历史背景，章后附形式多样的习题等，提高教材的可读性，增加学生学习兴趣和自学能力，提升学生科技素养和人文素养。

（3）突出一个环节——内容实践环节。教材出版突出应用性学科的特点，注重理论与生产实践的结合，有针对性地设置教材内容，增加实践、实验内容。

（4）实现一个立体——多元化教材建设。鼓励编写、出版适应不同类型高等学校教学需要的不同风格和特色教材；积极推进高等学校与行业合作编写实践教材；鼓励编写、出版不同载体和不同形式的教材，包括纸质教材和数字化教材，授课型教材和辅助型教材；鼓励开发中外文双语教材、汉语与少数民族语言双语教材；探索与国外或境外合作编写或改编优秀教材。

教材出版是教育发展中的重要组成部分，为出版高质量的教材，出版社严格甄选作者，组织专家评审，并对出版全过程进行过程跟踪，及时了解教材编写进度、编写质量，力求做到作者权威，编辑专业，审读严格，精品出版。我们愿与院校一起，共同探讨、完善教材出版，不断推出精品教材，以适应我国高等教育的发展要求。

中国纺织出版社
教材出版中心

第2版前言

本书第1版自2009年5月作为普通高等教育“十一五”国家级规划教材（本科）由中国纺织出版社出版后，承蒙读者的厚爱，至今已加印多次，并于2010年被中国纺织服装教育学会评为“纺织服装教育‘十一五’部委级优秀教材”；更荣获“2012年度中国纺织工业联合会科学技术进步奖二等奖”。

与其他艺术设计类教材相比较，目前国内《服装展示设计》的教材编写和出版情况还稍显得薄弱滞后。一方面，随着我国服装的商业促销、服装文化的传播及服装信息的发布推广与交流活动的需要，由此衍生出各种类型的服装展示活动正方兴未艾，因此国内对服装展示设计的需求更显迫切，对服装展示设计水平的提升也更加期望；另一方面，国内对服装展示作为一个服装产业相关行业发展的认识还稍显不足，对服装展示设计专业特性的研究，从理论到实践上更显欠缺，这就需要服装展示设计教学乃至教材的编写要先行一步。因此，在本书第1版已出版使用多年的基础上，2012年，在中国纺织出版社及作者所在单位天津工业大学的大力支持下，经过申报遴选，本书被列入了教育部普通高等教育“十二五”国家级规划教材（本科），使我们得以对存在某些不足的本书第1版进行修订，特别是对书中的图例包括设计案例做了较大更新、替换与补充，尽可能反映当今服装展示设计理论与实践的最新发展与变革。

本书第2版编写中，天津工业大学艺术与服装学院张立教授对第一章、第二章进行了修订与补充，并对全书各章节内容进行了最后的统稿和审定；天津天狮学院艺术设计学院王芙亭教授对第三章、第四章及作品赏析进行了修订；天津工业大学艺术与服装学院冯芬君老师不仅对第五章“服装展示设计的表现技法”的内容进行了修订，还特别提供了由他本人与同事王维老师主持设计，荣获“2012年第十五届中国室内设计大奖赛学会奖”的天津工业大学“纺织非物质文化遗产学研馆”展示设计方案的设计图与实景图片。此外，2013级研究生唐娜仁、吴知易、司修平、李里、杨雪、武红霞为本书的编写修订做了大量辅助性工作。本书除保留原有部分学生的作业图片外，还补充更新了部分学生作业图片，在此一并表示感谢。

本书的编写和再版，得到了中国纺织出版社张晓芳编辑等的大力支持和帮助，特别还要提到的是天津美术学院副院长郭振山教授、北京服装学院副院长贾荣林教授为本书申报普通高等教育“十二五”国家级规划教材（本科）给予了热情的鼓励和支持，撰写了高评价的推荐信，在此表示衷心的感谢。

由于作者水平所限，书中难免有不妥之处，敬请各位专家、读者批评指正。

编著者

2016年10月

第1版前言

展示作为一种人类古老的表达形式，从原始人对自然神和祖宗神的崇拜祭祀活动中可以找到其雏形和起源。人类对展示的应用既出现于蒙昧状态下的原始“巫术礼仪与祭祀”活动，又起源于原始状态“物物交换”的商业行为中。随着现代社会的不断发展和商业竞争的日趋激烈，展示活动作为一种有效的传播行为，其作用越加显现。人类展示活动已由早期的简单形式、自发形式发展为现代多学科综合运用的一种有明确目标、有组织的传播活动，并已渗透到社会生活的各个方面。

在展示设计的大家族中，服装展示设计可以说是其中靓丽而多姿多彩的一员。当今，服装作为人类衣、食、住、行之中的一方面，其商业促销、文化传播及服装信息的发布推广与交流活动的需要催生出各种类型的服装展示活动。服装博物馆与陈列室对于服装文化的交流、保存、研究和陈列展出有着独特的功能；服装展会作为会展业的组成部分，在我国会展业的发展中充当着活跃的角色；而服装商业卖场以其特有的形象魅力和气质成为构成城市繁华与活力的一道亮丽风景。

我国是当今世界最大的服装生产国和出口国，服装产业举足轻重。然而，我国的服装产业也面临着从服装大国向服装强国、从中国制造向中国创造的产业升级的严峻局面。在这方面，服装展示设计将对我国服装品牌文化的传播、对服装产业竞争力的提升和产业升级发挥它特有的影响和作用。

近些年来，伴随着现代展示业在我国的蓬勃发展，大多数国内艺术设计院校陆续开设了展示设计课程。服装展示设计作为服装学科构成体系中的一部分，也在一些学校的服装专业中作为一门课程开设。但在日趋丰富的有关展示设计的书籍中，专门针对服装展示设计的书籍，特别是教材还很少。为了满足我国高等院校服装展示设计课程教学的需要，在充分借鉴、吸纳前人和同行已有成果的基础上，我们将平时在教学和社会实践中的积累整理编写成这本教材。本书以服装终端销售场所的展示和服装的商业展览展示设计为主要内容，期待着本书能对服装展示设计课程的教学及学习服装展示设计课程的学生有所借鉴与帮助。

本书第一、第二章及作品赏析由天津工业大学张立编写；第三、第四、第五章由天津工业大学王芙亭编写；第五章的“计算机辅助设计”内容由天津工业大学的冯芬君老师编写，并结合讲解内容配上了精心绘制的插图。

本书的编写和出版得到了天津工业大学艺术与服装学院的热情帮助和大力支持，在此表示衷心的感谢！

此外，还要感谢天津工业大学徐军老师、韩晓梅老师以及天津工业大学06级研究生赵伟在本书编写过程中所提供的帮助。本书采用了部分学生作业的图片，其中有些由于缺乏资料而没有署名，在此一并表示感谢。

服装展示设计作为一门课程开设的时间还很短，教学也还需要在摸索中总结经验。由于编者学识水平和眼界的局限，加之时间仓促，书中难免有不妥之处，恳请各位专家、读者批评指正。

编著者

2009年3月于天津工业大学

教学内容及课时安排

章/课时	课程性质/课时	节	课程内容
第一章（6课时）	基础理论及专业知识		• 绪论
		一	服装展示设计的概念
		二	服装展示的形成要素及设计分类
		三	服装展示的功用及特征
		四	服装展示设计师应具备的素质
		五	展示活动发展概述
第二章（6课时）	应用理论及专业知识		• 服装展示设计基础
		一	艺术形式美原理在展示设计中的运用
		二	展示中的人体工程学
		三	服装展示空间基础
		四	服装展示色彩基础
		五	服装展示照明基础
第三章（8课时）	专业理论及专业知识		• 服装商业卖场设计
		一	服装商业卖场的空间环境
		二	服装商业卖场的设计流程
		三	服装商业卖场的外观设计
		四	服装商业卖场的店内设计
第四章（8课时）			• 服装展览会场设计
		一	服装展览会场的分类
		二	服装展览会场设计的操作流程
		三	服装展览会场的空间设计
		四	服装展览会场的色彩与照明设计
		五	服装展览会场的道具设计与选用
		六	服装展览会场的展品陈列设计
第五章（16课时）			• 服装展示设计的表现技法
		一	服装展示设计工程制图
		二	服装展示设计效果图

注 各院校可根据自身的教学特色和教学计划对课时进行调整。

目录

基础理论及专业知识——

绪论

课题名称： 绪论

课题内容： 1. 服装展示设计的概念。

2. 服装展示的形成要素及设计分类。

3. 服装展示的功用及特征。

4. 服装展示设计师应具备的素质。

5. 展示活动发展概述。

课程时间： 6课时

教学目的： 分析服装展示形成的基本要素及其传播方式的优势与局限性；讲解服装展示设计的分类、功用及特征；讲解服装展示设计师的职责、应具备的专业能力和素质要求；概括地讲述展示活动起源与发展的历史轨迹；介绍世界博览会的基本知识。

教学要求： 1. 使学生理解展示与服装展示设计的基本概念；明确服装展示形成的最基本要素；理解服装展示设计的分类及所涉及的主要内容。

2. 结合会展业发展情况，使学生了解服装展示的功能。

3. 结合实例讲解，使学生了解服装展示这种传播方式的特征。

4. 使学生理解服装展示设计师的职责、应具备的专业能力和素质要求。

5. 使学生了解展示活动发展的概况。

课前准备： 选择国内外典型展示案例的背景资料，调研本地区有代表性的展示活动实例，以文字讲解结合图像介绍的方式，使学生从基本理论与设计方法等方面来认识和了解现代社会中的各种展示活动。查阅有关展会及世界博览会的相关资料，并能在教学中论述。

第一章　绪论

展示行为是自然赋予人类等生物的生存本能。植物通过展示自身鲜艳的色彩或独特的气味吸引昆虫，来帮助它们传播花粉；动物通过展示自身的优势来吸引异性；原始人类的文身和装饰也是有目的的展示行为。人类社会交往的需要使得展示活动日益成为人类进行各种社会活动的重要形式。在现代社会生活中，展示活动正以其特有的信息直观性和集中性以及群众参与的广泛性和社会性，而成为人类生活中各个领域的信息媒介与桥梁（图 1–1）。

图 1–1　展示活动成为信息交流的重要形式

第一节　服装展示设计的概念

一、展示

“展示”、“展示设计”是近些年的名称，过去人们习惯称之为“展览”、“展览设计”。名称的变化，反映了人们对展示业认识的深入和全面。在汉语辞典里，对展览的释义为“陈列出来供人观看”，对“展示”的释义则是“清楚地摆出来，明显地表现出来”。显而易见，展示的释义强调了“表现”这一动作特征，既含有以视觉为主体的信息传递方式，还含有利用人体其他感官接受信息的多种方式（图 1–2、图 1–3），例如可利用听觉、触觉、味觉、嗅觉等接受方式与信息传递方式，能更准确、全面地概括和描述现代展示活动。现在，国际上普遍采用英文“Display”和“Display Design”表示“展示”和“展示设计”。Display 的中文含意带有显现、展出、示范、演示的含义。

图 1–2　阿迪达斯展位独特的信息传递方式

图 1–3　展示中的互动体验

展示是以传递信息、启迪人们思想、满足和推动社会需要与进步为目的，以直观、生动的形式与观众进行沟通的活动。就字面的含义而言，有展出、陈列、示范、体现等意思。“展示”的语义一般可理解为“展开表示”。“展”的字义有张开、放开、转动、翻动、伸张和延长的意思，例如将某个物体四周转动、上下翻动、前后伸张、左右延长，观众不必变换视角同样能看到展品的不同部位，使其各部位暴露无遗，从而产生自我说明、招引传达的功能。“示”的字义为“把事物摆出来或指出来使人知晓”，并且“示”的字义其外延很大，有演示、示范以及明示、暗示等含义。演示、示范可以解释为通过特定的表演过程作为展现状态，时装表演属于此类；明示、暗示可视为采用一些手段来表现情调，渲染气氛的方式，例如采用照明技术来表现一种幽雅的情调。因此，展示的表现既可以是静态的，也可以是动态的，或动静态结合，其表现的可行性是很宽的。

二、服装展示设计

服装展示设计是人们运用空间规划、平面布置、灯光、色彩配置和视觉传达等手段营造一个富有艺术感染力和个性的展示环境，通过这种展示面貌，有计划、有目的、合乎逻辑地将展示的内容传递给观众，力求对观众的心理、思想与行为产生影响的综合性创造工作。

在现代企业形象系统中，展示设计是视觉识别应用设计的一个重要组成部分，是产品和企业形象的直接展示。越来越多的服装品牌开始通过卖场终端以及博览会、展销会等来树立品牌形象，这一便捷而直观的宣传推广形式，不仅被企业广泛采用，也被消费者所喜爱。今天的服装卖场已经不仅仅是销售的场所，更是一个展示品牌个性与商品特色、使消费者在浏览与购物的同时获得美好享受和愉快体验的场所；而博览会与展销会则更好地搭建了企业或经销商与观众直接交流沟通的信息平台，成为企业发布、获取产品信息和市场信息的有效途径。

第二节　服装展示的形成要素及设计分类

一、服装展示的形成要素

现代服装展示正在寻求更为有效的信息传递形式、一种时尚的展示方法，将品牌和产品的信息同时传播给客商，展现给广大观众（图1-4），让观众去体验与品味，感受设计师的构思和理念，体验设计师的艺术创造，理解产品宣传的意图，从而在心目中留下深刻的印象，达成展示的效果和效益。这也是现代展示所追求的目标。

图1-4　品牌和产品的信息同时呈现

美国学者H.D.拉斯韦尔（H.D.Lasswell）最早在《传播在社会中的结构与功能》论文中提出，信息交流必须具备五种基本要素：

Who（谁）

Say What（诉求什么）

In Which Channel（通过何种渠道）

To Whom（向谁诉求）

With What Effect（有什么效果）

这五种基本要素成为信息交流活动著名的“5W”模式。它既是展示活动的先决条件，也是展示活动应当遵守的原则。对以上信息交流的五个基本要素进行分析可知，可以将传达者（谁）、展示内容（诉求什么）和接受者（向谁诉求）作为展示形成的最基本要素。传达者除了基于某种目的，还要具备某些现实物和场地环境（通过何种渠道），并有接受者参与。当接受者从展示现象中获得某种影响和信息时，展示的功能才能实现。因此，服装展示是在客观条件制约下，以一种现场传达的方式传播服装信息，它要受到场地环境、地域和有观众参与等局限。

沟通是传达的基本精神，传达因相互的即时沟通而更有效。通常，展示的传达方式就是这样一种互动交流、即时沟通的信息传达方式（图 1–5）。报纸、广播、电视、书刊等大众传播方式是将信息传送给处于不同方位的接受者，虽然有覆盖面广、视听者众、利用率高、传播迅速的优势，但其传播方式局限于一种间接的、音像的传达方式，同展示的现场传达相比，对接受者来说缺少眼见为实的可信度，正因为如此，现代营销策略强调将不同的传播媒体和促销手段进行整体策划，使之紧密衔接，相互配合。

图 1–5 展会为即时沟通提供了可能

二、服装展示设计的分类

现代展示内容丰富，涉及的领域广泛，其内涵随着时代的发展得到不断的充实。国外对“展示”一词的理解是十分广义的。如在日本有关展示的专著中，将展示分为以下四大类：展示会（如博览会、展览会等）、展示场（如竞技场、剧场等）、展示馆（如博物馆、美术馆、图书资料馆、水族馆等）、展示园（如动物园、植物园等）。

以展示所涉及的内容而言，只要人们视觉能接受的有态物质都可以作为展示的内容，因而，展示设计的范畴相当广泛。展示可从内容上、形式上，也可以从规模上、时空概念上、目的上等进行多方面分类，但按展示的性质可概括为商业性展示与文化性展示两大类；按展示的目的可归纳为交易推广型、观赏型、教育型、纪念型四种。

当今，服装作为人类衣、食、住、行中的一方面，在服装的商业促销、服装文化的传播及服装信息的发布推广与交流活动等方面衍生出各种类型的服装展示活动。多样性的服装展示活动为生产商、经销商和消费者搭建了信息交流的平台。

依照项目内容分类，服装展示设计主要有服装商业卖场设计、服装展览会场设计、服装表演秀场设计三大类别。

（一）服装商业卖场设计

在服装商业卖场展示空间中，为了使商品自身的价值凭借其质量、色彩、形态、价格、数量和机能等，能够引起消费者的购买欲望进而促进销售，就需要深入顾客的心理层面，研究商品本身及商品以外的因素，如怎样才能满足顾客的物质与精神需求，对购物环境、店铺形象、商品陈列等进行统筹设计。服装卖场更多地以品牌专卖店这一品牌专营的营销方式出现，以品牌化的经营策略实行系列化的商品经营。品牌专卖店的商品陈列和店面形象，重在体现企业识别系统设计要求，以其造型、色彩、材质上的个性特征与统一的视觉效果，强化品牌形象（图 1–6）。

图 1–6　服装专卖店内部空间

通常，除了单独选址开设的品牌专卖店，服装卖场大多在大型商场、超级市场按类别形成集中的服装购物区，成为大型商场、超级市场吸引顾客的亮点，在其商业经营中占有显著的地位。

（二）服装展览会场设计

服装展览会场设计，是针对观赏交流为主的国际性服装博览会和交易洽谈为目标的服装展销会的展览设计。由于展览业的规范要求和展览场地等的局限，通常情况下的展览会场设计，往往要求在很短的时间内设计出采用有效手段搭建的具有良好展示效果的展区（位），为参展企业或产品提供良好的平台。

服装展览会以不定期举办为多，但近年来，展会品牌化经营理念的影响使定期持续的专业展会有较快的发展，如每年定期举办的大连国际服装节，每年3月或11月北京的（2015年已移师上海）中国国际服装服饰博览会等。许多展会主办方（商）将一批占有天时地利优势的展会打造成了知名的定期持续型品牌展会。

服装展览会一般是围绕一定的专题内容举办，展会形式多样，规模有大有小，从展示活动规模上主要分以下两种：

（1）大型服装产品展示。在市场竞争日趋激烈的今天，有实力的大型服装企业为了拓展市场，花费可观的资金参加世界各地举办的大型服装产品展示与推广活动。这一类大型服装产品展示相应地需要足够大的展示空间，除了实物以外，以视觉化元素和企业视觉识别系统表现形象概念也十分重要。一般由主办方为参展商提供展览平面后，由每一个参展商选择适合的展位或设专馆进行设计与布展，其展位面积通常在100㎡以上，有的达到200～300㎡，按一般标准，这种面积已属于大型或超大型展位（图1–7）。大型服装产品展示通常不进行现场的直接销售或交易，而重在进行提升企业的知名度、扩大社会影响的品牌推广活动，常常专设服装表演场地，在展会期间定期或不定期地举办服装表演。

（2）中小型服装产品展示。中小型服装产品展示是最为常见的展示活动，其展位面积较小，一般在100㎡以下。这一类服装展示形式常被许多同一组织或行业的公司，依据其同一目的或共同点联合起来举办。这类展示除展出服装产品外，参展商的品牌形象也被充分体现。展会上一般有工作人员分发介绍产品的传单，回答观众的咨询（图1–8），展区内通常要设置一定区域的洽谈空间，便于观众与参展商直接交流。

图1–7　阿迪达斯品牌的大型展位

（三）服装表演秀场设计

服装商业卖场设计和大多数服装展览会场设计与一般的商业展示设计相似，或者说它们本身就属于商业展示设计的内容，而服装表演秀场设计最具业态特征。在综合了舞台艺术、视听艺术的运动空间中，以真人模特展演服装，与其他商品动态展示相比，形式多样而艺术感染力强，因此，备受人们的喜爱。

服装表演活动（图1–9）以特定空间环境氛围的创造，模特着装展演的情景和过程来体现展示的主题。服装表演的空间规模有大有小，功能要求各不相同，应结合品牌理念，营造一个符合其内容氛围的空间环境。这方面的设计不仅要考虑视觉方面，还要综合考虑其他感官方面对人们的影响。

图1-8　小型儿童服装展位的产品展示

图1-9　模特服装展演

第三节　服装展示的功用及特征

一、服装展示的功用

同其他设计一样，展示设计必然带有某种目的。尽管展示的内容、形式、规模、时空概念以至目的等多种多样，但按展示的性质可概括为商业性展示与文化性展示两大类。服装展示大多是商业性展示，它和大众距离最近、最能引起消费者关注，不仅有直接的商业功利作用，在现今的商业文化中也带给人们知识、审美和生活情趣，使人们从中增长见识，陶冶性情。这种商业性与文化性重叠交织在一起，体现出了现代展示的综合功用。

在我国，由于当今社会对展示活动，特别是商业性展示活动的巨大需求，一个新型的产业——会展业已悄然兴起。会展业以知识技术密集型的行业为龙头，集经济贸易、物流、交通、宾馆、饭店、展示场馆等相关行业为一体，组成一个产业链，发挥着提升地区文化品位和形象，拉动当地城市建设和经济发展的综合效益的作用。

会展一般包括会议和展览两个基本组成部分。在西方，会展业一般称之为会议展览业。展览场地又称会展中心，一般兼有接待会议和举办展览会的功能。在一些办展历史悠久、展览业高度发达的国家，如德国，会展业成为该国服务业中最重要的组成之一（图 1-10）。

图 1-10　法兰克福汽车展奔驰展厅

我国是当今世界最大的服装生产国和出口国，服装产业举足轻重。然而，我国的服装产业也面临着从服装大国向服装强国、从中国制造向中国创造的产业升级的严峻局面。在这方面，服装展会对我国服装产业的进一步发展和产业升级发挥着重要的影响和作用。服装信息及品牌影响力传播的需要加大了对服装展会的需求，服装展会作为我国会展业的组成部分，是其中一道亮丽的风景，在我国会展业的发展中充当着活跃的角色。

大量事实证明，有效地利用服装展销活动——参加服装博览会、服装展览会、服装交易会或自办服装展销会等，是服装企业获取产品情报和市场情报、树立企业形象、拓展市场的有效途径。对企业来讲，这是现代市场营销的一个重要组成部分，尽管投入很大，但这些投入是可以得到回报的（图 1-11）。西方大多数企业把每年的参展费用开支作为对外联系交际费列在 Communication（交际）项目下，在营销方式上则把它与直接销售和电子商务并列。

现代服装展示的功能主要有以下几个方面：

（1）及时地、全方位地提供和发布各种信息。

（2）树立企业形象、提升品牌影响力与知名度，拓展市场。

图1–11　布置成酒吧间式样的服装展场

（3）普及推广科技与服饰文化知识，传播文明，引领时尚，引导消费。

（4）促进国家和地区间的经济贸易合作，推动社会经济的发展与交流。

（5）提高大众的文明素质，丰富人们的生活。

二、服装展示的特征

现代展示是一种有目的的通过对信息进行强化而向外界传播信息的行为，更注重信息的高效传达和即时反馈。它体现出以下基本特征。

（一）体验性和参与性

体验经济（The Experience Economy）是近年来越来越热的一种经济形态，它给企业的运营方式带来了新的思路与选择，“消费者体验”的强大力量也促使设计师们对体验设计（Experience Design）这一设计的高级形态给予更多关注。大量研究结果表明，展示活动中使用现场表演的方法能加深观众对产品的印象。在商业性服装交易会上，参展商采用现场表演的方式引起观众的更大兴趣，让观众在参与活动时亲身体验或感受产品的风采与优良品质，获得真切实在的感受和更丰富、更全面的信息（图1–12）。

图1–12　“虚拟现实”技术圆你的飞人梦（左）和2012年CHIC展设置的虚拟穿衣镜（右）

（二）信息载体的多样性

现代服装展示凭借实物与现场演示，将图像、文字、语言、灯光、音响等信息载体综合运用，加上道具、环境的烘托，现场的表演，动人的解说，优美的音乐和艺术造型，能对观众产生更大的感染力，比一般的文字和图像宣传更有效（图 1–13）。

图 1–13 手工织机现场演示

（三）综合性和时尚性

随着科技的发展，现代展示在形式和内容上都有了重大的革新突破，例如融声、光、电于一体的综合表现手法。现代服装展示是艺术与科学技术的结合。现代新型材料、视听技术、照明以及各种艺术流派的观念、手法、风格等，会不同程度地反映到服装展示中来，并且往往是通过艺术与科技二者的有机结合的形式显现出来（图 1–14）。现代服装展示又是经济与文化的结合，贸易型的服装展示活动本身既具有经济特征，又具有文化色彩，构成了地方文化活跃的一部分，引导着地方文化的时尚与服装消费潮流。

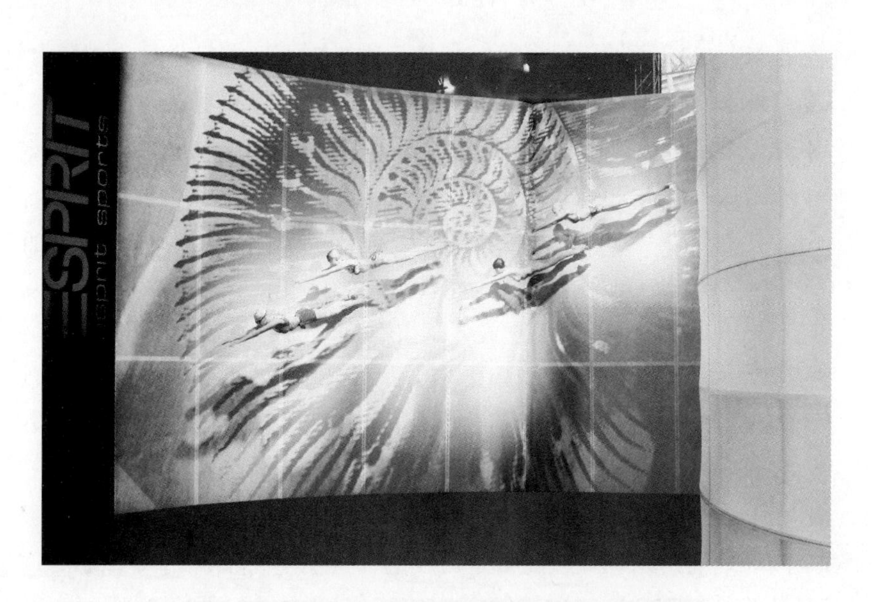

图 1–14 大型投影图像映衬着吊挂泳装模特的身姿

（四）直接性和高效性

服装展示活动是一种有效的沟通形式，一个观众可以通过现场的观察和亲身体验来判断产品的优劣与价格的高低（图 1–15），企业通过展销会让观众了解了企业和产品，并且通过企业人员同观众的交流、洽谈，直接听到他们对产品和服务的评价和建议（图 1–16）。这种物与人、观众与企业的直接双向交流的沟通方式，缩短了与会者决断的时间，形成高效的传达效果。

图 1–15　展会上现场演示

图 1–16　展会上的直接双向交流

第四节　服装展示设计师应具备的素质

一个展示活动是一个由诸多环节组成的系统工程，服装展示设计是一种综合性的设计，设计师，尤其是负责总体设计的设计师，在决定展示活动设计策划、整体的艺术效果、空间布局、表现形式、艺术趣味等方面负有关键职责。因此，展示设计师所需的各项专业能力和素质要求也很高。

一、相关专业设计知识和造型艺术能力

展示设计是一种综合性的创造表现。设计师要有良好的创新意识和开阔的艺术思维能力，具备敏锐的艺术觉察力和鉴赏力，关注国内外展示艺术和其他相关艺术的发展动态，了解视觉艺术的历史发展和艺术风格、流派的演变，善于捕捉新的艺术思潮和动向。设计师同时应具备相当的文化修养，对文学、戏剧、电影、音乐、艺术表演等感兴趣，有较好的欣赏能力和鉴赏水平，能够从各类艺术中汲取营养，启发创作灵感。

设计师对空间环境的组织和处理能力是首要的，特别是大型、超大型的展示空间设计方面。因此，设计师要具备对空间环境的基本认识和设计想象能力，掌握与展示设计有关的建筑、室内设计知识，了解与此相关的法律和规范，如有关的消防和安全规范。设计师还要了解建筑与室内设计的基本原理和常用手法，具有建筑和室内设计的一般制图和识图能力，能够按照国家和行业的规范，用技术性的手段来表达自己的设计意图。另外，展示的信息传达功能还要求设计师理解视觉传达的基本原理，掌握视觉传达的语言，具备一定的平面设计能力。较强的美术设计和造型能力是艺术设计工作必备的基础，熟练运用预想图（效果图）和各种设计表现技法来形象地表达自己的设计意图，是设计师同外界交流的需要。同时，在计算机辅助设计已经普及的情况下，设计师应当掌握常用的计算机设计软件。

二、对新技术的了解和认识

综观展示设计的发展进程，展示设计是在新的技术和发明之中汲取元素，在不断吸收采用新技术、新工艺、新材料之中获得发展的。要在设计中产生创新手法，应有对新技术新发明的敏感，否则是难以应对时代发展对展示设计提出的挑战和要求的。一个展示设计师要破除固有的思维模式及表现手法，善于运用新的科技成果，在展示设计中体现科技发展的前沿。电子科技和计算机多媒体技术在展示设计中有广泛的应用空间和前景，在计算机技术迅速发展的今天，展示设计师应对各种计算机技术在展示领域的应用的可能性进行大胆的尝试，勇于探索。

三、公关协调能力和合作意识

展示设计是一项涉及多种专业技术和社会层面的工作，必然要与各种相关的人员打交道。在设计市场化的今天，现代设计师应该具有经营和服务意识。设计师是以自己的设计作为服务产品的，因此要善于与外界沟通，推销自己，赢得他人的信任。一项设计工作，往往需要诸多专业人员的通力合作，尤其是大型项目的设计负责人，应该具有良好的组织能力和公共关系协调能力，善于统筹规划，协调各部门、各环节的工作进展，有较强的人际交往能力和合作意识。

第五节　展示活动发展概述

展示活动的发展同人类文明的历史紧密相连，自从有了信息表达与传递的需要，展示活动便相伴而生，人们把某种物品、事情、想法和欲望通过一定的形式向其他人表达，就产生了展示行为。从展示的功能方面分析，人类对展示的应用既出现在蒙昧状态下的原始“巫术礼仪与祭祀”活动中，又起源于原始状态“物物交换”的商业行为中。综观展示活动的发展进程，从陈列宗教偶像的山洞、庙宇、神殿和私人收藏室等向公众博物馆的发展；从市集向固定经营的商场和交易型展销会的演进；从迪斯尼乐园到各类商业性娱乐场所的开发；从最初以经济和贸易为目的到当今以进行国际文化交流、展示技术进步、促进共同繁荣为宗旨的世界博览会（简称世博会，图 1–17）。人类展示活动已由早期的简单形式、自发形式发展到现代多学科综合运用的一种有明确目标、有组织的传播活动并渗透到社会生活的各个方面。我们可以以博物馆为代表的文化性展示和以博览会、展销会、商场为代表的商业性展示作为主线，概括地了解人类展示活动起源与发展的历史轨迹。

一、从宗教陈列与私人收藏到博物馆的演进

（一）宗教陈列与私人收藏至博物馆的成型期

展示作为一种人类的表达形式，从原始人对自然神和祖宗神的崇拜祭祀活动中可以找到其雏形和起源。在早期的人类社会，为宗教崇拜活动所建立的古代祭坛、神庙、教堂等，实际上就是陈列偶像和其他宗教内容的场所，古人的祭祀或宗教活动就是展示和观赏宗教偶像或

图1-17　上海世博会的中国馆内景

其他宗教内容的过程。古人的祭典活动就是通过一种原始的展示形式，将崇拜的偶像、奉献的贡品、狩猎征战的战利品等祭物摆在祭坛上或是悬挂在墙壁上，以这样的展示手法与某种特定的仪式来制造出庄严而神秘的气氛，用以鼓舞士气或表示虔诚。在公元前5世纪的古希腊奥林匹斯神殿内就有一个收藏各类战利品和艺术品的“宝库”，它被西方视为博物馆的雏形。

封建社会时期是博物馆的成型期，地主和贵族阶层出于观赏和炫耀的心理需求，修建了收藏珍品的私人博物馆。欧洲中世纪时期，一些贵族阶层常将自己拥有的珍宝、艺术品及战利品等集中陈列，从而产生了家庭或家族式的收藏室。

欧洲文艺复兴时期，随着自然科学、考古及航海业的发展，收藏种类及范围大大扩展，一些私人收藏开始向公众开放。陈列室从家庭走向社会，成为社会上的博物馆，而贵族阶层常以“赞助人”的身份出资收藏艺术品。

（二）博物馆的发展期

随着西方自然科学研究的深入及物种分类科学的完善，18 世纪的欧洲首先出现了自然、地质和人文类的综合性博物馆。建于 1753 年的大英博物馆，至今以馆藏 600 多万件藏品而堪称世界宝库之最，是当今介绍世界文化与文明最令人瞩目的博物馆。法国的卢浮宫，在最早的时候是皇族权贵聚珍敛宝的收藏室，16 世纪成为法兰西一世的王宫，从此开始收藏绘画、雕刻等艺术珍品。达·芬奇的名画《蒙娜丽莎》就是那时入藏卢浮宫的。路易十四时，卢浮宫艺术藏品达到 2000 件。它的开放则是在 18 世纪法国大革命之后。

19 世纪后，各国先后出现各种不同专业的专业性博物馆，一批具有丰富自然科学实物资料收藏的博物馆率先成为科学研究的主要场所，并聚集了一批学有所长的专家、学者对藏品进行研究和整理，于是博物馆开始具有学术研究功能。同时，公众对博物馆在某一领域的权威性和专业性的认同，使博物馆又具有了普及科学知识和启蒙教育的功能。

近代博物馆所具有的社会教育功能，使得利用实物示教的需求大大增加。人们开始认识到，博物馆不再仅仅是收藏标本和学术研究的机构，它也是一座真正的社会文化教育机构。因此，具有现代意义的欧美博物馆事业获得了迅速发展，这促使展品陈列功能成为博物馆的主要功能之一，同时也促进了展示活动和科学的发展。

18 世纪后半叶，虽然欧美大多数博物馆陈列都从收藏的库房中分化出来，基本上完成了陈列与收藏环境分离的过程，这一时期建造的博物馆都有专用于陈列的空间，但展品陈列并没有更多的设计，除藏品标签外，没有多少辅助陈列资料，这种模式一直延续到 20 世纪 20 年代初。

（三）博物馆的成熟期

博物馆展示方式上的一次重大革新发生于 20 世纪初。英国的一些自然科学博物馆为使陈列更吸引观众，除为其配备文字说明外，还配备了图片、图解或模型等形象化辅助陈列资料，使陈列更容易被观众理解和接受。这一时期的“标准化运动”对展示设计的影响十分深远，英国的部分博物馆设计了一系列造型简洁、尺度和结构标准化的陈列柜。整套设备由三种基本类型的橱柜组成，即立柜（靠墙陈设）、中心立柜（四面玻璃的中心柜）和桌柜（书桌式的平柜，上部覆以水平或有坡度的玻璃罩），此外，还有展板和倚墙屏风作为辅助设备。

新设施考虑到了人的视觉观赏要求，并以此为依据选择设备的尺寸和构造。有些还采用金属型材（钢材或黄铜）制作主要框架，具有强度高、对视线遮挡少的特点。由于这些橱柜规格尺寸统一，排列组合方便灵活，提高了陈列室建筑空间的利用率，故得到迅速推广。

“标准化运动”与欧洲在工业设计上推广标准化概念相吻合，在地域上不仅推广到世界各地的各种类型的博物馆，而且时间上一直延续到现在，如英国的大英博物馆至今还保持用标准化设计的陈列柜进行陈列。

这种标准化橱柜展示方式到 20 世纪 40 年代后又有新的改进，当时的工业化生产能制造出大尺寸的玻璃，出现了大型橱窗式玻璃柜的陈列。商业广告用的橱窗装置被引入博物馆陈列，由艺术博物馆推广到自然博物馆，再到其他类型博物馆，最后形成一种设计模式，现已成为当代许多博物馆陈列的基本样式。大型橱窗式玻璃柜装置一般高度为3m以上，宽度0.6m左右或更宽，具有开阔的视野；柜内的展示空间可以形成稳定的小气候环境，为珍贵文物的展示提供了必要的环境和安全条件。

20世纪80年代以后，在展示设计的艺术形式上又出现了个性化的趋势，并形成了一种新的设计思潮。不少专业博物馆开始以展示内容为主题，力求创造一个更丰富、更具个性的展示环境。如以自然为主题的陈列往往创造一种模拟自然生态的环境，使参观者在这个用艺术的手法创造的“典型环境”中，身临其境地感受陈列对象。与此同时，以计算机为代表的微电子技术大量运用在博物馆展示方面，各种新的表现技术和手段如计算机程序控制、视频技术、“虚拟现实”技术等（图1-18），形成了独特的展示艺术魅力。

图1-18 展示中的“虚拟现实”技术

虚拟现实（Virtual Reality，VR）技术是20世纪末出现的一门崭新的综合性信息技术。虚拟技术分虚拟实境（景）技术（如虚拟游览实体博物馆）与虚拟虚境（景）技术（如复原生成阿房宫、圆明园等已经毁灭了的建筑，构建尚未发掘的秦始皇陵等）两大类。虚拟现实是利用计算机模拟生成一个逼真的、具有三维视觉、触觉等多种感知的虚拟环境，使用户仿佛置身于一个生动、形象、具有视、听、触觉的感观世界，可以直接观察周围环境及事物的内在变化，并能与之发生“交互”，产生与真实世界相同的反馈信息，获得与真实世界同样的感受。虚拟现实技术是融合了数字图像处理、计算机图形学、多媒体技术、传感器技术等多个信息技术分支的一门新兴的跨学科新技术，将虚拟现实技术应用于数字博物馆及虚拟博物馆的建设中已成为当今的一个重要前沿课题。

（四）我国博物馆的发展

作为展示活动的一个重要方面，博物馆是一个国家或地区文化建设的重要方面。我国博物馆的历史首先由外国传教士在大城市开办的博物馆开始，到清朝末年才有了正式的展览会和博物馆。1905年，我国著名的民族企业家张謇在江苏省南通市建成第一个中国人自己的“博物苑”，同年在南京举办了第一届博览会，1919 年开放了故宫博物院。从 20 世纪 20 年代起，我国开始建造展览馆和博物馆，1934 ~ 1937 年建成了青岛水族馆、上海博物馆和南京博物院（图 1–19、图 1–20），到 30 年代末博物馆已发展到 20 多个。中华人民共和国成立后，全国各地修建了一批文化性的展示场所，包括十大建筑中的历史博物馆、军事博物馆、美术馆等。现在，我国以历史为中心所构成的历史类博物馆体系和革命战争为中心所构成的革命史博物馆体系已经建成；自然科学史类的博物馆体系正在形成；以民族、民俗为主要内容的博物馆事业近年来蓬勃发展。中国故宫博物院被称为东方宫廷艺术之精华，中国秦始皇兵马俑博物馆被称为世界第八大奇迹。

图 1–19　南京博物院主殿及展厅

中国的博物馆事业虽有较大发展，但是在展示场馆的数量上、功能上、规模上，特别是在展示设计和艺术表现手段上，与世界上做得好的国家相比还有着较明显的差距。近年来，我国文化性展示场所的建设已加快了步伐，各种科技馆、艺术馆、主题公园等文化展示场馆在各地相继兴建开放。从 2008 年开始，全国博物馆免费开放全面启动，促使博物馆融入社会的步伐得以加快，博物馆的文化辐射力和社会关注度得到空前提高，公共文化服务能力和社会效益得到进一步增强。人们意识到博物馆为专业研究和社会教育提供了良好的环境和条件，具有不可估量的社会价值，对具有几千年历史文化遗产的中国来说，各类博物馆承载和浓缩着祖先的历史文明，是一种宝贵的文化资源，它不仅是提高国民素质的必要投资，同时也会提升我国的文化影响力，而且能促进旅游等第三产业的发展，能取得社会和经济的综合效益。

图 1–20　上海博物馆展厅

二、从市集到商场与展销会的演变

（一）市集——最初的商业环境

随着社会生产力的发展，原始人类在生活和生产资料方面产生了交换需求。交换过程中物品的展示、观看、查验和辨别成为商品交换必不可少的过程，物品交换的场地就是最初的商业环境——市集。在市集上，人们将物品直接裸摊在地上，并有意识地分类陈列以供人们观看和挑选，这便是最初形态的商品展示，也是当代商场与展销会的雏形。

在我国原始社会末期，就有了“以其所有、易其所无”的物物交换活动。到了商代，社会生产力有了一定的发展，市集开始出现。周代后期，工商业日趋兴盛，王侯的国都设有特定的交易场所，并出现了一批进行固定经营的商人。到了春秋战国时期，市场更为兴盛，当时的齐都临淄、赵都邯郸以及大梁（开封）、河南洛阳都是著名的大商业城市。汉代，长安、洛阳、邯郸、临淄、成都成为全国商业的中心市场。唐代的长安商业繁盛，同业店铺设在同一地点，称为“行”。当时共有220行之多，举行过规模盛大的水上贸易博览会。宋代，汴梁成为最繁华的商业城市，张择端的《清明上河图》形象地再现了当时汴京的商业广告宣传和商品陈列展示的情景。据《东京梦华录》记载：北宋时，在相国寺已有定期举行的商品交易会，每月开放五次。明清时期北京城的前门大栅栏、东四、西四一带，都是商业集中的地方，形成了繁荣的市集庙会和商业街区。

在中世纪，欧洲商人举行的定期集会被称为市集。市集也叫“集市”，其英文表达源于拉丁文，有祭礼、节目的意思，在德语中则是“聚会活动”的意思。这种市集的功能主要是为商品的现场交易提供场所。

历史上最为显赫的市集是欧洲北部的香槟市集。12 ~ 13世纪是香槟市集最风光的时代，香槟伯爵领地内4个城市轮流举行的6次（两次在特鲁瓦城，两次在普罗文城，一次在拉尼城，一次在巴尔城）各为期至少6周的集市上，商人们从欧洲、西亚、非洲等地涌来。在13世纪香槟市集的记录中显示：到市集交易的物品来自40个地区和城市，包括25种不同的羊毛以及多种丝绸、亚麻、棉花、金银串缀的花料，此外还有皮革、皮革制品、药品、佐料、水果、石油、乳酪、酒、贵金属、珠宝和木材等24种物品。

随着社会生产力的发展，集中交易形式的市集演变为固定经营的商场与定期举办的展销会，市集开始逐渐衰落。到19世纪，市集的主要功能已变为商品批发了。

（二）从店铺到超级市场

至少在封建社会中期，随着商业的发展，出现了固定经营方式的店铺，有了摆放货物的货架柜台。店铺为了促销，开始注意商品的展示效果和广告宣传，用招牌、字号等标志物以招徕顾客。

欧洲工业革命推进了生产力的发展，促进了经济的迅速发展。随着城市人口的增多和商业流通需求的增加，各类商店的数量与种类不断增多。新型商业网点和商业街区的形成，使商店在功能、规模上有了质的飞跃，出现了橱窗和各种展示商品的道具设施，产生了种类繁多的广告。

现代资本主义商业的大发展为“商场”这种商业销售空间的展示设计提供了前所未有的

用武之地，促使商场的经营模式与展示设计走向成熟。20 世纪 50 年代，实行顾客自选自取这种全新销售方式的自选商店首先在发达国家迅速发展，并发展成为大型化的、连锁经营的超级市场。自选自取的销售方式适应了现代生活的需要，也使商业销售空间的面貌和机能发生了根本的变化。人体工程学、视觉传达艺术等相关门类技术被广泛地运用到商品展示的道具设施与视觉传达系统的设计中，商店的空间构成及商品的陈列对提高商店的知名度进而提高竞争力发挥着重要作用。

图 1-21　品牌专卖店的店内商品陈列

专卖店作为商业销售环境的另一种类型，商品陈列，特别是店面形象的展示有着特定的要求和重要性。同类商品专卖店迎合了人们购物针对性强、选择面宽的需求，往往会形成同类商品集中的商业街，如服装、食品一条街等。品牌专卖店则以品牌化策略实行系列化的商品经营，这类商店的店面形象和商品陈列需要体现“企业识别系统”的设计主旨，要求赋予其造型、色彩、材质上的统一视觉效果，使品牌风格得到展现（图 1-21）。此外，大型、特大型购物中心的出现，实现了“综合生活产业”的构想（图 1-22）。消费者走进商店已不只满足于“商品的获得”，商店也不单纯是商品买卖的场所，而成为融生活情趣、文化修养、消闲娱乐为一体的消费生活空间（图 1-23）。这些空间构成了现代生活环境的重要部分，也是现代展示设计的重要方面。

图 1-22　整合了柏林火车站的大型购物中心

（三）从市集到贸易博览会

贸易博览会（贸易性展览）作为在特定地点和特定时间将供求双方结合在一起的中介，从开始的易货贸易的市集庙会演变而来，至今已经历了 800 多年。大约在 19 世纪的 20 年代，市集的功能转化为商品批发并采用提供产品样品和

图1-23　光线充足的商业中心内部

图样方式开展贸易，这种“样品市集”就是当代概念的贸易博览会。当时，有些市集便被称为博览会，有些博览会又反过来被称为市集，从这个角度来说，脱胎于市集的博览会是很早就有的。

德国的莱比锡市集演变为莱比锡样品市集（即莱比锡博览会）就是贸易性展览起源的代表。据考证，自公元1165年莱比锡正式设市起，每年都要举行两次大型商业集会。公元268年，罗马帝国皇帝颁发特许状，使莱比锡市集更加规范化，成为博览会的雏形。工业革命以后，贸易性的展览活跃起来。1869年，世界上第一个贸易性展览馆在莱比锡建成，1895年的世界第一届样品博览会和1918年的第一届技术博览会在莱比锡举行。

第二次世界大战以后，经济贸易的繁荣和扩展使得各种交易会与展销会得到迅猛发展。在激烈的市场竞争中，企业都在努力扩大自身产品的市场份额及范围，作为市场营销的一个重要组成部分，展览会已是一个不可忽视的环节。随着国际贸易的日益繁荣，各类名目繁多的交易会与展销会层出不穷，遍及世界各地，并形成集团化、专业化和规范化的基本趋势。

展览会或博览会越来越频繁地出现在人们的生活中，它对一批新兴的行业和传统服务业的带动作用也是显而易见的，甚至促成了一批“展会城市”的形成。欧洲是世界会展业的发源地，经过一百多年的积累和发展，德国、意大利、法国、英国已成为世界级的会展业大国。

在国际性的贸易展览会方面，德国是世界第一号的会展强国，世界著名的国际性、专业性贸易展览会中，约有三分之二都在德国举办（图1-24）。德国会展业的突出特点是专业性、国际性的展览会数量多、规模大、效益好、实力强。按营业额排序，世界十大知名展览公司

图 1-24 法兰克福图书博览会

中有 6 个是德国的。每年，德国举办的国际性贸易展览会约有 130 多个，净展出面积约 690 万平方米，参观者逾千万，参展商 17 万家，其中有将近一半的参展商（约为 48%）来自国外。德国“奥克坦姆”公司的展具系统是当今国际上展览器材制造业中的佼佼者。德国现拥有 23 个大型展览中心，其中超过 10 万平方米的展览中心就有 8 个。目前，德国展览总面积达 240 万平方米，世界最大的 4 个展览中心有 3 个在德国。

美国和加拿大是世界会展业的后起之秀，每年举办的展览会有上万个，美国 2000 年举办的展览会就达 13000 个，总收入约 100 亿美元。

在亚洲，新加坡具有发达的交通、通信等基础设施以及较高的服务业水准、较高的国际开放度和较高的英语普及率等优势，新加坡会议展览局和新加坡贸易发展局利用这些优势，专门负责对会展业进行推广。新加坡在 2000 年被评为世界第五大会展城市，并连续 17 年成为亚洲首选会展举办城市，每年举办的展览会和会议等大型活动达 3200 多个。

近年来，中国的会展业出现了强劲的发展势头，各种展览举办地以环渤海、长三角、珠三角三大会展经济产业带的核心城市北京、上海、广州所占比重较多。据中国会展经济研究会专业委员会统计：2012 年全国展览数量为 7083 个，总面积为 8467 万平方米，其中 10 万平方米以上的大型展会达到 90 个。就展会类型来说，有外国来我国的单一国家展览；也有综合性展览，如广州出口商品交易会等；还有专业性展览，如北京国际汽车博览会、珠海国际航展、广州车展等。

我国香港凭借其独特的历史条件、优越的地理位置和长期自由开放的市场，从 20 世纪 70 年代开始，经过几十年的发展，已成为世界会展业的五大中心之一。香港国际会议展览中心规模庞大（图 1–25），它坐落在面积为 6.5 公顷（6.5 万平方米）的填海人工岛上。该中心有三个大型展览馆，提供 2.8 万多平方米的展览面积，可容纳 2211 个标准展台；还有大小不同的占地 3000 平方米的会议厅以及一个面积 4300 平方米的会议大堂。香港展览会议协会公布的研究报告显示，会展业在 2010 年为香港本土经济带来 358 亿港元进账，相当于香港本土生产总值的 2.1%，同时创造了约 6.9 万个全职职位，为香港特区政府贡献了 11 亿港元的税收。

图 1–25　中国香港国际会议展览中心 2013 年礼品及赠品展

三、世界博览会

（一）首届世界博览会

在世界博览会发展史上，1851 年在英国伦敦举办的万国博览会被认为是开创了博览会发展历史的第一届世界性博览会。这次博览会象征着工业革命的成果，其英文名称是 Great Exhibition，可译为“伟大的博览会”或“巨大的博览会”。当时的园艺师兼建筑师帕克斯顿设计的展览馆建筑采用了规格化、预制化的平板玻璃、曲面玻璃和钢骨架，通体透明，内部光线充足，被称为“水晶宫”（图 1–26）。展览馆占地面积达 9.2 万平方米，展出的 1.4 万件精品中，包括了蒸汽机、转锭精纺机等设备以及服装与纺织品等。展览从当年 5 月 1 日开幕至10月15日闭幕，历时160余天，先后接待了欧洲诸国、美国、加拿大、印度、中国和英国观众600多万人，成为一次震动世界的历史性盛会。

首届博览会使世界为之震动，之后，法国、美国等国家也相继举办了世界博览会。法国在几十年间，分别于1855年、1867年、1878年、1889年和1900年相继五次主办了大规模的世界博览会，著名的埃菲尔铁塔就是1889年为纪念法国革命100周年举办的巴黎万国博览会而留下的历史性纪念物（图1–27）。1876年，为纪念美国独立100周年，美国在独立宣言发表地费城举办了世界博览会。这是一次以展示美国工业成就为主题的博览会，参展的有贝尔的电话机、爱迪生的电报机和留声机等发明，博得世界声望。这次，参展国首次在博览会建有自己单独的展览馆，这种各国独立分开展出、自己建馆或独占一座展馆的做法，一直延续至今。

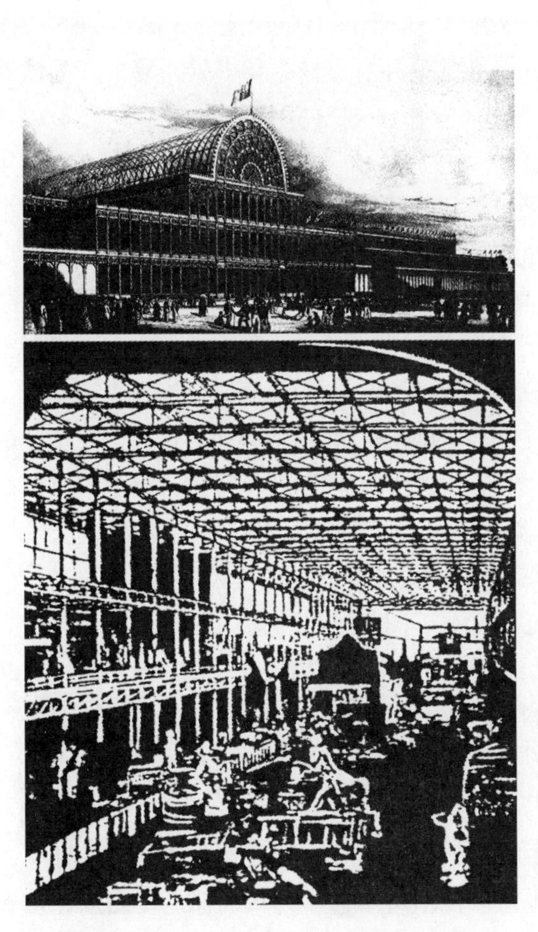

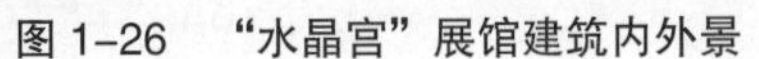

图1–26　“水晶宫”展馆建筑内外景

图1–27　著名的埃菲尔铁塔

（二）世界博览会公约

由于世界博览会在政治上和经济上的巨大影响，更多的国家竞相组织承办。到19世纪末，举办世界博览会已经成为一种国家和地区间的时尚和流行。但是众多世博会同时举办，也引起了参展国、参展商因参展利益冲突而导致的摩擦以及组织不尽如人意造成的经济亏损等。因此，许多国家认为有必要建立一套组织规章制度，以改变世界博览会的无序状况。于是，1907年，法国政府首先提出制定一个关于世界博览会的标准公约，1912年，德国政府响应并召集有关国家政府开始为公约的制定做准备，经过多年努力，1928年11月22日，来自31个国家的代表参加了在巴黎举行的国际会议，签署了世界上第一个关于协调与管理世界博览会的建设性“公约”，即1928年国际展览会巴黎公约（《国际展览公约》）。公约明确了举办世博会的目的：世界博览会是一种展示活动，无论名称如何，其宗旨在于教育大众，它可以展示人类所掌握的满足文明发展需要的手段，展现人类在某一个或多个领域经过奋斗所取得的进步，或展望未来的前景。该公约还规定了世界博览会的举办周期和展出者与组织者的权利、义务。公约的制定，对世博会的有序发展具有重大意义。

（三）国际展览局（BIE）

1939年，负责协调管理世界博览会的国际组织——国际展览局成立（图1-28）。国际展览局英文简称为BIE，其总部设在法国巴黎，其常务办事机构为秘书处，秘书长为该处的最高领导。

图1-28 国际展览局局徽

《国际展览公约》作为国际展览局的章程，分别于1948年、1966年和1972年做过修正。国际展览局的宗旨是通过协调和举办世界博览会，促进世界各国经济、文化和科学技术的交流和发展。国际展览局不涉及商业性博览会和交易会，对批准举办的世博会的商业性程度也做了严格的规定。目前国际展览局规定，世界博览会分为综合类和专业类博览会两类，并明确规定了综合类（注册类）世博会的举办必须有5年的间隔时间，举办期共计6个月。在两届大型综合类世博会之间，成员国在国际展览局的许可下，可以举行一届专业类（认可类）博览会，但是面积必须控制在25公顷（25万平方米）内，时间不能超过3个月，且必须有一个专门的主题。

我国已于1993年正式申请加入国际展览局，并于同年被选为该局信息委员会会员。继昆明成功地举办了1999年的世界园艺博览会这一专业博览会之后，上海又成功举办了2010年的综合性世界博览会。被誉为世界经济、科技、文化界“奥林匹克盛会”的世博会在我国的举办，对我国展示设计的发展产生了巨大的推动作用。

（四）2010年上海世博会

2010年上海世界博览会（Expo 2010，简称世博会）是第41届世界博览会。会期从2010年5月1日至10月31日，共184天。上海世博园区沿着上海城区黄浦江两岸布局，位于南浦大桥和卢浦大桥区域，园区面积为5.28平方千米（图1-29）。共有190个国家、56个国际组织参展，7308万的参观人数也创下了历届世博会之最。

上海世博会以“城市，让生活更美好”（Better City，Better Life）为主题，是历史上首届以“城市”为主题的综合类世博会，也是由中国举办的首届世界博览会，中国馆是上海世博园区的核心建筑，总建筑面积达16万平方米，由国家馆和地区馆两部分组成。通体红色的国家馆居

图 1–29 上海世博会韩国馆外景

中突起，高 63 米，上部最大边长 138 米 ×138 米，形如冠盖，层叠出挑，制似斗拱；四根粗大的方柱托起斗状的主体建筑，建筑面积达 2.7 万平方米（图 1–30）。

图 1–30 上海世博会中国国家馆外景（左）国家馆内景之一——清明上河图（右）

上海世博会会徽以汉字“世”为书法创意原形，并与数字“2010”巧妙组合。会徽从形象上看犹如一个相携同乐、家庭和睦的三口之家，在广义上也可代表包含了“你、我、他”的全人类，表达了世博会“理解、沟通、欢聚、合作”的理念（图 1–31）。上海世博会吉祥物由巫永坚设计，命名为“海宝（HAIBAO）”，即“四海之宝”之意，海蓝色卡通造型的吉祥物以汉字“人”作为创意点与会徽相呼应，突出了“以人为本”的民本思想，强化了人与地球、人与世界的紧密关联，深化了上海世博会的主题（图 1–32）。

网上世博会是 2010 年上海世博会的重要组成部分，于 2010 年 5 月 1 日正式上线，成为世博会的导引、补充与延伸。它是服务于 2010 年上海世博会，集推介、导引、展示、教育四大功能于一体的综合性和国际性的网上平台。世界博览会在此之前的历史一直是以实体场馆的方式进行展示，上海世博会推出“网上世博会”项目，通过互联网新媒体与多种技术结合，把世博会最精彩的一面以生动形象的方式展现出来。如“网上世博会”可以通过浏览交互式的手段介绍有关世博会的大量的背景。此外，“网上直播”可以提供体验仿真、游戏互动和虚拟等手段，带领人们漫游世博园区，深入世博会展馆来体验感受。

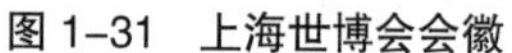
图1-31　上海世博会会徽

图1-32　上海世博会吉祥物“海宝”

思考题

1．展示形成有哪些基本要素？
2．按展示的性质，可以将展示概括为哪两大类？
3．服装展示有哪些功用及特征？
4．与大众传播形式相比较，展示的传达形式有哪些优势与局限性？
5．会展业对经济发展的推动作用体现在哪些方面？
6．服装展示设计师的职责、应具备的专业能力和素质要求有哪些？
7．简述人类展示活动起源与发展的进程。
8．简述博物馆功能的演进过程。
9．世界博览会是一种什么性质的展示活动？简述2010年上海世界博览会的举办概况。
10．简述国际展览局对综合类和专业类世界博览会的举办是怎样规定的。

应用理论及专业知识——

服装展示设计基础

课题名称： 服装展示设计基础

课题内容： 1．艺术形式美原理在展示设计中的运用。

2．展示中的人体工程学。

3．服装展示空间基础。

4．服装展示色彩基础。

5．服装展示照明基础。

课程时间： 6课时

教学目的： 阐述展示艺术美的形式原理及其在展示设计中的运用；讲解和分析展示设计人体工学尺度要素及视觉要素的基本内容；讲解空间的概念、展示空间的分类以及室内的空间感受等服装展示空间的基础原理和设计应用方法；讲解色彩的概念、色彩的知觉与“情感”、色彩设计在服装展示中的作用等服装展示色彩的基础原理和设计应用方法；讲解光和光源、展示照明方式和类型等服装展示照明基础原理和设计应用方法。

教学要求： 1．使学生理解展示艺术美的形式原理及其在展示设计中的运用。

2．使学生了解人体工程学的定义及在展示设计中的功用，理解展示中尺度要素和视觉要素的基本内容。

3．使学生理解服装展示空间的基础原理和设计应用方法。

4．使学生理解服装展示色彩的基础原理和设计应用方法。

5．使学生理解服装展示照明的基础原理和设计应用方法。

课前准备： 调研一服装卖场或服装展览会场的服装展示设施及其展示方式的情况，作为本课程理论联系实际的教学参考。查阅有关人体工程学及在展示设计中应用的相关资料，并能在教学中论述。

第二章 服装展示设计基础

第一节 艺术形式美原理在展示设计中的运用

展示活动处于由建筑、空间、色彩、道具、展品、光照、材质等要素构成的一个整体空间环境中。展示艺术美的形式原理包括：比例与尺度、对称与均衡、对比与调和、统一与变化、反复与渐变、节奏与韵律等。

一、比例与尺度

展示造型的比例指的是量之间的比率（如长度、面积、体积等），存在着部分与部分，部分与整体之间的关系，例如正方形的比例为 1∶1，即表示正方形的长和宽相等。尺度指对象与人之间的关系，具体地说，指一个物体的整体或局部与人或人所习见的某些特定标准、人的使用生理相适应的大小关系以及这种关系给人的感受。比例与尺度是相辅相成的关系，比例是对象自身内部的尺寸关系，是不受周围对象影响的不变量；而尺度是人们体验对象相对关系的感觉，是受人的生理和心理影响的相对的可变量。

敏锐的比例与尺度概念是展示设计师应具备的基本职业素养，在展示艺术形式中，几乎所有方面都牵涉到比例。将面积、体积不同的造型和色彩等要素根据比例原理完美地组织起来，可以获得美的位置、造型、结构或色彩；运用不同的比例还可以实现所需的错视效果。

完美比例是指在配置与组合过程中，在数量上进行的最优化组合。具有一定数学比例的关系在视觉上会感到协调与悦目。古代学者把几个理想的比例公式作为设计原理，其中最重要的比例是黄金比例（1∶1.618）。另外，数学里的等差数列、等比数列、调和数列等，都是公认的构成优美比例的基础。

比例一直被运用在建筑、家具、工艺及绘画上，尤其是在古希腊、古罗马的建筑中，适宜的比例被当成美的特征。在古典美学中，有“美是和谐与比例”的说法，可见比例具有的重要意义和价值。人们在古希腊时代便意识到比例的重要性并开始对比例的问题进行研究，古希腊人试图用数理的方法寻找一种理想化的比例关系，所谓的“黄金分割率”便是其成果之一。而现代设计中，通常用“$\sqrt{2}$”（1∶1.414）的比例来代替“黄金分割”的比例，并且不受古典的“黄金分割”等传统法则的束缚，而是根据具体设计要求和视觉效果，采用各种不同的比例或改变正常的比例关系，以追求设计的变化和新颖性。如图 2-1 所示的展示空间中，巨大的吊顶造型不仅破除了空间的高大空旷感，也形成了空间的奇异性； 图 2-2 所示为展室入口旁的空间设计，墙体的高大厚重与深黑的色彩同挂在上面的两件上衣形成强烈的比例与

图 2-1　巨大的吊顶造型形成空间的奇异性

图 2-2　展室入口旁的空间设计

色彩反差，连同地面上的脚印花纹给人们以强烈的视觉感受。

二、对称与均衡

自然界中有许多对称的例子，如植物的花叶、动物及人体的躯体结构等都存在着对称的美感。展示设计中运用对称的手法，可表现出端庄、正统、高贵、稳定的特色。绝对对称是美的，但有时会给人以刻板之感，如果在对称中稍有不对称的变化，便可增加造型上的变化，破除刻板，达到活泼的效果（图 2-3）。

图 2-3　卖场中的对称陈列手法

图 2–4　橱窗的均衡陈列手法

均衡是指左右或上下等量而不等形的构图形式，它能给人以活泼的感觉。对均衡形式的结构主要是掌握重心，即保持视觉上的平衡，重在人的心理感觉，均衡的程度不同，给人的视觉感受也不同（图 2–4）。

三、对比与调和

对比是使展示表现的各要素之间产生相异性的比较，从而达到视觉上的冲突和紧张感（图 2–5）。在展示设计中，形的大小、曲直、长短、多少、高低、动静、强弱、疏密等，都是对比的表现。展示表现的各要素之间的对比可以是物质的形态、大小，也可以是物体的肌理质感、主体与背景或是色彩明暗之间（图 2–6）。我国传统美学手法中所谓“粗中有细，巧中见拙，方中见圆，曲中见直，静中寓动，刚柔相济”等手法，也是对比的表现。对比的程度应按内容的不同而变化。

图 2–5　通过模特与背景投影之间相异性的对比达到视觉的新奇效果

图 2–6　展示空间强调了柔软对坚硬、无光泽对有光泽的材料对比和色彩的明暗对比

调和就是在造型诸要素的变化中使其有秩序感，它体现在同质要素或相近要素之间的关系上，是将整体中相异的各个要素通过处理使其差异对比性降低到彼此接近的程度。

对比有并置对比和间隔对比两种表现形式，并置对比作用距离近，效果强烈；间隔对比作用距离远，是含有调和因素的对比形式。对比的要素主要包括以下几方面：

（1）量的对比。有大小、多少、轻重、高低、宽窄、粗细、薄厚、浓淡、明暗、繁简、凹凸等对比。

（2）方向的对比。有上下、左右、横竖、前后等对比。

（3）形状的对比。有方圆、曲直等对比。

（4）材质的对比。有软硬、强弱、干湿、寒暖、刚柔、锐钝等对比。

四、统一与变化

变化指事物在形态上或本质上产生新的状况。变化是制造差异、寻求丰富性、形成多样化的主要手段。没有变化，形象便会显得平淡，缺乏视觉冲击力。具有强烈的、动人的、醒目的视觉效果是当今展示设计的追求，越是醒目，给人的感受越强烈（图 2–7）。

图 2–7 “真人”石膏秀成为 2012 年 CHIC 展位的亮点

统一则是对矛盾的弱化或调和，从视觉艺术的范畴讲，统一意味着在多样化的视觉要素中寻求调和的因素。

变化和统一是互为矛盾的统一体，美学上有“多样的统一”的说法，在统一中求变化是展示设计中的一条基本策略。比如在展示的总体设计中运用统一的色调、统一的形式、统一的材质设计来获得统一的整体效果，运用局部的变化破除单调感，获得变化和活力（图 2–8）。

图 2–8　墙上的镜框破除了黑色背景墙的沉闷

五、反复与渐变

反复指相同或相似形象的反复出现，由此可以形成统一的整体形象。其手法简单，具有单纯、清晰、连续、平和的效果和节奏美感（图 2–9）。反复分为单纯反复和变化反复两种形式。单纯反复即单一基本形的重复再现，体现了现代社会提倡标准化和对简约美的追求。变化反复则是在反复中有变化，或者是两个以上基本形的重复出现，能形成节奏美和某种单纯的韵

图 2-9　反复的框架结构形成节奏美感

律美（图 2-10）。展示设计中常采用反复的形式，使不同规格、款式的展品做连续均等的陈列，给人以条理性和秩序感。

图 2-10　支架变化反复形成节奏韵律美

渐变指相同或相近形象的连续递增或递减的逐渐变化，是相近形象的有序排列，也是一种以类似的形式统一的手段。在对立的要素之间采用渐变的手段加以过渡，两极的对立就会转化为和谐的、有规律的循序变化，造成视觉上的幻觉和递进的速度感。利用渐变的形式（放射也是一种渐变）是形成节奏感和韵律感的主要方法（图 2–11）。在服装展示的艺术表现形式中，渐变是常用的有效陈列形式。另外，渐变中的突变也是平淡中求得新奇，制造浪漫、使人出乎意料、形成新奇魅力的有效形式。

图 2–11 地面延伸到吊顶的渐变形式

六、节奏与韵律

节奏与韵律本是音乐与诗歌等具有时间形式的听觉艺术的用语。节奏本指音乐中交替出现的有规律的强弱音、长短音的现象；韵律指诗词中的平仄和押韵规则。就视觉而言，节奏与韵律的含义是某种视觉元素的组织或多次反复，使之产生高低、强弱的变化及这种变化的规律（图 2–12）。例如，同样的色彩变化或同样的明暗对比多次反复出现，使人产生一种类似音乐中节奏的感受。在现代展示设计中，常用“反复”“渐变”等手法来求得节奏的变化。通常表现为形、色等的反复变化，有时表现为相间交错的变化，有时表现为重复出现的形式。

图 2–12 层板分组错落变化产生节奏变化

第二节 展示中的人体工程学

人体工程学，又称为工效学或人机学。它以人机关系为研究对象，以实测、统计、分析为基本的研究方法，是20世纪50年代前后，即第二次世界大战以后发展起来的一门综合性交叉学科。它以人体测量为基础，提出了在视觉、运动性以及心理反映等方面的设计规范。目前，国际工程学会为此所下定义为："人体工程学是研究人在某种工作环境中的解剖学、生理学和心理学等方面的各种因素，研究人体与人造物及环境之间的相互作用，研究在工作中、家庭生活中和休闲时怎样统一考虑工作效率、人的健康、安全和舒适等问题的科学。"研究的目的是寻求"舒适＋效率＋美"的最有机结合。

从展示设计的角度来说，人体工程学的主要功用在于通过对生理和心理的正确认识，使展示要素适合人类的心理和生理需要，进而达到提高展示效率的目标。展示设计中的人体工学要素包括尺度要素、视觉要素和心理要素等，本书只讲尺度要素和视觉要素。

一、展示中的尺度要素

从展示活动的特点分析，与尺度有关的行为主要是行走和观看。因此展示空间尺度、道具尺度、展品尺度等均应以人体为标准的绝对尺寸为基点进行组织、设计与陈列。人的活动范围与行为方式所构成的特定尺度是界定展示设计尺度的标准。

（一）制定展示设计尺度的基点

展示空间环境的创造在于营造一个富有艺术感染力和艺术个性的展示环境，以此将展示内容展现给观众。从这个意义上讲，在展示空间环境中，展品、道具、灯光等只是设计的对象而不是主体，其主体是人，是到达展示现场的观众。

1. 引入某一单位尺寸标准

把某一单位尺寸标准引入设计中去，使之产生尺度间的比较，是创造展示设计良好尺度的首要原则。例如，展架的尺度不仅要考虑该展架和人的尺度比较，还要考虑该展架与展示物尺度的比较，它的设计是人的尺度因素、展示物（展品）的尺度因素甚至包括整体空间尺度因素之间关系的协调（图2-13）。

图2-13 展架、人与展示物尺度因素之间关系的协调

2. 重视设计与人自身的关系研究

重视设计与人自身的关系研究是创造展示设计良好尺度的第二个原则。例如，卖场货架的陈列尺寸若设

计过高，人就不容易触及商品。如果其设计让人在使用过程中感觉方便和舒适，显然可以认定它与人体的尺度关系是相互协调的、合理的（图 2–14）。

图 2–14 挂架与货架的商品陈列尺度要考虑人的拿取方便

（二）人体的静态和动态尺寸计测

人体尺寸的测量，提供了对人生理进行定量测试的依据。人和人的尺寸各不相同，但是通过对一个群体的考察，可以发现人体的尺寸是具有一定分布规律的，可通过对大量的人群进行测量，运用数理统计分析处理数据，总结出分布规律。展示设计中应用的人体尺寸包括静态和动态尺寸两个方面。

1. **静态尺寸**

静态尺寸又称结构尺寸，是在人体处于相对静止状态时所测得的尺寸，如头、躯干及手足四肢的标准位置等。静态尺寸计测可在立姿、坐姿、跪姿和卧姿四种形态上进行，这些姿势均能反映人体结构的基本尺度特征。

2. **动态尺寸**

动态尺寸又称机能尺寸，是受测者在执行各种动作或进行各种体能动作时各个部位的尺寸值以及动作幅度所占空间的尺寸。现实生活中，人往往通过水平或垂直的 1 ~ 2 种以上的复合动作来达到目标，从而形成了“动态的立体作业范围”。在展示中，与动态尺寸关系最密切的是展示的场地、通道和其他活动场地的“可容空间”的设计问题，一般来讲，适应域越宽的设计，其技术成本方面的要求越高。设计时，应在平衡各方面因素后，尽可能地保证较多人的使用需要。

（三）展示设计中的基本尺度

展示的陈列密度和陈列高度是基本的尺度要素。陈列密度与展示空间的大小有直接的关系，同时也受展品的大小、展示形式、展示物的视距、展品的陈列高度等因素影响，即陈列

图 2-15　不同陈列密度的服装展示

密度具有相对性。

1. **陈列密度**

陈列密度是指展示对象所占展示空间的百分比，陈列密度过大容易造成观众人流堵塞，使之有拥挤、紧张的心理感觉，产生生理和心理的疲劳，影响展示传达与交流的效果。陈列密度过小，又会使展示空间显得空旷、贫乏，降低了空间的利用率。因此，设计得当的陈列密度，不仅能给观众提供一个轻松舒适的展示空间环境，还可以提高展示的效率。陈列密度没有固定标准，可以结合具体展示的性质、功能、观众流量等因素综合考虑，一般情况下，展示对象所占展示空间的比例以 30% ~ 40% 为宜（图 2-15）。

图 2-16 为 2012 年 CHIC 展上，美特斯邦威展位的服装陈列高低错落、富有变化。

2. **陈列高度**

陈列高度是指展品、展示设施或板面与参观者视线的相对位置。从人机工程学角度

图 2-16　陈列位置示意

分析，观众对陈列高度的适应性受其有效视角与人体尺度的限制。以垂直面的展示区域来说，经常运用的陈列高度在 80 ～ 250cm 之间。对于展览类的陈列，或是服装类的陈列，这个高度范围都是常用的陈列位置（图 2-17、图 2-18）。人的最佳视觉区域位于眼睛水平线高度以上 20cm 和以下 40cm 之间这个 60cm 宽的区域。如果以我国人体身高计测平均值 168cm 计，水平视高约为 155cm，最佳陈列高度应在 115 ～ 175cm 这个 60cm 宽区域之间（图 2-19），距地面 80cm 以下的空间可作为大型展品的陈列区域。

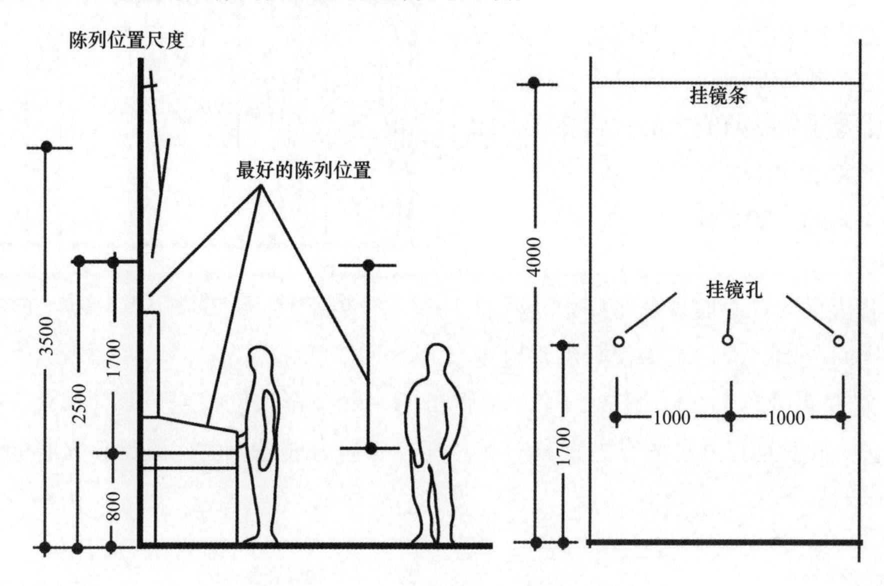

图 2-17　陈列位置示意（单位：mm）

壁式陈设

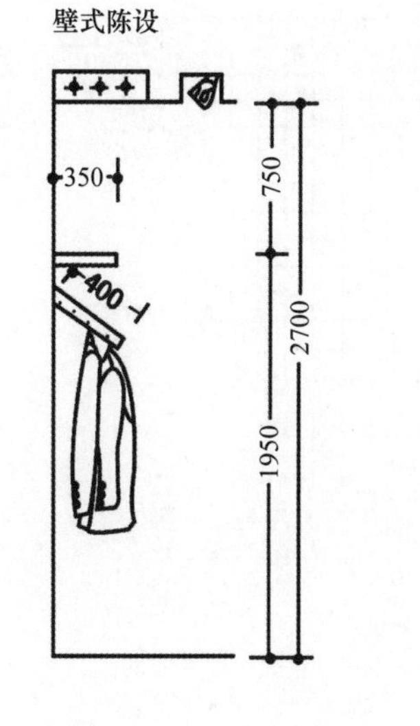

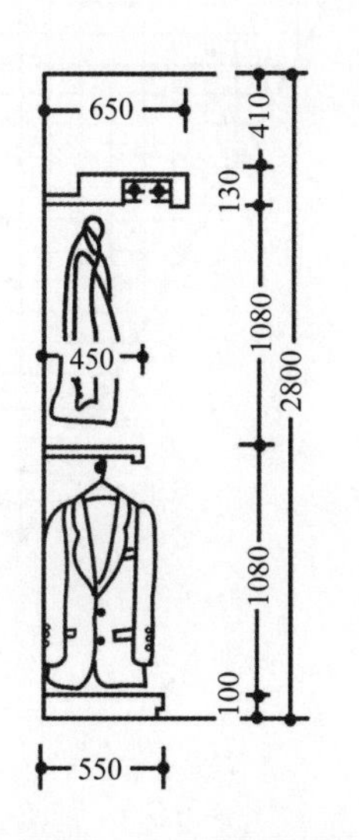

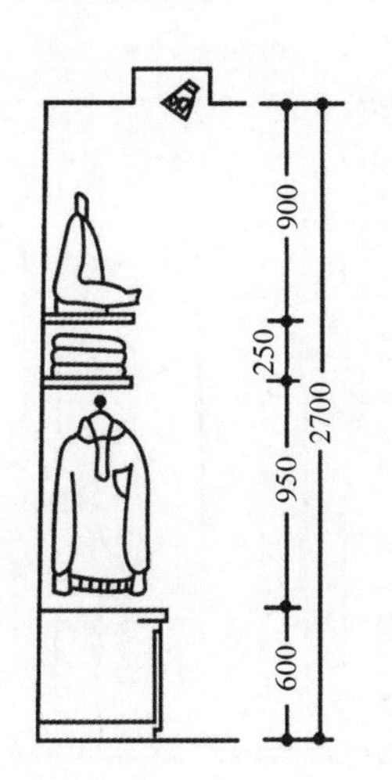

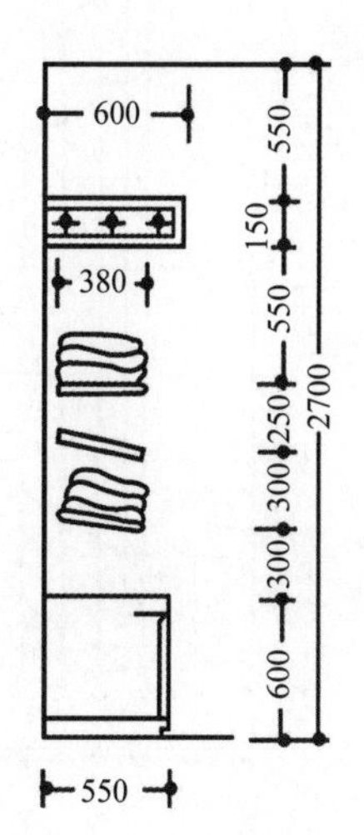

图 2-18　服装壁式陈列尺度（单位：mm）

3. 通道尺度

在展示空间中，通道的宽度是按照人流的股数为依据的。每股人流以普通男性的肩宽 48cm 加 12cm，即 60cm 计算，一般主要通道的宽度应允许 8 ～ 10 股人流通过，因而通道宽度应在 4.8 ～ 6m；次要通道应允许 4 ～ 6 股人流通过，通道宽度应在 2.4 ～ 3.6m；最窄处也应考虑可以允许3股人流通过，宽度不少于1.8m，否则可能会造成人流拥堵。货架之间的最短距离至少要允许两个人通过，因此，最窄的货架间隔通道不能少于1.2m。

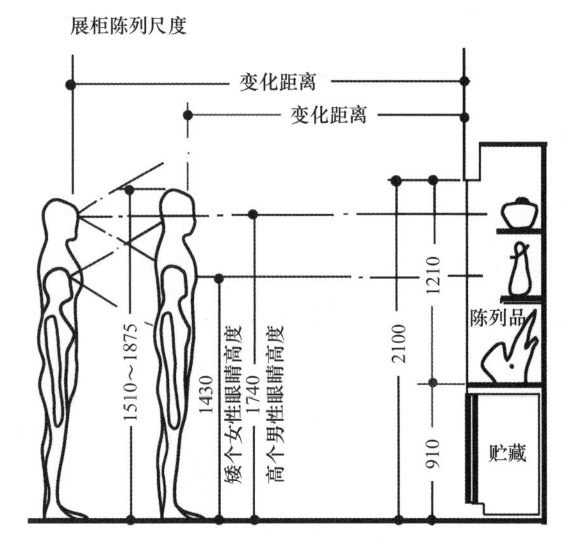

图2-19 展柜陈列尺度（单位：mm）

二、展示中的视觉要素

视觉是人类最重要的感知能力，展示中的信息传达功效主要取决于人的视觉因素。因此，有必要了解、研究人的视觉特征，并将其应用于展示设计中。

（一）人的视觉特征

1. 视野

视野指人的头部与眼球处于固定状态时所看到的空间范围。人的水平视野和垂直视野都在60° 左右（图2-20、图2-21）。视野包括一般视野和色觉视野两种形式。一般情况下人眼视力在1.5左右（水平或垂直方向），其分辨能力最强。由此可见，人眼的最佳视觉区域是有限的。

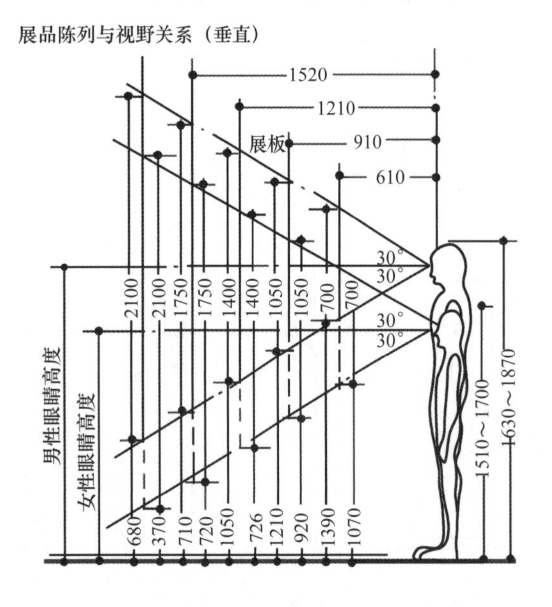

图2-20 展品陈列与视野关系（垂直）

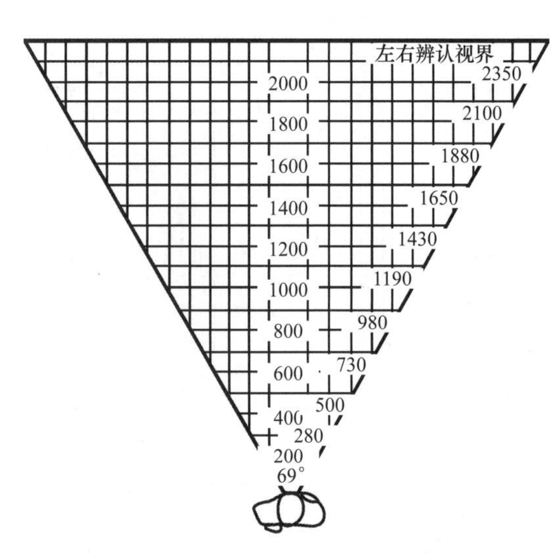

图2-21 展品陈列与视野关系（水平）

人的色感是由光线的不同波长对视网膜不同刺激产生的，人眼识别不同颜色的机能称之为色觉。白色视野最大，其次为黄、蓝，绿色视野最小。色觉视野与被视对象的颜色及其背景衬色之间的对比有关。

2. 视角

视角指被视物的两端点光线投入眼球时的相交角度，与视距和所视物体两点距离有关，人的横向（左右）和纵向（上下）视角一般在 60° ，视角是展示设计中确定不同视觉形象的尺寸大小的重要标准之一。

3. 视距

视距指观者眼睛到被视物之间的距离，一般为展品尺度的 1.5 ~ 2 倍为好。人们观察手表、首饰之类的精细小巧物品，视距自然要近，而观看较大的物品，就要退到相当于其尺度 2 ~ 4 倍的距离才能看到全貌（图 2–22）。此外，视距与亮度值成正比，亮度较高视距加大，反之缩小（表 2–1）。

图 2–22　大场面的服装模特陈列需要有相应的视距来观看

表2–1　陈列品视距调查表

陈列品性质	陈列品高度 H（mm）	视距 D（mm）	D/H
图板	600	1000	1.67
	1000	1500	1.5
	1500	2000	1.33
	2000	2500	1.25
	3000	3000	1.0
	5000	4000	0.8
陈列立柜	1800	400	0.22
陈列平柜	1200	200	0.17
中型实物	2000	1000	0.5
大型实物	5000	2000	0.4

4. 自然视线

假定标准视线是水平的，定为0°，则人的自然视线是低于水平线的，在人站立时和坐着时有微小变化。站立时自然视线大约低于标准视线水平线10°，坐着时大约低于标准视线水平线15°。

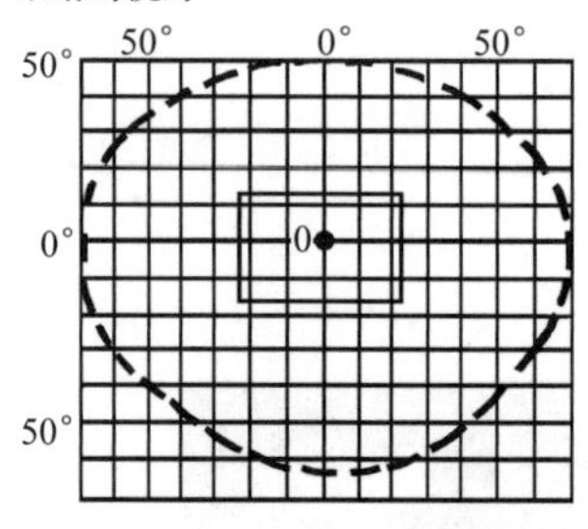

图2-23　眼睛的视野

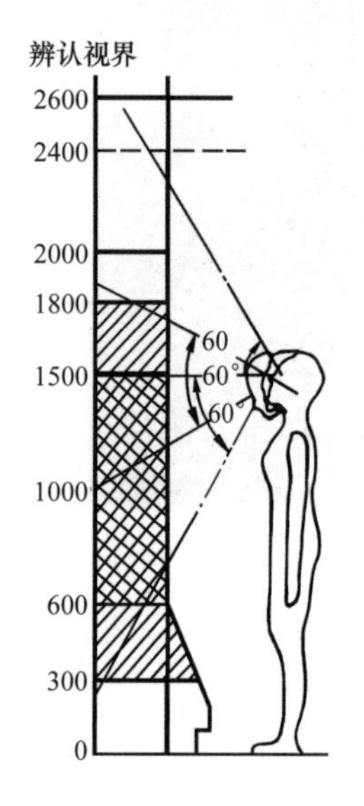

图2-24　辨认视界示意图（单位：mm）

（二）人的视觉运动规律

（1）通常情况下，人的视线习惯由左至右，由上至下，由前往后，由中心向四周运动。这一运动规律主要是受书写阅读习惯影响而形成的，因此，一般认为视区的顺位应为左上、右上、左下、右下。

（2）人眼的视线水平移动比垂直移动快。

（3）人眼水平方向尺寸判断比垂直方向准确。

（4）人眼球上下运动比左右运动容易产生疲劳。

（5）两眼的运动方向和速度是同步协调的。

（三）视区分布

1. 水平方向视区

在中心视角10°以内是人眼的最佳视区，人眼识别能力最强；中心视角20°范围内是瞬息视区，人眼可在较短时间内识别物象；中心视角30°范围内是有效视区，人眼需要集中精力才能识别物象；中心视角120°范围内为最大视区，对处于此视区边缘的物象，人眼需要投入相当注意力才能清晰识别；人若将头部转动，最大视区范围可扩展到220°左右（图2-23）。

2. 垂直方向视区

人眼的最佳视区在视平线以下10°左右；视平线以上10°至视平线以下30°范围为良好视区；视平线以上60°至视平线以下70°为最大视区，最优视区与水平方向相似（图2-24）。

第三节　服装展示空间基础

一、空间的概念

无边无际的宇宙空间是无限的。但在这无限的空间中，又有许多人为的、具体的空间，而它们的范围则常常是明确和有限的。

在生活中，可以看到人们正在用各种手段取得适合于特定需要的空间。在宽阔的草地上铺上一块帆布，帆布覆盖的部分就从草地中独立出来；在海滨沙滩上撑起的一把遮阳伞，笼罩的范围就成了一个相对独立的小天地，可以给人们带来一个人为的、暂时而具体的、范围比较明确的小空间；观众为讲演者围合了一个使他兴奋的空间，当人散去，这个空间也就消失了。上述例子中的帆布、遮阳伞与观众是构成空间的要素，如果这些要素消失，由它们限定的空间也就不复存在了。可见，空间是各种界面限定的范围。人们对空间的感受是借助实体而得到的，人们常用围合或分隔的方法取得自己所需要的空间，即取得围合这个“外壳”所包容的那个“空着的部分”。

建筑空间就是由各种界面限定的。广场、庭院只有底界面和侧界面而无顶界面，称为外部空间；一般的房间，其地面、楼面等底界面，墙与隔断等侧界面，顶棚等顶界面三种界面齐全，称为内部空间（图2–25）；有些空间如亭子、门廊等是一种介于内部空间和外部空间的空间形式。习惯上，人们把无顶界面的称为外部（室外）空间，有顶界面的称为内部（室内）空间。

图 2–25　由界面围合的内部空间

二、展示空间的分类

展示空间有室外空间和室内空间之分。在室外空间可进行户外的展示活动，相对而言，展示空间以室内为多。

室内空间是在建筑物中经由一定形状的界面围合、分隔、覆盖等隔绝后界定的空间。从室内空间形成的过程来看，室内空间可分为固定空间与可变空间两大类（图2–26）。固定空间是在建造主体工程时形成的，用地面或楼面、墙和顶棚围成的空间是固定的，一般情况下难以改变楼板和墙体的位置。

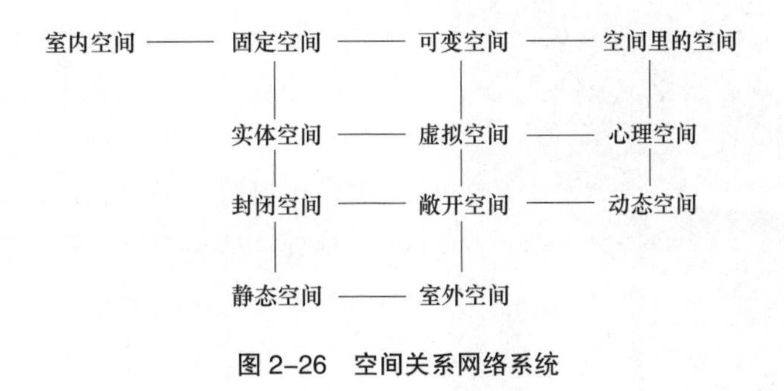

图 2–26　空间关系网络系统

可变空间是在固定空间形成后用其他手段构成的，在固定空间内，用隔墙、隔断、展具、设备等对空间进行划分，可以形成许多新空间，由于隔墙、隔断、展具、设备等的位置是可变的，便形成了可变的空间。若从动态因素出发，室内空间又可分为动态空间和静态空间等。

从结构上说，空间还可分为封闭式空间、敞开式空间和半封闭式空间三类（图2–27）。

封闭式空间与外界分隔，是相对静止和私密的空间。

图 2-27　卖场的封闭式空间（左上）、展会休息区的敞开式空间（右上）和展位的半封闭式空间（下）

敞开式空间给人的心理感受是动态的、开放的。

半封闭式空间属中性空间，介于封闭式和敞开式空间之间，通常通过一些半通透的隔断或虚空构架来限定空间。

展示的室内空间形式主要有实体空间与虚拟空间两种类型。

（一）实体空间

实体空间范围较明确，各空间之间界线较清晰，有较强的私密性。用墙面、地面、顶面、门窗等空间界面以及展具等竖向或横向物体限定界限的空间就属于这一类。

展示空间是以快捷的信息传播为目的，以流动与开放的形式给予观众一个动感与变化的空间，突出人与展品及其环境的直接感知和互动，营造出一个彼此交往的场地与空间环境。展示主题的多元性，展示性质的差异性以及展示物品与展示设施的多样化，构成了展示空间丰富多变、自由组合的空间特征。因此，现代展览场馆的内部空间组合，应尽量采取可以按展示活动和内容的要求灵活自由组合的空间形式，并要考虑来自展示内容的特殊功能要求，从而减少实体空间这种固定空间形式对大型展示活动的限制。如1977年法国巴黎建成的蓬皮杜艺术文化中心，其内部展示空间十分灵活，设计师采用特殊的形式使各层楼板可以自由升降，各层的门窗隔墙也可以随意地取舍移动，体现了当代展示空间要求丰富多彩和自由组合的新观念（图2-28）。

图 2-28　蓬皮杜艺术文化中心外景及内部展示空间

（二）虚拟空间

虚拟空间范围含蓄，其基本特征是既与实体空间相贯通，又有相对的独立性；既无明显的界面，又有一定的范围，能够为人们所感觉到，故又称为“心理空间”。虚拟空间的形式主要有两方面：一方面是实际的，另一方面是心理的。实际的主要是在大的空间中划分出需要的小空间，如在实体空间内用不到顶的隔断或展具围合的部分就属于这一类；心理形式主要作用在观感上，如用灯光、色彩、质感、造型、风格、意境等形成心理空间。虚拟空间处于实体空间内，故被称为“空间里的空间”。

构成虚拟空间的方法很多，展览中常用的方法有以下几种：

（1）改变地面标高或形态。在实体空间内，可结合功能要求提高或降低某个部分的地面标高或形态，形成与实体空间相互贯穿又有一定界限的新空间。

（2）改变顶棚高度或形态。在实体空间内，可结合功能要求改变顶棚形态，提高或降低某个部分的顶棚高度，用以区别不同的空间地位与作用，给人带来功能区域转换的感觉（图2-29）。

图 2-29　改变顶棚高度与形态构成虚拟空间

（3）改变照明方法。在实体空间内，可结合功能要求改变照明方法与灯具种类，形成一种照明分隔效果的有一定界限的虚拟空间。

（4）改变环境色调。在实体空间内，可结合功能要求改变环境色调，形成一种色彩分隔效果的有一定界限的虚拟空间。

（5）借助展具与设备。在实体空间内，可结合功能要求用展具与设备分隔或围合，形成有一定界限的虚拟空间（图 2-30）。

图 2-30　曲线状玻璃隔断围合构成虚拟空间

（6）借助绿化与水体。绿化、水体、栏杆、装饰物等都可以作为构成虚拟空间的手段。

以上几种方法往往需要综合运用来构成独立性强或界限明显的虚拟空间，图 2-31 所示的设计便综合运用了改变地面标高与形态、改变顶棚形态与照明方法以及环境色调等因素来构成界限明显的虚拟空间，也即“空间里的空间”。

图 2-31　综合运用多种因素来构成界限明显的虚拟空间

三、室内的空间感

空间感是指被限定的空间范围给人的感受。从空间形状分，有正方体、长方体、方锥体、圆锥体、半球体、球体、圆柱体、马鞍形、扇形、

图 2–32　异形镶嵌式灯光带改善了空间空透的感觉

不规则形等。各种不同形式的空间，可以使人产生不同的感受。从空间给人的感受来说，空间可以有庄严型、凝重型、愉悦型、明快型、幽雅型、忧郁型、暗淡型、冷清型、质朴型、平和型等。

体量与形状是室内空间形式的重要特征，但体量与形状完全相同的室内空间由于空透程度不同，色彩、灯光、展具与设备配置不一样，给人的感受可能是大相径庭的。图 2–32 所示的店内空间中，在一侧的顶棚和墙面交界处设计了一排带有白玻璃罩的异形镶嵌式灯光带，形成了室内空间空透的感觉。因此，展示设计师需要具备空间处理的知识与技能，运用多种手段，改善和创造出预期的空间感。

一般来讲，创造和改善空间效果主要依靠改变空间的比例关系和空（虚）实程度，常用的手段有：

（1）利用划分的作用。水平划分可以使空间向水平方向“延伸”，垂直划分可以增强空间的高耸感。

（2）利用色彩的效果。强烈的色彩能使界面“向前提”，淡雅的色彩能使界面“向后退”（图 2–33）。

（3）利用图像的效果。对比强的图像能使界面“向前提”；对比弱的、细密的图像能使界面“向后退”。

（4）利用材料的质感。镜子等反光材料可以扩展空间（参见图 2–33）；表面粗糙的界面使人感到“向前提”；质地光滑的界面使人感到“向后靠”。

图 2–33　淡雅的墙面色调、镜子等反光材料作为展示物的背景扩展了空间

（5）利用灯具。吸顶灯和嵌入式灯能使顶棚“向上提”；吊灯，特别是体形较大的枝形灯则使顶棚“往下降”（图 2-34）。

（6）利用灯光。通常，直接照明能使较大的空间“变紧凑”；间接照明如暗灯槽、发光天井等，能使窄小的空间显得宽敞些（图 2-35）。

图 2-34 串饰吊灯使顶棚“往下降”

图 2-35 发光天井使狭长的空间显得宽敞

设计实践中，改善空间效果，改变空间感的手段不止这些，而各种手段往往是综合使用的。

第四节 服装展示色彩基础

一、色彩的概念

由于色彩对人的心理和生理作用，人们在美学、社会学、人体工程学等各方面越来越重视对色彩的研究，色彩在展示设计中也占有相当重要的位置。

色彩是光作用于人的视觉神经所引起的一种感觉。人们通过物体对不同波长的光的反射，得以看清物体的形状与色彩。光照射到物体上，可以分解为三部分：一部分被吸收，一部分被反射，还有一部分可以透射到物体的另一侧。不同的物体有不同的质地，光线照射后分解的情况也不同，正因为这样，才显示出千变万化的色彩。

（一）色光

电磁波是宇宙中的一种波，是在空间传播的周期性变化的电磁场。电磁波的性质多以波长和周波数来表示，无线电波和光波、X 射线、伽马射线等都是波长不同的电磁波。波长长于1000nm（纳米，1nm等于1mm的百万分之一）的称为无线电波（短波、中波、长波），波长短于100nm的称为X射线、伽马射线。光波包括可见和不可见光波。700 ~ 1000nm的电磁波是红外线，100 ~ 400nm的电磁波是紫外线，都是不可见光。人的眼睛在受到400 ~ 700nm左右波长范围内的电磁波放射能的刺激时，便能产生视知觉和色感，此段电磁波称为可见光。可见光又称为色光或色光波，色光的不同面貌是由该色光的振动波频的不同决定的。

光呈水波或声波一样的波状传递方式，波长决定色相（光谱色），振幅决定明度（色光的明亮度），振幅越大，则色光越亮（表2–2）。

表2–2 七种色光的波长

色相	波长 (nm)
红（R）	650 ~ 800
橙（O）	590 ~ 640
黄（Y）	550 ~ 580
绿（G）	490 ~ 530
青（GB）	460 ~ 480
蓝（B）	440 ~ 450
紫（P）	390 ~ 430

英国物理学家牛顿（Newton，1643 ~ 1727年）在1666年首次用三棱镜分解日光而得到光谱色，即七种色光，其中R代表红、O代表橙、Y代表黄、G代表绿、GB代表青、B代表蓝、P代表紫。他在暗室中将一束日光从细小的孔中引入，使之通过三棱镜投射到屏幕上，结果看到了并列着的从红到紫像彩虹一样的色带。表示为光谱的色光是不能用棱镜再分解的，故称为单色光，将七色光谱通过三棱镜还可以还原成日光。

（二）色彩的混合

归纳而言，色彩的混合有加光混合（色光混合）、减光混合（色料混合）和色彩的空间混合（视觉混合）三种情况。

1. 加光混合

加光混合是光谱色混合，单色光是由日光分解而成的光谱色，越是加光越易还原成日光。舞台灯光设计、展示照明、景观照明等都是运用色光混合原理，越加光越亮，全部色光混合即为白色。

2. 减光混合

减光混合是指混合后色彩的明度低于原来被混合色彩的明度，通常是指透明色料如色玻璃（纸）、透明油墨、透明颜料等混合，也可以指几种颜料（染料）混合在一起得到的混合色。

3. 色彩的空间混合

色彩的空间混合是指将色彩分离后再使其并置在一起产生相互影响，在一定的空间里产生视觉上的混合。空间混合有静态与动态混合之分。

（三）色彩三要素

在色彩表达中，色彩三要素（又称三属性）色相、明度、彩度极为重要，它们构成了色彩传达的基础。

1. 色相

广义上讲，色相是色彩呈现的面貌，它可以包括很多色彩。狭义上讲，色相是色料对光谱色中六色（或七色）的模仿，即对光波波长的模仿。它包括了色彩的三原色（红、黄、蓝）和由三原色派生的三间色，它们是一切色彩面貌的基础。其中，三原色是毫无共同成分、最易区别的色彩，三间色（橙、绿、紫）虽由三原色调混而成，但色彩面貌和个性特征仍很鲜明（图 2–36）。

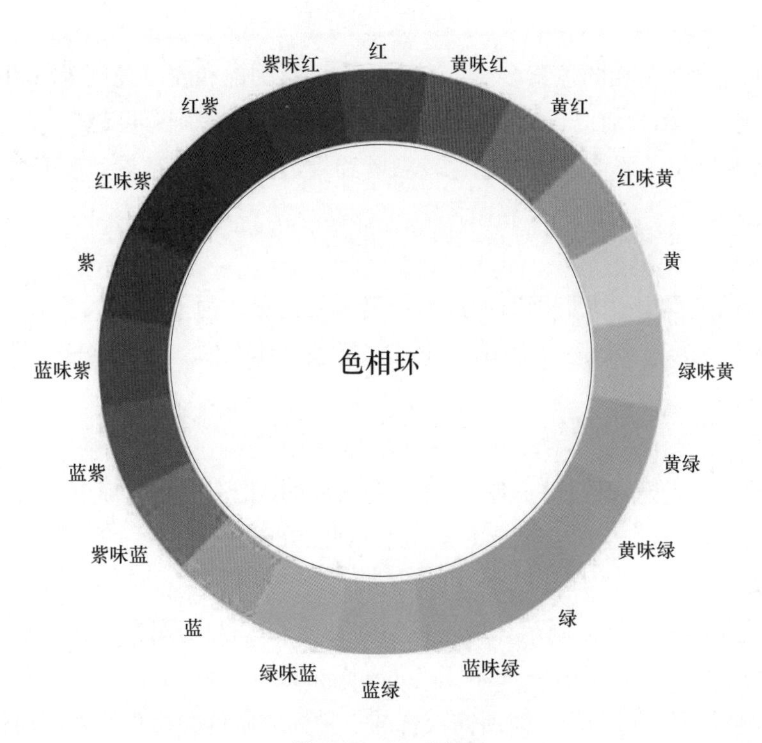

图 2–36　24 色相环

2. 明度

明度指色彩的明暗程度。色彩的明暗差异既存在于同一色相中，也存在于不同色相中。明度是由光（或反射光）的振幅决定的，振幅越高明度越高，反之则低。有的色彩学家把明度分成九个等级，白（W）在上，黑（BL）在下，同一色相中第七至第九级称为高调，第四至第六级称为中调，第一至第三级称为低调。黑与白都是明度上的极端色彩，又处在色立体的南北两极，故称为“极色”。接近黑与白明度的色彩，如深红、深蓝、深绿、浅黄、浅紫等都可称为“近极色”。明度在色彩表现与设计中起到骨架作用，由明度差构成的明度九调，是明度变化的基本表现形式（图2-37）。

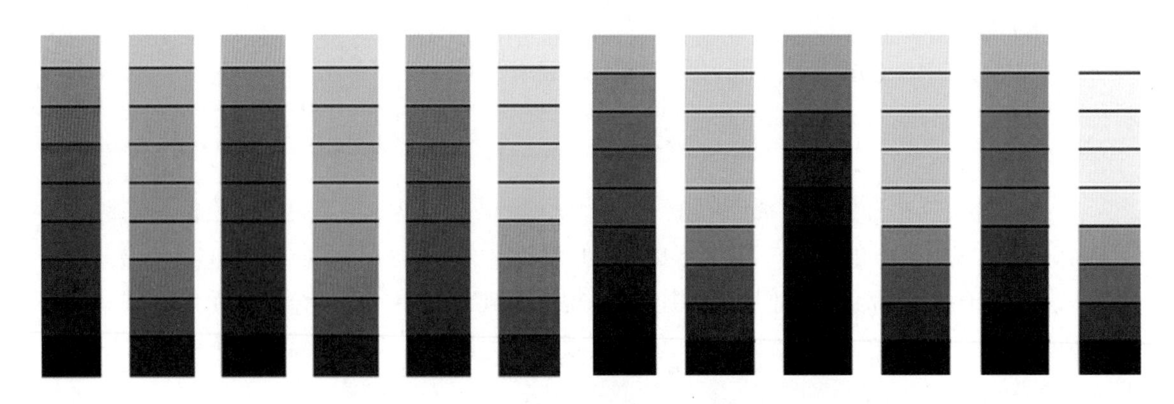

图2-37 色彩明度变化九调和明度变化九调转灰阶

3. 彩度

彩度指某色相含该色相的色素多少。彩度也称色彩的饱和度、纯度等。当提及彩度这一概念时，都以一定的色相为前提，所含色素越多，彩度越高，反之则彩度越低。在色彩应用方面，色相与明度差较为突出，彩度差因一般比较微妙和接近，则较难掌握。改变色相的彩度是调和色彩的办法之一。

（四）表色系

在研究色彩的过程中，人们面对如此纷纭复杂的色彩，为了记录、指示、表达色彩，创立了表示色的体系，称表色系。到目前为止，包括色立体在内，有色名法、数值法、符号法三种表色法。

1. 色名法

色名法为日本工业规格（JISZ）创立，可表色300种，把有彩色分成10个色相，即红、橙、黄、黄绿、绿、蓝绿、蓝、蓝紫、紫、红紫，把白到黑分成白、亮灰、灰、暗灰、黑五个层次。

2. 数值法

数值法为国际照明委员会制定，可表色500万种，这是以国际通用的标准光源——CIE标准照明体进行确定的。CIE（Commission Internationale de l'Eclairage，“国际照明委员会”的缩写）的主要依据是，可用配色时所需混合的三种标准原色的相对量来辨别和确定该颜色，由CIE方法引申出的辅助性应用途径，如简单作图法为选择光色名奠定了基础，因此，CIE颜色标定系统在国际范围内已经广为应用，但需要使用仪器测色，不方便。在颜色精度要求不高的情况下，人们仍然使用由许多色样组成的色样系统，其中最为设计师熟悉的是蒙塞尔色系和奥斯特瓦尔德色系。

3. 符号法

色立体的表色法又称符号法，可表色三万种，较之色名法“科学”，较之数值法简便，故受到美术界、工业设计领域及生产单位的认可和欢迎。色立体可使色环不只表述色相，还能表述明度、彩度两要素。人们用三度空间的球体来全面表述色彩，按色相、明度、彩度三属性组成一个以明度为纵向、彩度为横向，以色相为环序、以无彩色为轴、类似地球仪状的球体，称为色立体（色彩体系）。其中，蒙塞尔色立体（图 2–38）和奥斯特瓦尔德色立体最为常用（图 2–39）。

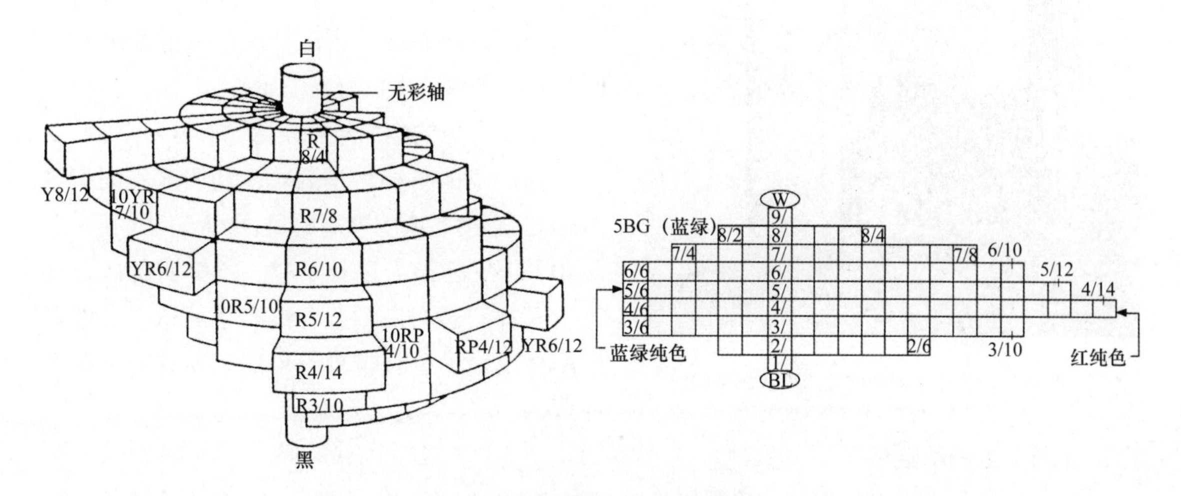

图 2–38　蒙塞尔色立体及断面图

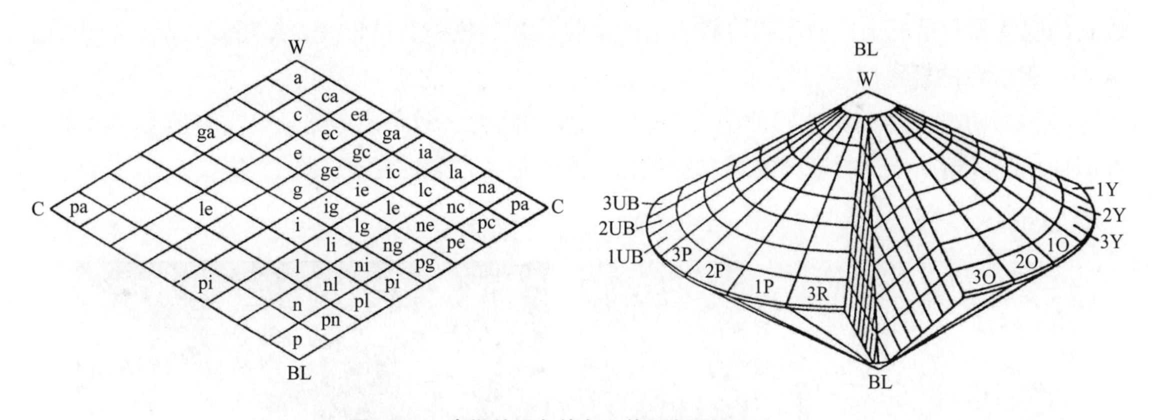

图 2–39　奥斯特瓦尔德色立体及断面图

二、色彩的“情感”

色彩能引起人情绪上的变化，能强有力地表达感情。色彩进入人的视觉被感知的速度和程度，反映了色彩的物理属性、视觉的生理属性以及人将自然现象的视觉经验与色相联系的心理属性。

（一）色的前进与后退感

从相同距离看色彩，有的色看起来近（前进色），有的色看起来远（后退色）。从色相讲，暖色系有前进感，冷色系有后退感。从明度讲，明亮色有前进感，暗色有后退感。从彩度讲，彩度高的色有前进感，彩度低的色有后退感。这是由于人眼睛对颜色（光）的波长、振幅产生的感知度差异造成的，波长越长感知度越高，扩张感越强。明度高的色彩比明度低的色彩振幅大，易于被感知。

图 2-40　给人以华丽感的高彩度卖场空间

（二）色的膨胀与收缩感

同样面积的色彩，有的看起来大一些，有的看起来小一些。明度、彩度高的色彩看起来面积膨胀，而明度、彩度低的色彩面积缩小。暖色有扩张感，冷色有收缩感。

（三）色的华丽与朴素感

色的华丽与朴素是因彩度和明度不同引发的感受。彩度高或明度高的色，给人以华丽感（图 2-40），反之给人以朴素感。不鲜明的冷色往往给人朴素感，白、金、银有华丽感，而根据使用情况，黑色有时具有华丽感，有时则具有朴素感。

（四）色的冷暖感

色的冷暖是人将自然界具有冷暖属性的事物的视觉经验与色相联系在心理上产生的一种感受。红、橙、暖黄使人感到温暖；蓝色、青绿色使人联想到水等冷性事物。绿和紫是中性色，以它的明度和彩度的高低而产生冷暖表情的变化。无彩色中，白色冷，黑色暖，灰色呈中性。

（五）色的轻重感

色的轻重感主要是因色彩的明度不同而引发的感受。明亮色感觉轻快，暗色感觉沉重，在明度相同的情况下，彩度高的色彩感觉轻，彩度低的色彩感觉重（图 2-41）。

图 2-41　色彩明度变化形成不同的卖场空间轻重感的差异

（六）色的兴奋与沉静感

色的兴奋与沉静感主要由对视觉刺激的强弱引起。根据科学家测定，红色可以起到兴奋作用，蓝紫起到抑制作用，蓝绿起到沉静作用。红、橙黄纯暖色系列能引发观众的兴奋情绪，被称为积极的色彩；蓝、绿等纯冷色系列使观众产生沉静感，被称为消极的色彩。明度和彩度也有积极与消极之分，高明度、高彩度色彩倾向于兴奋色，反之则趋于沉静色。

（七）色的柔软与坚硬感

色的柔软与坚硬感是由明度和彩度引起的感受。通常，明度高、彩度低的色给人柔软感，明度低、彩度高的色给人坚硬感。白和黑有坚硬感，灰色有柔软感。

（八）色的味觉感

色的味觉感是一种由联想产生的心理上的感觉。据调查，一般人认为，黄色、白色、橙色是甜味，绿色是酸味，茶色、灰色、黑色是苦味，青色、蓝色是咸味，这大概是因为人们对色彩的味觉和相应于该味道的事物及颜色有关。

三、色彩设计在服装展示中的作用

形体、质感和色彩是构成展示空间环境的要素，色彩会使形体产生显眼的效果，色彩可以通过人们的视觉传达丰富的信息，可以作用于人的心理和情绪，进而影响人的注意力和思维活动。服装展示中，借助色彩具有的象征性功能，可以确立服装品牌的形象特色。

（一）利用色彩确定空间基调

色彩是比形状、材质更令人敏感的视觉元素，色彩基调由于能作用于人的心理情绪，所以能直接影响展示现场的效果。因此，展示设计中常常借助色彩的性格特征来形成展示空间基调，引导观众对展示空间的视觉联想。图2–42所示的尚德利服装东京专卖店，以黄色与深紫色为主调的柔和色彩确定空间基调，突显了空间的女性风格与柔媚气氛。

图2–42　尚德利服装东京专卖店内色彩

（二）优化展品视觉效果

利用色彩可以调整展示空间的平衡关系。面对丰富的展品色彩，设计师可以运用色彩的对比作用和调节作用，通过展品色彩之间以及背景与展品之间的反衬、烘托或色光的辉映，使展品获取特定的良好视觉效果与心理效果。图2–43所示为哈维—尼古勒服装都柏林店运用浅色空间背景与深色商品之间以及红色模特与黑色服装的对比形成强烈的视觉反衬效果。

图2–43　哈维—尼古勒服装都柏林店内色彩

（三）强化品牌形象，增强视觉识别性及引导性

在展示活动中，可以通过品牌专有色传播品牌文化，如知名运动品牌361°的服装展位的橘黄色（图2–44），显示着产品的品质特征。专有的标准色彩是企业形象的一部分，既能突出企业的实力，又易于识别。

图2-44　2012年CHIC展上361°集团展位的橘黄色象征着其品牌识别特征

图2-45　迪卡服装专卖店内色彩（一）

图2-46　迪卡服装专卖店内色彩（二）

图2-47　哈维—尼古勒服装中国香港店内色彩

此外，在大型的展示场所、商业购物中心，色彩具有的视觉引导作用不容忽视，特别是对处于较远距离的观众尤为重要。展区的主题色，商业环境的主色系，企业标准色、道具色，形成了不同商品区域，各展馆、展区、展示单位的标志色，可以起到良好的指示性与诱导性作用。图2-45与图2-46所示为迪卡服装专卖店，楼梯上分布的系列橙色元素，不仅呼应了品牌标志的色彩，还具有视觉引导的强调作用。

（四）烘托展示所要达到的特定空间气氛

不同的展示功能与目标需要与之适应的不同设计特征，其中包括不同的情调与氛围。从视觉心理来讲，色调可以诱发人们形成强烈、柔和、明亮、暗淡、晦涩等心理反应，这些心理活动直接影响到观众对展示环境的整体印象。色彩可以影响观众的心理情绪，可以营造展示环境特定的情绪与氛围，图2-47所示为哈维—尼古勒服装中国香港店，运用强烈的红色与金色营造特定的展示风格与空间气氛，以此来作用于人的视觉心理，加深人们的印象。

第五节　服装展示照明基础

牛顿说："没有光，便没有颜色。"不仅如此，如果没有了光线，人对形态、体积、空间都无从感知。照明同色彩一样，对人的心理变化、感情起伏有着重要的引导作用。

一、光和光源

光是能引起视觉的电磁波，人眼在有光的条件下才能看见物体，而且要在一定亮度条件下才有分辨颜色的能力。任何物体的温度只要高于绝对温度零度（摄氏温度 -273℃）时，就会发出不同波长的电磁波。利用不同的仪器就能测量出其能量的大小。在电磁波中，只有一小部分能为人眼所感觉到，即波长为 380 ~ 760nm（一纳米等于十亿分之一米）的电磁波，被称为可见光。不同波长的可见光能使人产生不同的色彩感觉。

（一）光源及其种类

光是电磁波和光粒子辐射能量，凡能发出一定波长范围电磁波的物体称为"光源"。光源有天然光源和人造光源之分，就人造光源而言，大致有以下几种。

1. 热辐射光源

热辐射光源是指通过热能激发的方式而生发的光源。物体被加热到 400℃以上时可发出红光，随着温度升高而出现橙、黄、绿、蓝、青、紫各种色光。白炽灯就是根据热能辐射发光原理制成的。

2. 气体放电发光光源

放电管两端装有电极，内充某一气体或金属蒸汽，产生电弧放电发光。如霓虹灯、钠灯、汞灯（水银灯）、金属卤化灯等。

3. 磷质发光光源

磷质发光光源是指将一定波长的光转变成较长的波而产生的可见光，往往是通过紫外线照射发光磷质（荧光粉）来实现的。如荧光灯、交通反光标志、歌舞厅荧光壁画等。

4. 场置发光光源

场置发光光源是在金属板上涂以发光磷质（成分与荧光灯不同），覆盖上经过化学处理的玻璃板，经导电而释放能量发光的光源。这种光源可做成大面积的发光棚。

5. 原子能发光光源

原子能发光光源是指将内壁喷涂荧光粉的灯泡内装有放射性同位素，使荧光粉受辐射线的激发而发光。

6. 化学发光光源

化学发光光源是指根据萤火虫发光的原理，将草酸脂粉末、荧光料溶液、过氧化氢溶液按一定比例混合，封闭在灯泡中产生化学反应而发光。这种光源在发光过程中不释放热量，又称为"冷光灯"。

（二）光学术语

1．光通量

光通量又称为“光流”，常用符号F表示，指在单位时间内通过一定面积的光的量。人眼对不同波长的光的感觉，其灵敏度是不同的。人们比较几种波长不同而辐射量相同的光时，感觉到黄绿光最亮，而波长较长的红光和波长较短的紫光都较暗。国际上把波长555 nm的黄绿光的感觉量定为1，其余波长的感觉量都小于1。1光瓦的光通量是指辐射通量为1W，即波长555 nm所产生的黄绿光的感觉量。在实际应用中光瓦的单位太大，一个普通40W白灯发出的光通量仅为0.5光瓦，故常用另一较小单位流明（lm）表示，1光瓦约等于680lm。光通量是光源射向各个方向的发光能量的总和，是人眼所能感觉到的光源的发光功率。

2．光强度

光源发出的光的强度称为光强度，它是表示光源在一定方向范围内发出的可见光辐射强弱的物理量。光强度简称光强，符号为I，单位为坎德拉（cd，也称烛光），1cd表示在1球面度立体角内均匀发射1lm的光通量。

3．照度

照度是指被照面上单位面积接受光通量的密度，是衡量光照水平的指标。照度符号为E，单位为勒克司（lx），它等于1lm的光通量均匀分布在1m^{2}的被照面上。照度与光源的光强度成正比，与被照射物和光源之间的距离成反比，故使用单位照度的辐射强度低的光源能减少展品温度上升，或使用防热滤光片来降温。

表2-3　各种光源单位照度的辐射强度

光源	单位照度的辐射强度 mW/（m^2·lx）	光源	单位照度的辐射强度 mW/（m^2·lx）
白炽灯泡	45	荧光水银灯	12
带有红外线透过反射镜的灯泡	17	金属卤化物灯	10
带有红外线吸收膜的灯泡	33	高压钠灯	8
荧光灯	10	太阳光	10

4．亮度

亮度是指光源在视线方向单位面积上的发光强度，亮度符号为L，单位为坎德拉每平方米（曾称尼特，现已废除），表示1m^{2}表面沿法线（垂直于该表面的直线）方向产生的1cd（坎德拉）的发光强度。被照射物表面的亮度，不仅与照度水平有关，还与物体对光照的反射率有关。在相同照度条件下，明度高的物体比明度低的物体要亮。高亮度是产生眩光的原因。

5．眩光

眩光指视野中的发光体（或反射体）表面亮度很大时所引起的人眼不舒服的耀眼感觉，例如当人们直接或通过反射看到灯具、窗户或其他光源，而这些光源的亮度又大大超过室内的一般亮度时，即产生眩光。眩光的强烈程度因其与眼睛的不同角度而异，眩光可以损害视觉（此时称失能眩光），并能产生视觉上的不舒适感（此时称不舒适眩光）。

（三）光色气氛

1. 光源的色温

人造光源的材质与使用技术不同，不同的光源产生各异的光色效果。“色温”指光源光色的温度感，人们观察光源时可以感受到光源的冷暖。光源的色温是用该光源色度相等或近似的完全辐射体的绝对温度来表示。色温的单位为“K”（开尔文温度单位），而不是用摄氏温度单位。色温越高，光色越冷，色温越低，光色越暖。

展示气氛与色温密不可分。一般来说，色温低的光源偏暖色，产生温馨、热情、向上的感觉；色温渐渐升高，光源也由暖渐渐变冷，产生凉爽、轻快的感觉。运用色温可以营造各种展示气氛（表 2–4）。

表2–4　光源的光色与气氛

光源	色温	光色	气氛效果
天光、荧光灯	＞ 5000K	清凉（蓝白色）	冷的气氛
白色荧光灯	3300 ~ 5000K	中间（白）	爽快的气氛
白炽灯	＜ 3300K	温暖（暖白色）	稳重的气氛

光源特色		色的效果					
光源种类	R_a 的评价值	红	橙	黄	绿	青	肤色
白色	63	稍不明朗	不明朗	强调	不变	稍强调	不明朗
日光色	77	不明朗	稍不明朗	稍强调	不变	不变	稍不明朗
三波长发光型	84	稍强调	不变	不变	稍强调	稍强调	不变
荧光灯	—	—	—	—	—	—	—
高演色荧光灯	92	不变	不变	不变	不变	不变	不变
阳光灯	92	不变	不变	不变	不变	不变	不变
电灯泡	—	强调	强调	稍强调	带黄色调	不明朗	稍强调

2. 光源的显色性

光源的显色性指光对物体固有色呈现的真实程度，光源的显色指数用 R_a 表示。国际照明协会（CIE）规定，标准光源的显色指数为 R_a=100，R_a 在 100 ~ 80 时显色性为优良；R_a 在 79 ~ 50 时显色性一般；R_a 小于 50 时则显色性较差。一般人工照明的光线越接近太阳光，越能显现展示物体的固有色。显色性高的光源能忠实表现展示物的固有色，白炽灯、碘钨灯等光源的显色指数超过 85，适合作为需显色性好的一般展示照明。利用不同色光的光源可以加强某一展区的特定色彩，如选用各种有色灯泡，或在灯具上加上红、蓝、绿、琥珀等色的滤光片来产生各种色光效果。

（四）展示照明灯具

常用的展示照明光源有荧光灯（直管、环形）、碘钨灯、高压汞灯、钠灯、低压卤素灯、霓虹灯、白炽射灯等。这些光源中，高压汞灯色彩偏蓝，显色性差，其余的显色性都很好。常用展示照明灯具主要有吸顶灯、吊灯、镶嵌灯、投光射灯、聚光灯及导轨照明灯具等各种类型和规格的灯具。

1. 吸顶灯

吸顶灯是固定在顶棚上的基础照明光源。从构造上分为浮凸式和嵌入式两种，灯罩造型主要有球体、扁圆体、椭圆体、柱体、锥体、方体、三角体等。所用光源功率白炽灯泡有 40W、60W、75W、100W、150W 等，荧光管灯一般选用 30W 或 40W 等。

2. 吊灯

吊灯的装饰性强，较引人注目。一般安装距顶棚 50 ~ 1000mm 的距离，光源中心距离顶棚以 750mm 为宜。

3. 镶嵌灯

镶嵌灯一般安装在展示空间顶棚内，如顶棚或灯檐，作为基础照明用。若在吊顶中装入荧光管灯或白炽灯，可用毛玻璃遮挡光源做隔绝式吊顶照明，或以格片做适当的遮挡成为漏透式吊顶照明。

4. 投光射灯和聚光灯

各种类型的投光射灯和聚光灯在展示照明中的应用最为广泛，通常具有良好的聚光性能和光源显色性能，可方便地调节照明方向、范围及位置（图 2-48）。

图 2-48　各种常用的投光射灯

投光射灯主要用于重点照明，为小型聚光照明灯具，有夹式、固定式和鹅颈式，通常固定在墙面、展板或管架上，可调节方位和投光角度。分色涂膜镜通常用于贵重展品的重点照明，是一种涂有多层特殊膜面的反射镜，其光源为冷卤素灯泡，具有配光性能好和超小型体积的特点。

5. **导轨照明灯具**

导轨照明灯具是在展示空间顶棚、墙面或其他部位上装配金属导轨，轨道上再安装若干可移动的反射投光灯的照明灯具，具有良好的聚光性能，可方便地调节位置、照明方向和范围（图2–49、图2–50）。

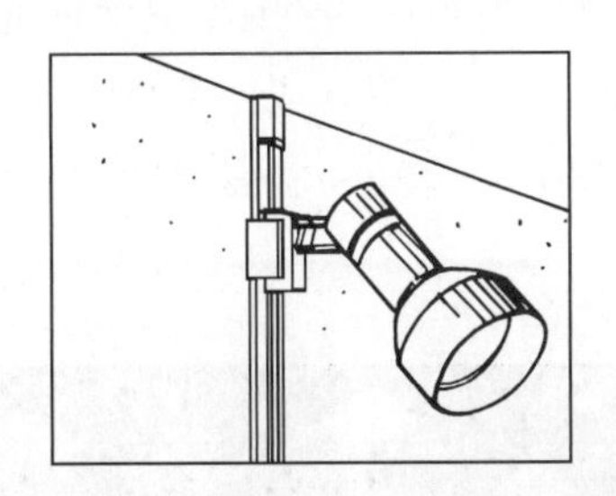
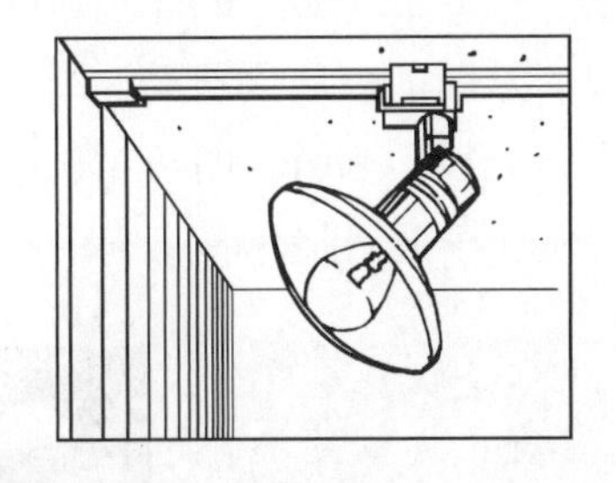

图2–49　导轨照明灯具

图2–50　展位照明的导轨射灯

二、展示照明方式

依灯具的散光方式，展示照明方式可分为直接照明、半直接照明、间接照明、半间接照明、均匀漫射照明几种。

（一）直接照明

直接照明（图2–51）是指全部灯光或90%以上的灯光直接照射被照的物体，一般漏明的日光灯、台灯、点射灯、筒灯的照明方式都属于这一类。直接照明的特点是能充分利用光通量，亮度较大，但容易产生眩光，常用于需较高照度的公共空间或需要局部照明的区域。

（二）半直接照明

半直接照明（图2–52）是指60%左右的灯光直接照射被照的物体，其余的光散射到四周。在灯具外面加设半透明的玻璃、塑料、纸等材料的灯罩的照明方式，都可以归入这一类。半直接照明的特点是光线不刺眼，明暗对比不强烈，顶棚、地面和墙面等四周围也能得到适当的光照，大型展览会场常用此种形式。

图2–51　直接照明

图2–52　半直接照明

图2–53　间接照明

（三）间接照明

间接照明是指90%以上的灯光先照射到墙上或顶棚上，再反射到被照的物体上。间接照明的特点是光线均匀柔和，不刺眼、无眩光，没有明显的阴影，有一种安静平和的气氛，暗设的反光灯槽（带）等便属于这种形式（图2–53、图2–54）。

（四）半间接照明

半间接照明是指60%以上的灯光照射到墙上部或顶棚上，少量的光线直接照射到被照物。如大多数壁灯和灯具上方有透光间隙、外有半透明散光灯罩的吊灯以及墙上的反光灯带板（图2–55）便属于这种类型。半间接照明

图 2–54 顶棚与墙角交界反光灯带的间接照明

图 2–55 墙上反光灯带板的半间接照明

的特点是光线柔和，没有较强的阴影。

（五）均匀漫射照明

均匀漫射照明是指照射到上下左右的光线大体相等，此照明方式能使光通量均匀地向四面八方漫射，适宜各类展示场所，带半透明球形罩的灯具属于这一类（图 2–56）。

图 2–56 球形吊灯的均匀漫射照明

三、展示照明类型

（一）基础照明

展示空间环境中的基础照明是指保证基本空间照度要求的照明系统，所以也称为整体照明或一般照明。通常在保证一定照度和亮度的同时，选择显色性高的光源来满足基本视觉要求。它的特点是分布比较均匀，一般以均匀的亮度照亮整个区域（图 2–57）。

除了某些区域有意识地利用光的强弱引导观众和疏导人流外，其他区域的整体照明都不宜超出展示区域的照明。通常基础照明与展品照明的亮度对比以 1∶3 为宜。

（二）重点照明

重点照明也称局部照明，重点照明是对重点部分、重点商品采用的局部照明，有明确的目的性。它是为特别的需要而提供更为集中的光线，能更好地突出商品，

图2–57　基础照明

显现商品独特的材质美、色彩美、色泽美与价值感，以吸引观众视线（图2–58、图2–59）。重点照明亮度通常是整体照明亮度的3 ～ 5倍。

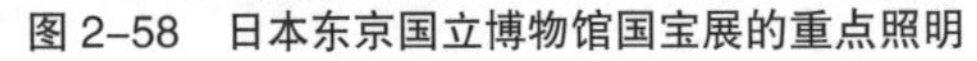

图2–58　日本东京国立博物馆国宝展的重点照明

图2–59　幽暗灯光中的重点照明

（三）装饰照明

装饰照明又称为“气氛照明”。该方式除了有照明的实际功用，在展示活动中，它还是一种特有的造型语言，是表现观众心理状态和性格，创造某些“氛围”和“感觉”的重要手段。展示的装饰照明应给观众以有益于展示目标和效果的气氛感受，要善于用灯光渲染的手法去实现灯光的戏剧性效果，但要注意与空间的形态及内部装饰协调起来。其所营造的灯光气氛大体可分为以下几种：

（1）价值感：华贵的、质朴的；

（2）时代感：现代的、思古的；

（3）情绪感：热烈的、幽雅的、凝重的、欢乐的、悲壮的，冷清的；

（4）环境感：乡土的、自然的、城镇的；

（5）视觉感：明快的、暗淡的。

进行装饰照明设计要关注新材料、新技术的发展，如光导纤维、激光技术等，善于采用新材料、新技术创造独特的艺术效果。若装饰照明需要特殊的照明组合与照明灯具时，可以研究借鉴舞台美术照明的手法。图 2-60 与图 2-61 所示的专卖店内，构成顶棚和货架的塑料模板后面安装着 540 个荧光灯管，灯光色彩模式可以通过电脑系统进行调节，使整个空间沐浴在粉色、蓝色、红色或绿色的灯光中，营造出一种具现代感的浪漫氛围。

图 2-60　空间沐浴在绿色的灯光中

图 2-61　空间沐浴在粉色、蓝色的灯光中

（四）应急安全与指示照明

应急安全与指示照明是指为应急安全与指示行走方向而设立的独立的照明系统，它在方便观众、疏导人流、事故应急等方面均有重要作用。为了在地震、火灾等灾害使供电中断时人员的安全撤离，在通道、楼梯、安全出入口都应有应急安全照明光源，在灾害发生时可以自动点亮并能保证连续照明90分钟。

☞思考题

1. 展示艺术美的形式原理及其在展示设计中的运用有哪些方面?
2. 服装展示设计中，人体工程学尺度要素的具体应用有哪些方面?
3. 服装展示设计中，人体工程学视觉要素的具体应用有哪些方面?
4. 简述展示室内空间形式的主要类型及其在展示中构成虚拟空间的常用方法。
5. 简述色彩设计在服装展示中的作用。
6. 简述展示照明的几种类型及其作用。

专业理论及专业知识——

服装商业卖场设计

课题名称： 服装商业卖场设计

课题内容： 1．服装商业卖场的空间环境。

2．服装商业卖场的设计流程。

3．服装商业卖场的外观设计。

4．服装商业卖场的店内设计。

课程时间： 8课时

教学目的： 论述市场营销策略与服装卖场空间环境之间的关系，指出服装卖场设计应成为体现其市场营销策略的一种有效的促销手段。结合实例分析服装商业卖场环境的三种类型。讲解和分析服装商业卖场设计从市场调研、信息分析到方案设计阶段、深化设计阶段及其工程实施阶段的设计流程。逐项讲解构成服装商业卖场外观形象的店面造型、色彩、材质、广告标识及品牌形象、照明以及橱窗设计等外观要素设计的内容及方法。从店内的空间布局设计、店内色彩设计、店内展示道具设计与选用、店内的商品陈列设计和店内照明和灯光设计这几方面，讲解和分析服装商业卖场店内设计相关内容及具体方法。指导同学对第二章复习与作业进行交流和讲评，并布置本章作业。

教学要求： 1．使学生正确理解市场营销策略与服装卖场空间环境之间的关系。

2．使学生了解现代服装商业卖场空间环境具有的四项基本功能。

3．使学生了解目前服装商业卖场环境的主要三种类型。

4．使学生明确服装商业卖场设计流程的各个环节与内容。

5．使学生理解构成服装商业卖场的外观要素和店内设计的相关内容及表现方式，掌握服装商业卖场外观设计和店内设计的方法。

课前准备： 选择国内外服装商业卖场典型案例的背景资料，调研本地区有代表性的服装商业卖场展示设计实例，以文字的讲解结合图像的直观介绍，使学生从基本原理与设计方法等方面来认识和理解服装商业卖场设计。

第三章　服装商业卖场设计

服装商店又可以称为“服装商业卖场”。商店作为商品交易的场所，从原始的易物交换，到后来的集市、庙会，从地摊、摊位到铺面，商业活动的发展构成了商店和商店集中的商业地段以及商店集成的商业中心，也营造了城市的繁华与活力（图 3–1、图 3–2）。在人类现代生活中，服装既是人们生活中的必需品，又是人们追求精致生活的奢侈品。世界上许多一流的零售店都起源于服装制造销售业，一些城市因为服装商业的发达而成为世界著名的城市。当今，巴黎、伦敦、米兰、纽约等这些世人公认的世界时装之都，其知名品牌不仅引领着世界的时尚，也通过其商业销售的网络及遍布世界代表性城市的专卖店向全球传递着服装的信息。服装商业卖场以其特有的形象魅力和气质成为商店家族的一道亮丽风景。

图 3–1　包括购物、餐饮、休闲娱乐等设施的柏林“格罗佩斯拱廊”内景

图 3–2　德国海里格盖斯特加顶盖的小型购物街

第一节　服装商业卖场的空间环境

一、市场营销策略与服装卖场空间环境

现代营销理念认为，商业卖场不单纯是商品买卖的场所，也是融生活情趣、文化修养、

休闲娱乐为一体的消费生活空间。所谓市场营销，包括了将商品销售给消费者的所有行为，其中也包含着提供给买卖双方完成交易的场地——商业卖场。尤其是服装这样的消费品，它不仅是人类适应自然环境的物质产品，而且是适应人文环境和表达内心感受的精神产品；它既有对人的身体和人的阶层的隶属性，又有物质与精神的双重性。在有众多选择的服装消费品市场竞争中，在如何开辟畅通的销售通道，把服装商业卖场的气氛与顾客的需求结合起来，创造出被消费者认同和喜欢的有“性格”的服装卖场空间方面，以及在如何吸引新的顾客群，促使他们经常或更多地购买商品，以此来创造良好的销售业绩，扩大商品的市场份额方面，作为营销策略的服装卖场设计成为一种促销的有效手段。

市场营销的目的是吸引消费者、开拓产品出路，实现需求、生产、销售的良好循环。为了生存和赢利，企业和商家探索着适应消费者购物特点和生活方式的经营方法，把价格、服务、独特风格、娱乐性、区域扩张乃至全球性渗透作为经营要素。为使消费者满意，企业或商家努力以人性化服务为宗旨，不惜投入巨资，装饰店面、更新设施，打造富有吸引力的商业形象，营造温馨愉悦的商业气氛，使购物更为便捷轻松（图 3-3）。

图 3-3　温馨愉悦的购物环境

商业卖场空间环境的创造，以实现商品的买卖、达到现场交易为目的。然而，今天的消费者走进商业卖场已不只满足于“商品的获得”。现代服装商业卖场空间环境具有四项基本功能。

（1）展示性。集中表现在商品展示、信息展示、功能展示、面貌展示等商业活动功能上。

（2）服务性。提供物质服务、情感服务、售后服务、休闲服务等功能。

（3）促销性。拓展环境促销、人机促销、理念促销等功能。

（4）文化性。体现物质文化、社会文化、企业文化等文化功能。

销售过程的完成，离不开买卖双方。销售空间环境创造的主体是人，主旨在于营造一个良好温馨的、有利于销售的环境，即给顾客创造最方便、最舒适的购物环境（图 3-4）。从这个意义上讲，商业卖场设计中，商品、道具、灯光等只是实现商业卖场空间创造的手段。

图 3-4　集办公、公寓、娱乐餐饮于一体的柏林索尼中心

商业卖场空间环境的创造，不只依赖于物质的手段，也有赖于非物质的手段。商业卖场空间环境包括硬件和软件两部分，前者主要体现为物质的空间（设施）方面，

如合理的空间形态、有序便捷的平面布局、错落有致的商品陈列、个性化的企业形象展示、有魅力的光照处理；后者主要体现为企业的文化方面，如良好的接待与服务，给顾客购买的方便感和浏览的满足感。两者形成完整的销售空间环境，综合作用于顾客的生理和心理感受。

服装商业卖场的空间环境是企业或商家传达给公众的个性和特质，它反映了服装商业卖场的时尚程度、市场地位以及对目标顾客的吸引力，是对品牌形象的一个强有力的印证（图 3–5）。服装商业卖场空间环境不仅是外观形象的视觉表现，还蕴涵着生活哲学、文化品位、处世态度等内在观念。因此，完善的营销策略，有利于经营。独具魅力的商业卖场空间环境是经营者在激烈的商业竞争中具有竞争力的必要因素（图 3–6）。

图 3–5　日本福冈三宅一生 24 小时服装便利店

图 3–6　森马专卖店店内空间环境

二、服装商业卖场环境的类型

现代服装商业卖场环境可大致分为百货商店、购物中心、服装专卖店（旗舰店）三种类型。

（一）百货商店

顾名思义，所谓的“百货商店”是杂货铺的规模化和大型化。19 世纪中叶，欧洲的第一个百货商店——巴黎的博 · 马尔什（Bon Marche）店开启了它那扇金碧辉煌的铜门，产生了提供家用物品、衣服、家具及配件的营销模式。19 世纪末，法国百货商店的模式传遍了伦敦、纽约及欧洲其他城市的许多百货商店。

“百货商店”这个词语体现了许多不同种类的商品展示的实际情况：每种商品摆放在单独的部门，商店分配给每个部门特定的零售场所。通常，百货商店以经营中高档商品为主，70% ~ 80%商品的价格规定在中档和高中档的价格幅度内。服饰品，特别是女式服装常常成为百货商店的经销重点，其销售额通常占销售总额的一半以上。

世界知名的大型百货商店都在树立自身的特色，如英国伦敦的哈罗德、美国的梅西公司、日本的塞拜及中国香港的时代广场。值得一提的是历经百年而不衰的巴黎“老佛爷百货”（Galeries Lafayette 集团的中文译名），从 1893 年创立初期的 70 平方米专营女用廉价饰物的店铺开始，到 20 世纪 70 年代放弃经销多种商品而全心打造服装和美容类商品的专业百货商店，现已在法国及国外拥有 60 多家分店，提供一系列知名品牌及前沿时装产品，营业额跻身西欧顶尖的大型商店之列。

在百货商店内，企业可以设立自己的专门柜台出售服装，与商场协商，运用企业规范化的展示方式营造本品牌的展卖氛围，还可以在商场内设立“店中店”，获取相对独立的商业空间，打造商场内的专卖店（图 3-7）。

图 3-7　商场内的“店中店”

（二）购物中心

购物中心，英语称为“Shopping Center”，在美国又称“Mall”。最初的购物中心被喻为有顶盖的街道，其渊源可以追溯到 19 世纪欧洲许多城市优美的拱廊商场，这种拱廊商场派生出了现在的购物中心的建筑样式。意大利米兰的加来里亚斯拱廊商场是欧洲久负盛名的拱廊商场之一，也是百货商店和购物中心的先驱。它的侧面与城市中心的教堂广场相接，其平面呈十字形，光线主要来自于中央玻璃穹顶，咖啡店和高档商店的交错使它成为米兰的时尚中心。

购物中心有两种形式，即沿公路的商业区和商业步行街。沿公路商业区是针对很多中产阶层移居到城市郊外的现实而在郊区或小城镇公路两边建成的由连排式商店组成的商业区。为了吸引顾客前来购物，建筑发展商从整体规划入手，将购物、饮食、娱乐等各类服务功能都集中起来，这类商业区往往由几栋建筑联合构成，形成购物中心建筑群。商业步行街是指由平行的商店之间的街道形成的街区，以鳞次栉比的建筑群和密集的商店为特征，一般不允许车辆入内，只限行人活动（图 3-8）。商业步行街所处的地理位置大多是城市的黄金地段，在其中又有几家名气较响的大型百货商场或商城，代表此购物中心的最高档次。

购物中心不仅可以满足人们购物的需求，它还将电影院、酒吧、餐馆、图书馆、会议室等融入其中，成为包括购物、餐饮、公共服务、文化及游乐等多功能的全天 24 小时营业的综合商业区（图 3-9）。美国拥有的购物中心数量多达 44000 多个，使得购物中心成为“现代美国生活方式的象征”。加拿大的西埃德蒙顿步行商业区是目前世界上最大的购物中心，面积约为 520 万平方英尺（1 平方英尺 ≈ 0.09 平方米），拥有 800 多家商店，其中包括 10 家主

图 3-8　英国剑桥大学商业街

图 3-9　具有购物、餐饮、办公、旅馆及休闲娱乐等多种功能的德国柏林施潘道拱廊

要的百货商店；此外，它还拥有 110 家饭店和快餐店以及溜冰场、海底世界主题公园、高尔夫球场等。

购物中心售货区通常分为开放区和封闭区两种不同形式，在入口大厅和每层的敞开区通常设有大面积的开放式售货区，这些区域一般都经营服装鞋帽等常规货物，每个相临售货区之间利用通道或展架分割空间，顶棚照明也成为划分空间的关键因素，尤其是反光灯带的空间界定效果显著。购物中心的主要售货形式是独立封闭的店中店，它往往是由不同的商家租赁下来经营。由于众多商家云集于此，纷纷以自己独特的店面形象出现，每一家店中店都希望将品牌风格鲜明地显现出来，因此，店中店成为购物中心中变化最多的单元。购物中心的整体建筑设计则多采用含蓄的色调、朴素的材质和简洁的装饰风格，只是在中庭和环廊部分有精彩的装饰表现（图 3-10）。

（三）服装专卖店（旗舰店）

服装专卖店始于 20 世纪初，20 世纪 20 年代后逐渐普及，所经销的商品从单一的女衫或

图 3-10 购物中心中庭

图 3-11 璞琪服装伦敦专卖店外观

图 3-12 璞琪服装巴黎专卖店外观

内衣发展到多种层次的服饰产品，已成为当代服饰零售业的重要形式之一，其市场占有份额已超过了百货商店。

服装专卖店是经营服装及相关系列商品的连锁店。国际性的时装专卖店是分布于世界具代表性城市的名牌服装零售组织（图 3-11、图 3-12），旗舰店则是服装专卖店在某一地区或城市的“排头兵”，最具品牌的代表性，代表最前卫的尖端时尚潮流，引领时尚的流变（图 3-13、图 3-14）。在我国北京、上海、香港等特大城市，有为数不少的国际级服装专卖店的身影。

服装专卖店在店铺设计、售后服务、人员培训等方面有着一体化的风格，由总部控制分布在各个销售网点的多家零售商店，保证其完整的商业面貌与视觉形象。完善的营销策略、有利于经营的独具魅力的商业销售空间环境是经营者在激烈的商业竞争中具有竞争力的必要

图 3–13　普拉达服装洛杉矶旗舰店店面

图 3–14　普拉达服装洛杉矶旗舰店利用入口楼梯的新奇展示方式

因素（图 3–15）。

专卖店由于规模较小，可以灵活地选择在市中心或繁华的商业区经营。专卖店往往进行同一品牌商品如服装、鞋帽、手袋、饰物等有关商品的系列化销售。在经营系列商品的同时，企业与商家十分注重树立品牌形象和针对特定消费群体的定位宣传（图 3–16）。

图 3–15　森马服装专卖店吊顶与柱子的条形装饰体现了其一体化的风格特征

图 3–16　沿自动扶梯的模特展示彰显了 ESPRIT 服装的品牌个性

第二节 服装商业卖场的设计流程

一、市场调研

设计既是解决问题的创造性行为，也是运用视觉语言来表达构思的过程。设计任务往往是从市场调研开始的，市场调研通常包括如下内容：

（1）针对所要进行卖场设计的品牌定位、风格定位、产品定位和目标消费群体定位等信息进行调查，了解品牌预期要达到的展示目标、计划、要求等。任何一个展示设计都有特定的目标，这是由品牌、服装商品、经营模式所决定的。如实行连锁经营的品牌，就需要制订统一的展示方案，并且在其专卖店统一实施，从而保证统一的经营和形象。

（2）针对与目标品牌市场定位相近的竞争品牌的产品、风格等相关信息进行调研。

（3）针对展示诉求对象，即品牌目标消费群的生活方式、思想观念、消费心理、消费习惯等情况进行定位调研。

（4）对卖场环境空间进行调研，了解卖场所处位置、场地形状、面积、空间界面情况及特点、设备条件以及周边环境等情况。

二、信息分析

市场调研完成后，应对调研结果进行分析，分析包括如下内容：

（1）明确品牌要达到的目标、计划和要求。

（2）对品牌所要传达的信息进行分析。

（3）对展示诉求对象进行定位分析。

（4）对卖场的环境空间进行分析，包括客流量、顾客流动路线、通道、环境面积、空间界面等。

三、方案设计阶段

设计方案的形成，一般先从草案设计开始。设计人员应放开思路，从不同角度思考问题，拿出不同的草案来进行商讨、比较、选择。这一阶段的设计重点在于根据创意构思的设想对整个卖场的整体效果与艺术表现形式进行把握和推敲，因此设计师往往采用手绘的设计草图来快速记录和表达设计的构思和意图（图3-17～图3-19）。

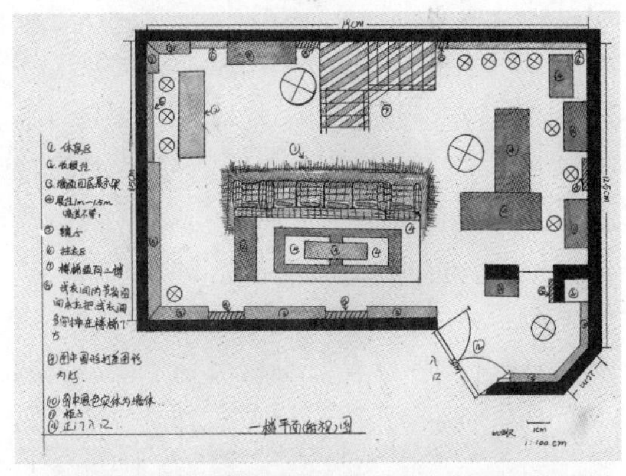

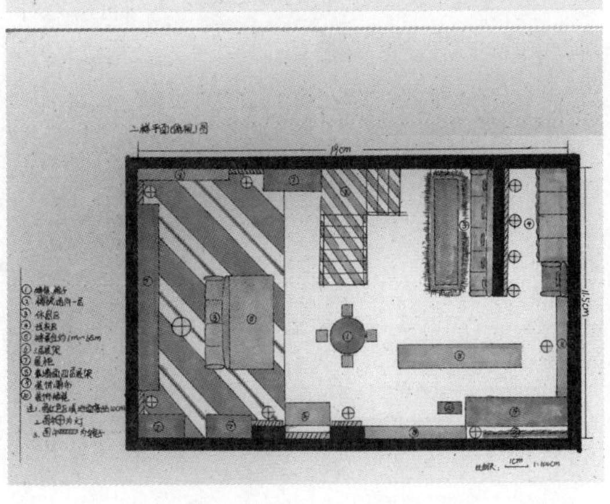

图3-17 手绘设计草图之平面图（设计者：蔡婷）

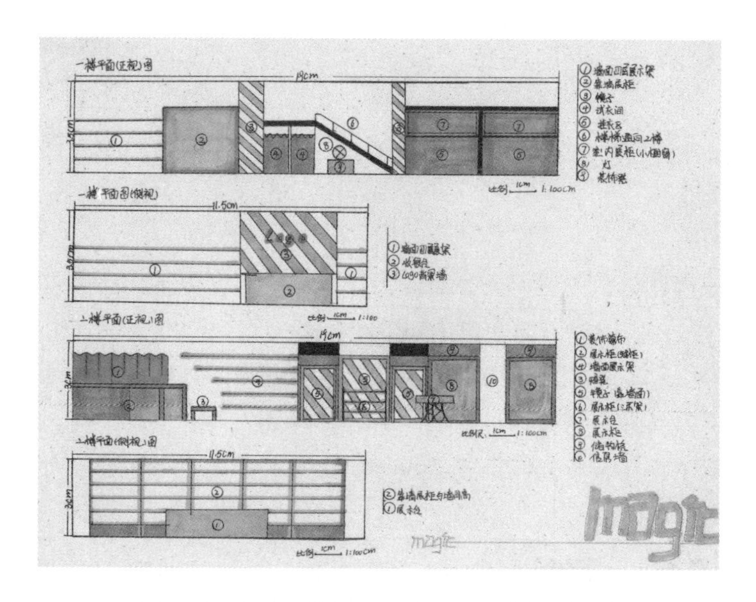

图3-18　手绘设计草图之立面图（设计者：蔡婷）

图3-19　手绘设计草图之效果图（设计者：蔡婷）

在草案设计基础上，方案设计便可以展开了。从这一阶段设计表达的需要来看，可利用图示分析的方法，用一定比例的平面图来分析和规划观众流线、功能区域分布、重点形象展示的设置等。

在初步确定的平面图的基础上，还要进行有关分析和评估，如店面的设计、店内顾客流向的分析；销售区、辅助空间与主要交通路线之间的比例分析；重点形象展示的观赏视线等的分析。在卖场区域确定的前提下，还应当粗算出相应的销售区、辅助空间与主要交通路线的面积，便于设计的进一步深化（图 3–20、图 3–21）。为了进一步表达各个区域的立体空

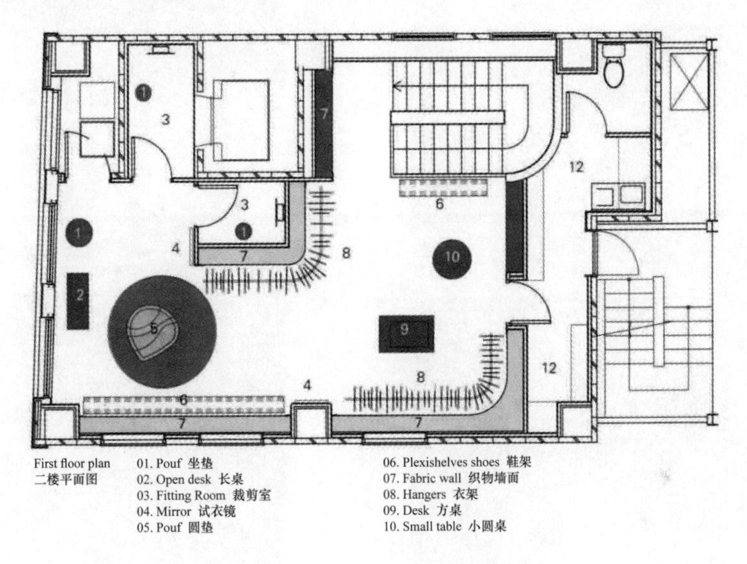

图 3–20 国外某卖场设计平面图

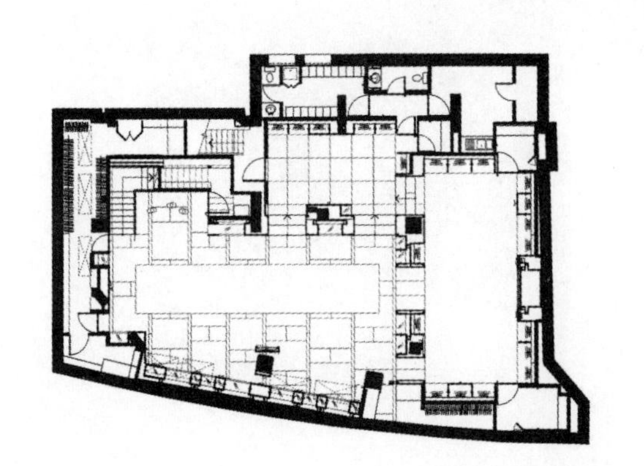

图 3–21 国外某卖场设计平面图及实景图片

间关系，可以结合平面图的表达，用透视图或轴测图的方式，或用简便的三维建模方法来从不同的角度分析方案的优劣（图 3–22 ~ 图 3–24）。

为了形象直观地反映出展示设计的艺术风格特点，在方案设计阶段有必要将部分重点区域或整体的设想以预想图（效果图）的形式表达出来，如果时间允许，可以用计算机软件制作效果图，这样便于更明确地向客户表达设计意图，便于内部的讨论及客户参与项目竞标（图 3–25）。

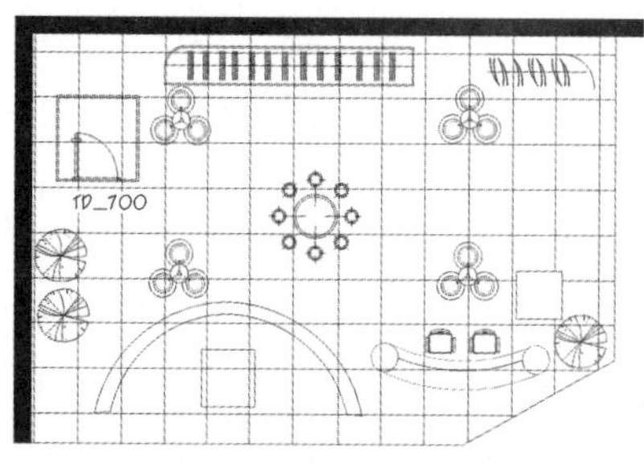

图3-22 卖场设计方案一
（设计者：邵卉卉）

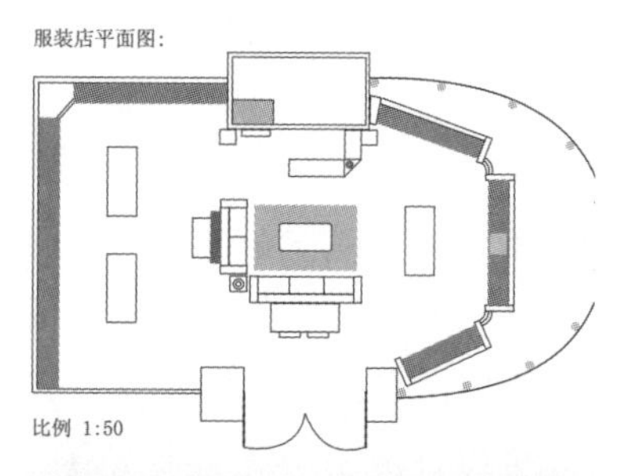

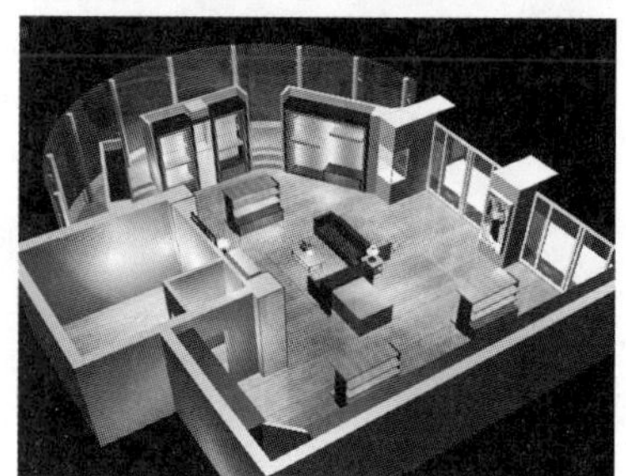

图3-23 卖场设计方案二
（设计者：张靓）

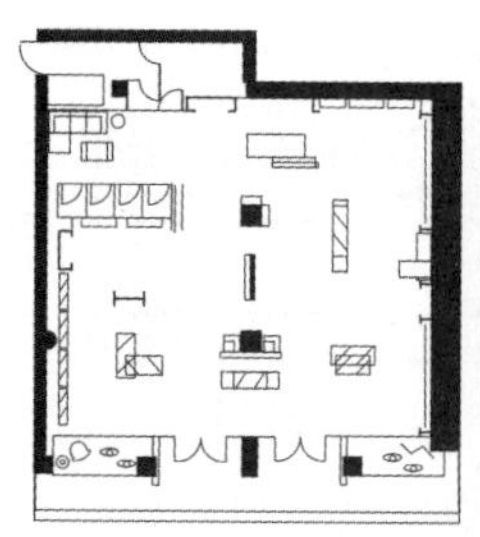

图3-24 卖场设计方案三（设计者：李静）

图 3–25　卖场预想图（设计者：邵文丽、董哲媛）

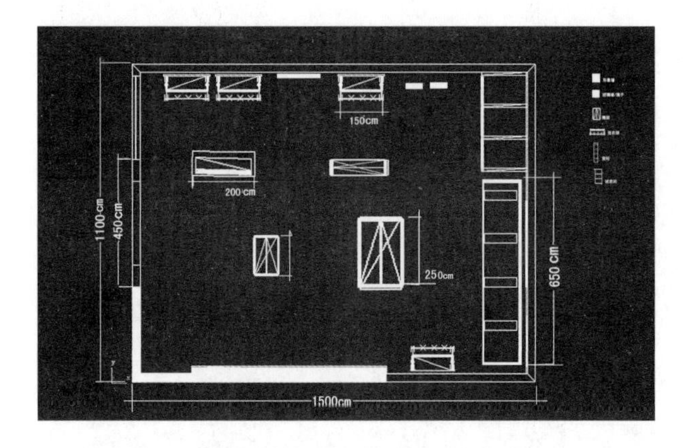

图 3-26　卖场设计平面图（设计者：张慧芳）

图 3-27　卖场设计效果图（设计者：张慧芳）

四、深化设计阶段

方案设计阶段主要着重于整体的把握，在设计方案获得确认后，设计师面临的工作是将设计方案中较为粗略的各种构想和规划付诸实施。从设计的深度讲，这一阶段是方案深化和细化的过程（图 3-26、图 3-27）。在设计的深化过程中，需将方案设计确定的展示空间组织系列以实际的构造和造型加以具体化，将展台、展架等展具及灯箱、装饰物等展示设施的具体造型、构造方式、采用材料、明细尺寸等加以确定。一些版面、标识等平面设计范畴的内容等都应当在设计图纸中明确地标出。为了直观地反映设计效果，常常按照一定的比例绘制出展示立面图。除以上的主要部位，其他特殊部位的设计以及卖场的照明设计也应加以考虑，并以图示方式表达出来（图 3-28）。照明设计方面，可以与相关专业人员合作，出具相应的技术图纸，如灯具分布图（图 3-29）、电力配置图等。此外，可用照明效果图来表现照明预想效果（图 3-30）。

方案深化过程也是求得设计中艺术和技术相结合等实际细节问题得以解决的过程，这一深化阶段的成果要以按照国家规范绘制的内容详尽的图纸体现出来，一般包括施工图和施工详图。图纸常采用我国的建筑及室内设计制图的标准规范绘制，在一定范围内，可以采用行业内通行的标识符号来标明道具、灯具等内容。对一些构造特别复杂，制作难度较大的部位，还可以辅以立体的示意图、效果图来补充平面、立面和剖面图表达的不足。

五、工程实施阶段

设计图纸的完成并不意味着设计过程的完全结束，要将设计的意图转化为现实，还面临着设计与施工制作衔接的重要环节，即展示工程的实施阶段。先要由设计师就设计图纸向施

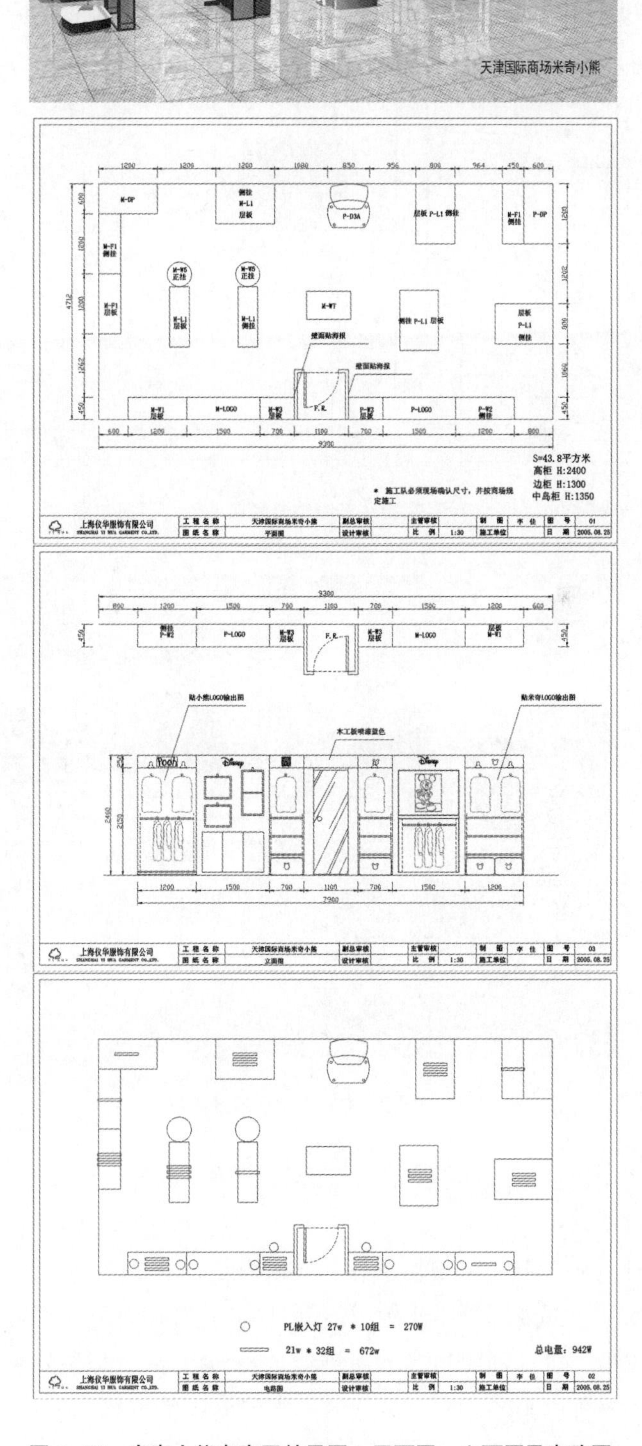

图 3-28　米奇小熊专卖区效果图、平面图、立面图及电路图

电器施工说明

1. 电器安装人员必须携带电工证。
2. 日光灯干板材之间做瓷夹板。
3. 电器安装牢固，所有接头进盒，支路负荷在电线负荷之内。
4. 所有外露电线穿镀锌蛇型管。
5. 外露板材均刷防火涂料。
6. 安装漏电保护器及电箱接地。
7. 灯箱顶部开散热孔。

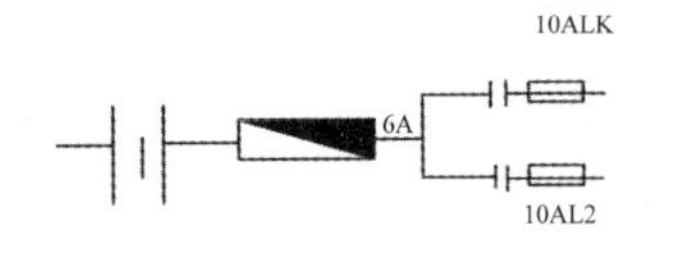

名称	图样	类型	数量	备注
电源		6R	1	
日光灯		40W	11	
日光灯		20W	11	
日光灯		30W	4	
金属灯		150W	4	
射灯		25W	3	
总用电量			1455W	

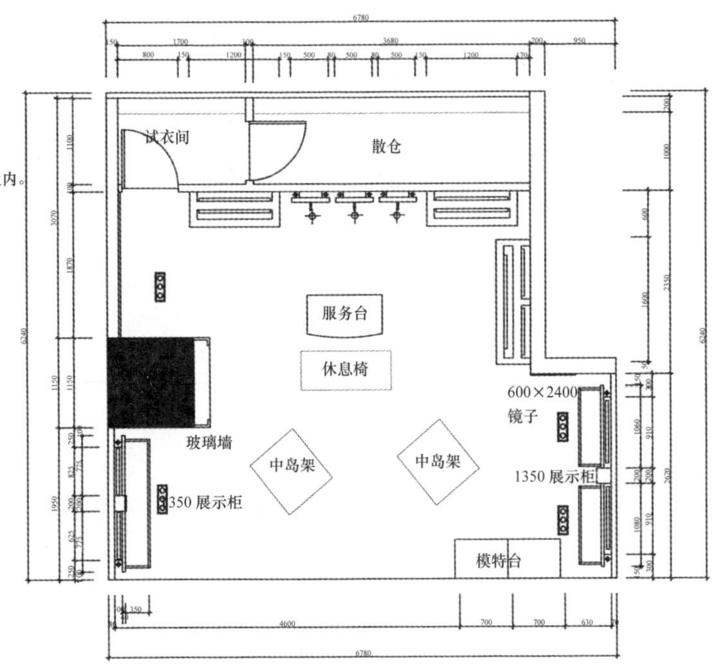

图 3-29　某服饰专卖店平面灯具分布图

图 3-30　照明预想效果图

工部门作技术交代，包括施工部门介绍设计意图、重要部分及制作难点、施工制作过程中应注意的事项等。

卖场展示设计的施工制作依现场条件和要求而定，有些卖场允许在现场施工制作，有些卖场则要求在现场外全部或部分制作好以后到现场组装。卖场展示的施工制作是最终实现和检验设计效果的关键，设计师应当多下现场做必要的指导，以求最大限度地实现设计的预想效果。由于时间和多种因素的局限，尽管有图纸作施工的依据，但一些复杂的或特殊的施工制作，还需要设计人员到现场根据具体情况进行调整。

第三节　服装商业卖场的外观设计

服装商业卖场的外观设计在于创造特有的商店外部形象，对公众来说，它传达了企业或商家的个性和特质，反映了商店的时尚程度、市场地位以及对目标顾客的吸引力。商店形象不仅是外观形象的视觉表现，还蕴涵着生活哲学、文化品位、处世态度等内在观念（图 3–31）。

图 3–31　东京迪奥服装旗舰店，夜晚发光的外立面将建筑变成一个理想的品牌使者

一、服装商业卖场的店面设计

人们把商店的外部形象称作店面、门面，又称店首、店头，作为商店的"脸面"，店面往往是人们最为注意的外在表现重点。在商店林立的闹市区里，店面就更有必要以自身的魅力吸引顾客。

店面设计常常从主体建筑、店名标识（招牌）、入口和橱窗、广告标识及广告形象等外观要素以及形、色、质等设计元素着手，并且运用照明加以渲染。应结合整体建筑造型、具体经营特色、所处商业环境来综合考虑，目的在于有效地利用店面形成特定的外部形象（图 3–32）。图 3–33 所示的专卖店设计，由门面上部富有变化的花格装饰、标牌、入口和橱窗，以及品牌标识和照明渲染等构成特定的店面形象。

（一）店面的造型

店面的造型主要体现在主体建筑的设计风格和造型式样给人的整体印象和感觉上。在造

图 3–32　璞琪服装东京专卖店的店面形象

图 3–33　日本银座商业街上的服装店面形象

型所运用的语言与形式处理上不要雷同或流于一般，通常采用突出品牌的视觉识别要素及形象特征的设计风格，使店面视觉信息单纯、集中，便于识别，能对顾客产生视觉吸引。店面形象的气质或保守、或前卫、或豪放粗犷、或端庄秀丽，要点在于体现出品牌的理念、档次、个性与形象魅力（图 3–34、图 3–35）。

图 3–34　店面的造型（一）

图 3–35　店面的造型（二）

（二）店面的色彩

色彩是显现店面形象和体现品牌性格的重要方面。选择店面色彩时，既要考虑环境因素，又要展现店面自我形象（图3-36）。色彩往往在对比中产生效果，若环境色彩浓重，则颜色淡雅的店面也能得到突出，但在店面的重点部位，如入口、店徽、招牌、旗幌等处可做鲜艳（鲜明）的纯色处理，起到画龙点睛的作用。

图 3-36 店面的色彩

（三）店面的材质

装饰材料是丰富店面造型、赋予店面气质的重要造型语言。不同材料由于材质的差异，其质感和装饰效果很不相同。有些材质朴素自然，有些高贵华丽，有些原始粗犷。设计人员要善于运用材料的质感及不同材料质感的对比对人心理感受的作用，使材料同商店的内涵与形象气质吻合。材料的运用要着重对比，如店面常用大理石、花岗岩和人造石材与玻璃、不锈钢材形成对比，以表现现代感与豪华感，从而让店面产生虚实、软硬、温冷等不同表现特性（图 3-37）。

（四）店面的广告标识及品牌形象

服装的品牌标识及店名构成的招牌，可作为一种符号用于促销，很多时候用品牌标识的图形及色彩便能确定店面的大体面貌，赋予商店形象独特的魅力（图 3-38）。店面的广告标

图 3-37 店面的材质

图 3-38 日本优衣库的店面形象

识是最有效的直观宣传（图3-39），如同设计师品牌和名人品牌，商店也可以用店名注册品牌。

知名的服装品牌标识就像是消费者的向导，比如“阿玛尼”“迪奥”“普拉达”的品牌标识，早已在消费者的心目中留下深深的印象，具有号召顾客的优势，它们在招牌上的出现更多的体现一种炫耀。利用品牌标识形象来设计店面，能刺激并加深消费者对品牌的印象，使品牌形象得到强化，是一种简洁有效的设计手法（图3-40）。当今，统一形象设计、统一大众传播的企业形象一体化品牌策略成为日益重要的竞争因素，特别是对于品牌化经营的连锁店，企业为保持形象的一致性，十分注意这一策略的应用。

图3-39　路易·威登的店面形象

图3-40　naturalizer专卖店的品牌标识直观而醒目

（五）店面的照明

照明是最易改变店面形象的可变因素，特别是在晚上，巧妙地运用照明会给店面带来绝妙的生机（图3-41～图3-43）。

图3-41　店面的照明（一）

图 3-42　店面的照明（二）

图 3-43　店面的照明（三）

店面照明的表现方式通常有三种：

（1）表现建筑的整体造型。如在建筑外轮廓上布置霓虹灯，或由下向上照射泛光，使远距离的人对商店的形象印象深刻。

（2）重点部位设光。如对广告招牌、灯箱、店徽、店名等运用点光源加以强化。

（3）借用店内的照明。灯光通明的店内自然带有很浓的商业气氛，能对处在较暗处的行人产生吸引力。

二、橱窗设计

橱窗被称为商店的“眼睛”，是店面设计的重要组成部分，是吸引顾客的重要手段。从本质看，橱窗展示是为了实现营销目标，及时传达商品信息或介绍商品特性，吸引消费者选购而精心设计的一种宣传形式。通过在橱窗这一空间内对商品进行巧妙的布置、陈列，借助于展品装饰物和背景处理以及运用色彩、照明等手段，可创造一种良好的视觉效果，赋予商品活力和生命力。因此，人们把它称为“销售现场的广告”（图 3-44）。

图 3-44　商店的“眼睛”——橱窗

（一）橱窗的结构形式

橱窗可位于店面、走道及店内等位置，不同的

图 3–45　露妮（LOUNIE）服装店面的橱窗传递着美丽、智慧、干练的品牌特质

位置实现不同的吸引目标。当然，店面始终是橱窗位置的首选，橱窗与店门组合在一起是最常见和有效的形式（图 3–45）。店面橱窗从结构形式上可分为封闭式、开放式、半开放式三种，这三种构造形式也适用于走道及店内的橱窗。

1. 封闭式

封闭式橱窗多用于较大型服装商场，橱窗的后背有隔板将橱窗空间与店内空间隔离，侧面有可以供陈列人员出入的小门。这类橱窗空间独立，有利于置景和商品陈列与照明，烘托渲染的手段也便于发挥，具有较强的舞台视觉效果，适宜营造各种不同的场景气氛（图 3–46、图 3–47）。

图 3–46　营造清新自然场景气氛的封闭式橱窗

图 3–47　封闭式橱窗

2. 敞开式

图 3–48　橱窗与店门组合的敞开式橱窗

敞开式橱窗在大小商店都常被运用，尤其是小型商店，由于店堂面积有限并需自然采光，常用这种形式。敞开式橱窗没有后背隔板，直接与店内空间相通，在橱窗外部可以直接透过玻璃看到店内的面貌（图 3–48）。此类橱窗陈列设计要考虑里外两种观看效果，设计的巧妙对延伸和显示店堂内部空间、展示商品及吸引顾客有独特的作用。目前，这种新型的橱窗形式已成为现代服装商店的主流。

3. 半敞开式

半敞开式橱窗的后背与店堂采用半隔绝、半通透形式，其半隔绝的背衬，一般可采用木隔板、玻璃或喷砂玻璃等材料，结构上可以是上下竖向或左右横向的半隔绝、半通透形式（图 3–49 ~ 图 3–51）。这类橱窗集中了敞开式和封闭式两种橱窗的特点，无论从内、外观看，均使人感到似透不透，透中有隔，隔而不堵，店内店外相得益彰，目前在市场上应用较多。

图 3–49　半敞开式橱窗（一）

图 3–50　半敞开式橱窗（二）

（二）橱窗展示的陈列方式

1. 场景式陈列

场景式陈列是将商品作为角色置于某种设定的“生活场景”中的陈列方式。现代流行时尚与人们的生活方式、生活体验密切相关，可通过特定的场景传达生活环境中商品使用的情

图3-51　半敞开式橱窗（三）

景，充分展示商品的功能、外观特点以及使用者的状态和情绪等，使消费者产生共鸣，把眼前的场景与自己的体验联系起来，感受品牌的文化品位，进而产生对品牌的认同感和归属感，从而达到促销的目的（图3-52、图3-53）。

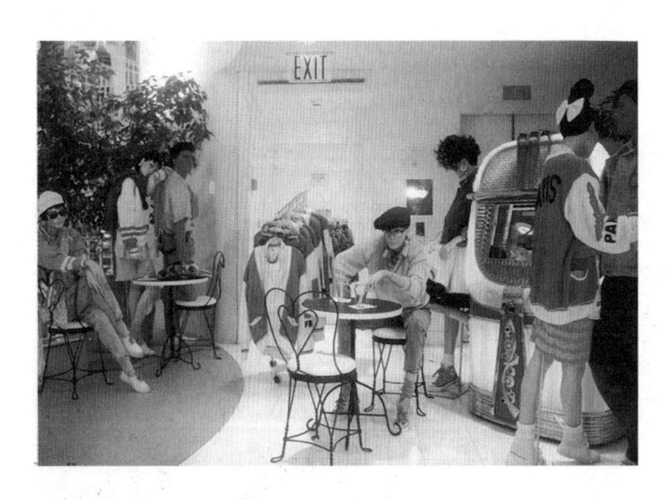

图3-52　场景式橱窗陈列（一）

图3-53　场景式橱窗陈列（二）

2. 系列式陈列

系列式陈列是将同类的商品按照某种系列关系组合成一个整体的陈列方式。如以某企业、某一品牌的系列化商品进行陈列，可形成和强化品牌家族化产品的强烈印象，有利于塑造企业的品牌形象。系列陈列方式中企业标识、标准色这些品牌的视觉形象要素是不可缺少的部分，在道具色彩、风格等方面要注意与之统一谐调（图3-54、图3-55）。

3. 专题式陈列

专题式陈列是以某一个特定事物或主题为中心，组织不同品类而又有关联的商品进行陈列的方式。可用商品的类别列出多种专题，或以某些专门使用对象列出一些专题，或以专门

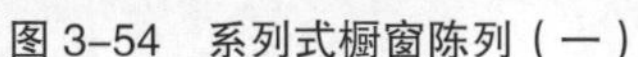

图 3-54　系列式橱窗陈列（一）

图 3-55　系列式橱窗陈列（二）

目的而设立的专题等进行陈列。这种陈列方式有强化概念、引导时尚、推广知识、深化主题的作用。如生态环保、运动健身、休闲旅游等主题陈列（图 3-56）。

4. 季节式陈列

季节式陈列是强化商品季节性的陈列方式。服装是一种典型的季节性商品，服装的发布、生产和销售大都以季节为依据。季节式陈列通过相应的主题和内容创造典型的季节氛围，它强烈有效地提示人们季节的交替和提前准备购买应季商品，是推销服装这种季节性商品的有效方法。现在，人们将服装商品按照更明确的季节细分为初春、仲春、初夏、盛夏、初秋、深秋、初冬、严冬等来规划上市时间。这类陈列一般应在新季节将至的前 1 ~ 2 个月进行准备，陈列应针对季节特点，渲染商品新的消费理念和潮流（图 3-57）。

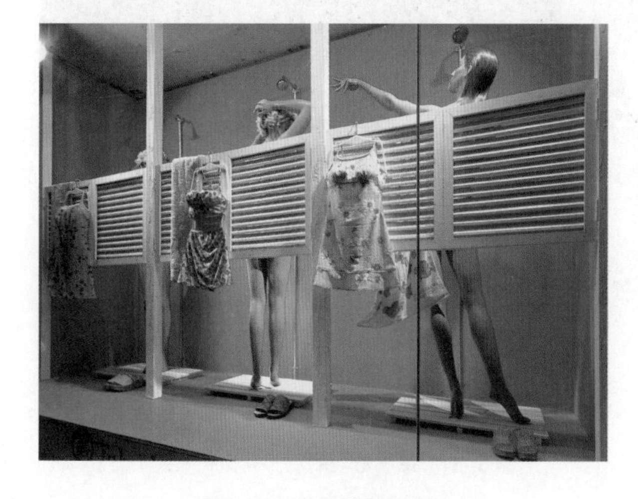

图 3-56　专题式橱窗陈列

图 3-57　季节式橱窗陈列

5. 节日式陈列

节日式陈列是为节日的商品促销所进行的陈列方式。一年中的各种节日通常是人们走亲访友、增进感情的机会，也是购物消费的集中时期，同时也是销售的好时机。节日式陈列的要点在于把握节日购物的时机和特点，有针对性地利用富有节日特色的陈列来烘托和渲染节日气氛（图 3–58、图 3–59）。

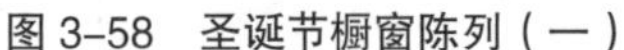

图 3–58　圣诞节橱窗陈列（一）

图 3–59　圣诞节橱窗陈列（二）

6. 广告立体式陈列

此类陈列适合于品牌形象的强化与新产品的推广宣传，也被称为广告式橱窗。除商品实物外，通常还以生动的文字、图像，向人们传递关于品牌形象与新产品的各类信息，使人们加深品牌形象的印象，增进人们对新产品的了解和使用信心（图 3–60、图 3–61）。

图 3–60　品牌形象的广告立体式陈列（一）

图 3–61　品牌形象的广告立体式陈列（二）

7. 综合式陈列

综合式陈列是将诸多相同或不同品类、不同性质的物品进行有机组合并陈列在一个空间环境中的陈列方式（图 3–62、图 3–63）。综合式陈列在于传达一种总体印象，要注意展品间的条理性和主次关系，避免给人杂乱无章的感觉。

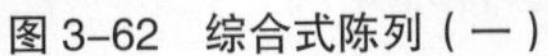

图 3-62　综合式陈列（一）

图 3-63　综合式陈列（二）

第四节　服装商业卖场的店内设计

服装商业卖场的店内设计因空间形态、面积及商品的性质而异，设计者应从商品和顾客的要求出发，大胆地运用想象力，通过空间布局、色彩和色调、道具和设施、商品陈列、照明和灯光、音乐和音响等构成要素进行合理的规划，精心展示与陈列商品，体现服装卖场的特质，营造服装卖场的视觉形象个性（图 3-64、图 3-65）。

图 3-64　璞琪服装东京专卖店的店内设计

图 3-65　普兰多服装专卖店的店内设计

一、店内的空间布局设计

商业卖场空间是商品买卖的场所，不同的空间给人不一样的心理感受，或开阔、自由、轻松，或狭窄、压抑、紧张。通过艺术的创造，可以营造出如幽默、震撼、高雅、温馨、简洁等不同风格的卖场环境。英国伦敦的马滕斯（Martens）博士鞋店的店内设计可以给我们以启示：鞋店仿照“工业化”的空间布置，传统工业灯具和店内陈设体现了换景移位式的幽默。设计师约翰·哈维自述其创意道：“我们想创造一种强烈的真实感，想展示所有商品的制作。我们将墙面剥去露出砖墙，墙上使用金属方格网作为货架的支撑，有意让铝制的通风箱裸露，这样产生一种工业化的外观，我们通过家具、灯光及商品展示增添了强烈的色彩。”

空间的利用及区域的划分等店内的空间布局设计，不仅影响商品的展示与陈列效果，也直接影响商品的销售。虽然店内空间构成、面积、形状各不相同，但从功能上分析，大致可分为出入口区、店内通道区、商品销售区、形象展示区、服务区、库房仓储区等区域。

（一）出入口区

通常服装店的出入口是合二为一的，出入口的位置、风格、大小和造型一般由店铺的结构特点及品牌定位、风格所决定。在进行设计时，应主要考虑入口与主展示面（形象墙）以及同店外通道的对应关系（图 3-66）。

通常，入口或与店门组合的通透橱窗应面对主展示面并重点陈列道具，使顾客在店外就可以看到最需要显示的核心商品或品牌形象等内容，以吸引顾客进店（图 3-67）。

图 3-66　店中店的入口设计通透敞亮

图 3-67　从店外可以看到重点展示商品

（二）店内通道区

通道是店内的交通部位，它的布局设计从根本上讲是确定顾客浏览的路线，通道设计是否科学直接影响顾客的合理流动和视线运动（图 3-68、图 3-69）。通道设计在于给顾客以

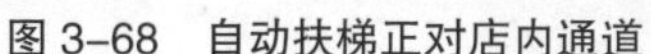
图 3–68　自动扶梯正对店内通道

图 3–69　店内通道依空间布局设置

观看和行动上的方便及心理上的舒适感，并使顾客在通道的转折处或中心位置可以环顾店铺四周，观察到店内的各个角落。店内空间主辅通道的规划和配置的“便捷”是考虑的重要因素，因其具有引导顾客进入卖场每个角落的引导性。此外，商品销售区的通道也要合理设计，其宽度应根据人体工程学原理合理确定，并要考虑顾客购物中停留的空间。店内的一些重点部位要留有相对宽敞的空间，主要商品应展示、陈列在主通道两旁，给顾客购物、行走和观看以行为上和心理上的舒畅感。

通道的形式主要有以下几种：

（1）直线式。指通道呈直线相交，使店内结构规整、商品陈列整齐美观。

（2）斜线式。指通道呈斜线交叉，使顾客可以随意浏览，便于看到较多的商品，店内结构和商品陈列富有变化。

（3）自由式。指根据商品陈列的需要和内部空间的结构特点，形成“曲折迂回、曲径通幽”的空间布局变化，但需保证基本的流向和通畅。

通道可以根据店铺面积和空间形状设计成不同的布局，如面积较大的可以采用“井”字形或“U”形，面积较小的则适合采用“L”形或反“Y”形，主要应根据商品和设备特点而形成各种不同的组合，它们或独立、或聚合，有松有紧，没有固定的形式，如大商场为了丰富空间的变化，往往采用多种通道形式相结合的自由组合式布局。

（三）商品销售区

商品销售区是陈列与展示商品并直接进行商品销售活动的主体区域，是服装店中的核心功能区。它在卖场中所占面积最大，涉及的展示要素也最多。应在尽可能地利用空间、保证人流通畅的前提下，设置合理的商品销售区。

商品销售区是分区规划的核心，其他区域都是围绕着它设置的，但是，这个区域与其他区域的相互关系影响着其区域功能的体现，需要给予综合考虑。商品销售区的展柜、展架、展台等设施的布局规划、高度等体量安排及商品的陈列密度不宜平均对待，应根据品牌定位和商品特点形成有分有聚、有秩序有变化的组合关系（图 3–70）。

图3–70　组合关系自然随意的店内商品销售区

（四）形象展示区

这个区域具有体现品牌形象、宣传商品、美化店面氛围和吸引顾客等功能，是企业形象的集中展示区。

通常，形象展示区可以作为开放式橱窗安排在店门两旁，也可以安排在正对店门的中心位置。有的形象展示区在展示品牌形象的同时配有商品展示（图3–71），还有的与收银台组合。但是设计形象展示区时，要避免在用材、设计风格、色彩等各方面同整体格调不统一。

（五）服务区

服务区主要包括试衣区和收银台，有的还设置了顾客休息的地方（图3–72）。其规划要根据商品陈列销售区的具体位置和布局，本着方便为顾客提供服务和管理商品的原则设置。

图3–71“顶天立地”的店内形象展示区

图3–72　顾客休息区

1. 试衣区

试衣区包括封闭或半封闭的试衣间，其空间环境、尺度因店铺的档次不同有很大差异（图 3–73），但应保证顾客最低的试衣要求，所选择的位置要方便顾客，通常设置在销售区的深处和卖场的角落。

图 3–73　依墙角设置的试衣间

2. 收银台

收银台是顾客付款结算的地方，通常设置在卖场的后部，对其方便操作和安全等功能性要求及形象性都要加以周到考虑（图 3–74）。

（六）库房仓储区

由于服装店铺经营的商品种类和数量较多，通常要有一定的仓储面积，以便于货品的补充。库房仓储区一般设置在靠墙或边角的位置，可以单独分隔或与展柜进行有机结合。

图 3–74　设置在卖场后部的收银台

二、店内的色彩设计

色彩是表现人类情感的一种外在形式，人的视觉对于色彩最为敏感，色彩对人的心理、情感的影响很突出。不同的颜色被不同的人所喜爱。在服装店铺的色彩运用及色调氛围的制造方面，应从市场营销学的角度了解色彩的商业属性，透过色彩广泛、深入地分析顾客的感情和心理因素，从而正确地运用色彩，为卖场形象添加色彩的魅力。

（一）店内空间色彩设计

卖场空间的色彩设计是指在这个空间内将所有色彩进行有层次的协调配合。销售空间的色彩平衡感，通常通过四面墙体及地面和顶棚这六个空间界面呈现出来。而在实际的应用中，最前面的一面墙通常是门和橱窗，实际上剩下的就是五个界面。对于这五个界面的规划，既要考虑色彩明度上的平衡，又要考虑纯度及色相的谐调性。

通过制造卖场空间色彩的节奏感，能使人感到空间有起有伏，有变化。节奏的变化不只体现在造型上，不同的色彩搭配同样可以产生节奏感。色彩搭配的节奏感可以打破四平八稳和平淡的局面，使整个卖场空间充满生机。卖场节奏感的制造通常可以通过改变色彩的搭配方式来实现。

1. 利用色彩确定空间基调

强烈、柔和、明亮、暗淡是人眼受色彩刺激后的心理反应，而色调可以形成明快、艳丽、浑浊、晦涩的情感因素（图 3–75），这些心理活动直接影响顾客对店铺的总体印象。

展示设计中常常借助色彩的性格特征来引导顾客对店内空间的视觉联想，调整店内空间的整体平衡关系，烘托展示所要达到的特定空间气氛（图 3–76）。色彩还是体现品牌形象的关键成分，现在许多服装企业和商家已经建立了视觉形象色彩识别系统，专有的标准色彩成为企业形象的组成部分，以此可以强化品牌形象，提高视觉传达效率。

图3–75　大面积淡蓝色形成空间基调

图3–76　暗黑色体现了男装的性格特征

2. 利用色彩划分空间

卖场空间整体色彩往往是由几种色彩层次分明地组合构成。店内空间的大小、形态有可能对空间区域的划分形成制约，而通过色彩来划分不同的功能区域，改善原本存在的某些空间制约因素，是常采用的有效方法。例如，利用不同色彩划分不同服装品类区域（图3–77）；在不规则的空间中用浅淡的色彩使狭小的空间产生扩张感；利用色彩将空间中需要强调的重点陈列区域或商品突出显现出来等（图3–78）。

图3–77　用色彩划分不同服装品类区域

图3–78　用色彩突出重点陈列区域与商品

采用不同性格的色彩，利用色彩对人的心理影响来调整空间布局组合，可以优化展示效果。研究表明，色彩的组合反映了不同的个性，应选择适合特定目标顾客群的组合。如尼娜·里奇（Nina Ricci）新任的艺术总监洛丝·尼尔森，为其品牌带来了崭新的服装设计风格，吸引了更加年轻时尚且具有活力的消费群。这种品牌设计也使店铺风格随之变化。尼娜·里奇在巴黎的新店，由两位善于采用光亮与柔和色彩（蘑菇色、冰激凌色、嫩粉色）进行室内设计的创始人联名设计。摩登而精致的店铺风格，既突出了品牌阳光般的活力，又体现了空间设计的原创性及独特性。

（二）店内陈列色彩设计

卖场空间的色彩变化主要体现在商品遵循一定色彩规律进行陈列，这种规律是建立在色彩基本原理基础之上。它不仅包含了物质层面的，也包含了精神层面的属性。不同的颜色会使人产生不同的感觉和感情，不同形式的色彩搭配，也会给人带来不同的感受。设计师在充分掌握色彩属性和规律的情况下，进行销售空间色彩设计时才能影响顾客的情绪和感情，将色彩的魅力完全表现出来，达到陈列的预期目的。

对于店内陈列色彩设计，一般要从色彩的一些特性方面进行规划。如根据色彩的明度的原理，将明度高的服装系列放在卖场空间的前部，明度低的系列放在后部，这样可以增加空间感。对于同时有冷暖色、中性色系列的卖场空间，一般是将冷暖色分开，分别放在左右两侧，面对顾客的陈列面可以放中性色，或对比度较大的色彩系列。

在现代商业中，每个品牌所倡导的设计理念与表达的文化内涵都各不相同，因此，色彩的巧妙运用十分重要。在店内陈列色彩设计中，需要根据具体的商品进行色彩的组合运用，不同的色彩与色系的搭配组合，会产生不同的视觉效果与市场效应，而不同的国家和民族对色彩更是有着不同的偏爱与忌讳，这在陈列过程中是必须考虑的一个基本要素。

色彩对人的视觉生理和心理作用，具体一点说，就是色彩的明度、色相、纯度对视觉的刺激作用及其象征意义对人们思想感情的影响。这一点在店内陈列色彩设计中显得尤为突出。因为，顾客在和商品近距离地接触时，色彩就是视觉感知的第一要素，它直接关系到品牌在顾客心中的第一印象。

店内陈列色彩设计应与陈列内容、店内气氛相统一，无论是被陈列商品的颜色还是衬托商品的道具，一般可以采用统一色系或是多种颜色搭配的陈列方法（图 3–79、图 3–80）。

图 3–79　统一色系的陈列色彩设计

图 3–80　淡绿色调中的红色更显青春活力

1. 统一色系的应用

统一色系的应用在品牌商品陈列中使用的频率很高，它以商品各个系列的色彩基调为主，根据商品的型号进行位置、角度、空间等的调整，使商品与形象的整体塑造达到完美统一。统一色系的陈列方法可以采用由明至暗、由浅至深、由左至右的渐变法（图3-81～图3-83），还可以采用由暖至冷的彩虹法（图3-84）。

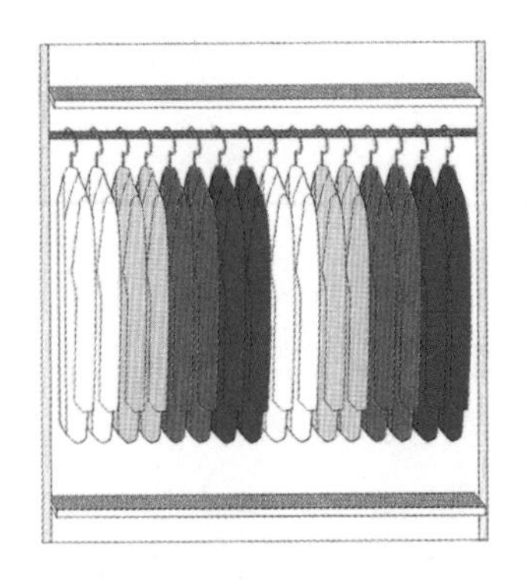

图3-81　由明至暗的挂放陈列

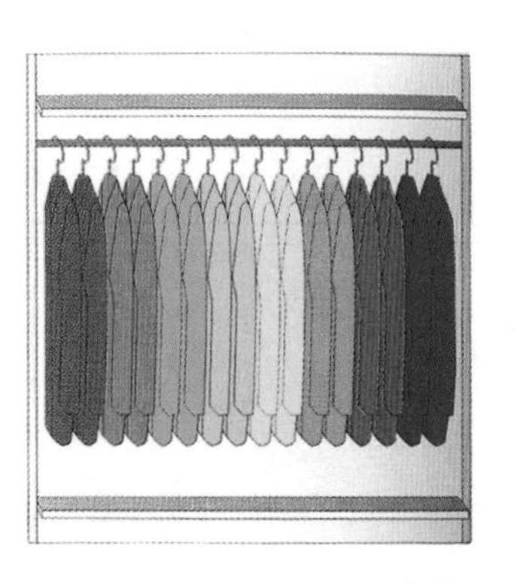

图3-82　由浅至深的挂放陈列

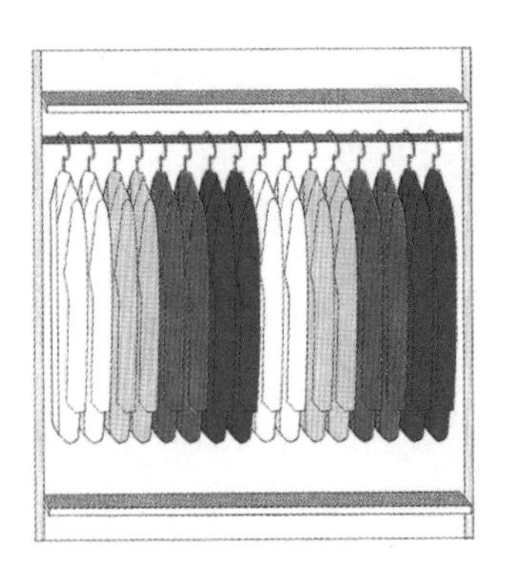

图3-83　由左至右的渐变法陈列

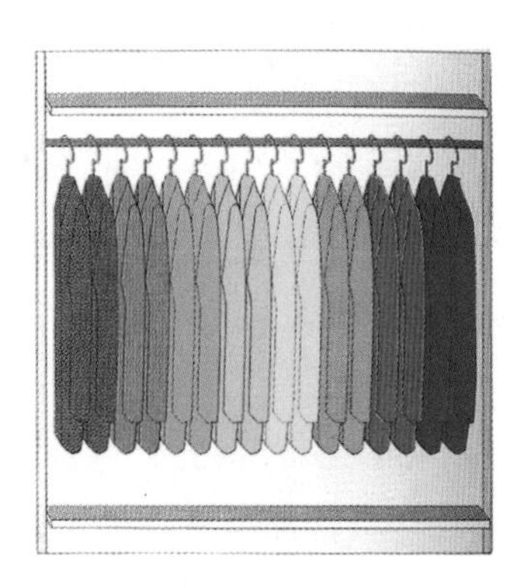

图3-84　由暖至冷的彩虹法陈列

图3-85　色彩间隔法陈列

2. 多种颜色搭配

多种颜色搭配一般限于3~4个颜色，在陈列中，以某一个颜色作为主体色，其他几个颜色根据需要程度，按一定面积比例作为辅助用色，形成统一而又变化的视觉效果。多种颜色搭配的陈列方法一般可以以2~4件同款式的服装作为一组，采用色彩间隔、长度间隔、色彩与长度同时间隔的间隔交错法（图3-85），还可以采用类似色搭配、对比色搭配、中性色搭配、中性色和有彩色搭配的色彩搭配法（图3-86）。

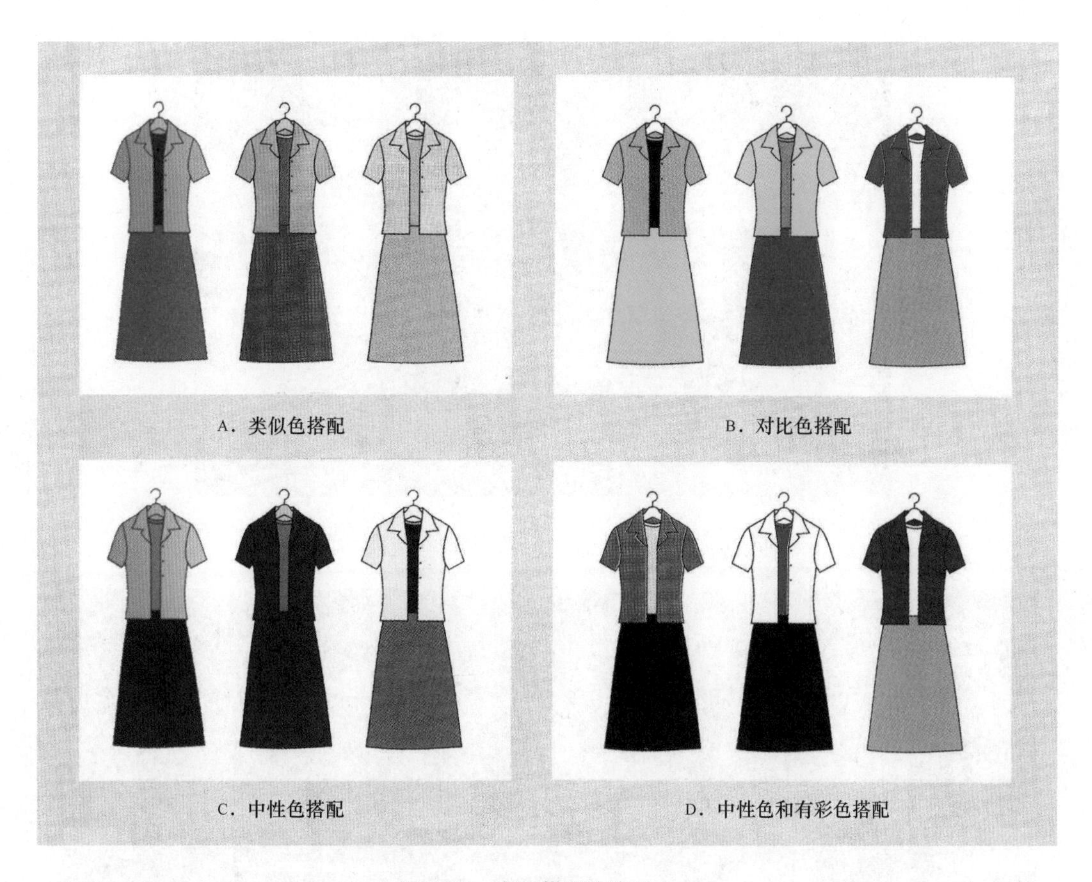

图 3-86 色彩搭配法陈列

三、店内展示道具设计与选用

道具是展示与陈列的基本工具，没有合适的道具或不能进行恰当的组合运用，就无法实现所期望的展示效果。服装卖场道具的设计和选用因品牌定位不同而有所区别，道具的造型、材质、色彩格调要符合品牌的服装风格和商品的特性。在现代服装零售业模式下，品牌为了追求利润更大化，多采取逐步扩大营销区域，开设更多的直营店或采用特许加盟的经营方式，因此，品牌的终端销售形象要统一，往往会采用统一的展示道具。此外，服装道具的设计和选用还要受销售方式、商品特征及陈列方式三者的限定。即服装道具的运用要体现人性化，应考虑其对于商品陈列的适用性、对环境的协调性、相互之间的关联性（特别是与顾客的交流性）等方面。例如，服装的开放式自选的陈列方式，宜选用可视性与可选性强的道具，除一些贵重奢侈品外，极少使用封闭性的道具。有些服装商品种类繁多，品种丰富多彩、轻重不一，其形状、体积更是千变万化、形式各异。这些不同的商品特征，需有不同的陈列方式和选用相应的道具。服装展示道具正是在服务于商品陈列的要求下显现出千姿百态的面貌（图 3-87）。

在服装道具的设计和选择中，还必须充分认识各类服装道具的特征及材料的特性。不同材料具有不同的性格，适应于与之相对应的那些服装品牌与服装，也就是说，材料不是越豪华越贵重越好，而是重在吻合品牌与服装的特点，强化商店与商品的个性，引发顾客的

图3-87　乐斯菲斯专卖店形态多姿多彩的展示道具

图3-88　体现个性风采的展示道具

相关联想（图3-88）。如石材有坚硬、寒冷、豪华等性格；木材有温暖、自然、朴实、亲切等性格；纺织品因不同的面料而有不同的性格。此外，同样的材料也因加工方式的不同，显现出不同的效果，具有不同的性格，要善于利用道具材料和商品相对比，使之起到衬托作用。

按照形式的不同，常用的服装卖场展示道具分为以下几类：

（一）衣架

衣架是服装展示中应用最广泛的基本道具，不同种类的服装都有相应功能的展示衣架。衣架有许多不同类型，主要用于服装的吊挂式展示与陈列。运用衣架时主要考虑形式、容量、安置方式、方便性、组合适用性等（图3-89～图3-91）。

（二）模特

模特有仿真、抽象等不同形式，主要用于对服装款式、搭配效果、着装形象的展示。模

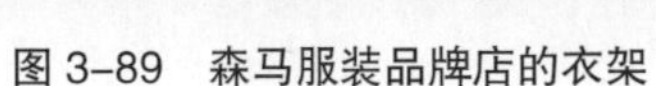
图 3-89　森马服装品牌店的衣架

图 3-90　形态秀美的衣架

图 3-91　功能与形式兼备的衣架

特的合理运用，可以营造生活场景、传达品牌理念、拉近与顾客的距离（图 3-92、图 3-93）。

对模特的运用主要考虑仿真性、艺术韵味、抽象特点、组合的适应性等。如仿真模特形象酷似真人，有青春活泼、时尚俏丽、成熟稳重等多种风格可以选择；抽象模特形象较抽象，具有雕塑感，有黑色、灰色等多种颜色可以选择。

（三）衣柜

衣柜通常由木质或金属等不同材料制成，根据高度的不同，一般为 3 段式和多段式。陈列方式多为开敞式，既可以吊挂、放置服装，也可以放置服装配件来营造卖场气氛（图 3-94、图 3-95）。

对衣柜的运用主要考虑类型、结构特点、造型、颜色、方便性等。

图 3-92　仿佛列队行走的模特

图 3–93　充满艺术韵味的仿真模特

图 3–94　不靠墙的衣柜

图 3–95　靠墙的衣柜

（四）墙柜

墙柜是充分利用墙面，依墙放置或嵌入墙体的立体陈列柜，一般采用固定式为多。可根据需要和现场情况自行设计，形式不拘一格，但墙柜的体量较大，应考虑与其他展示道具的协调统一（图 3–96、图 3–97）。

图 3–96　弧线形墙柜

图 3–97　高度到顶棚的墙柜

（五）展台

展台也称作流水台，主要有台几（桌）式和低柜式两种类型。它的形态有很多种，比较常见的有长方形、方形、圆形等，也有异形的形态，其材料也根据品牌风格的不同而定。展台常用于平面展示服装或服饰整体搭配的效果，也可用来陈列模特，展示服装单品。展台设计原则是，形态方面要符合展示与陈列需要，高度方面要方便顾客拿取，比例方面应符合视觉审美（图 3–98 ~图 3–100）。

图 3–98　台几（桌）式展台

图 3–99　下部可伸出或缩进的展台

图 3–100　台几（桌）式展台的功用

（六）中岛

中岛是摆放在服装店中间的重要展示道具，形态多种多样，一般由可调节部件组合而成。还有将中岛与展台、展柜等进行组合的设计（图 3–101、图 3–102）。

图3-101　台阶式的中岛

图3-102　台几（桌）式的中岛

（七）辅助道具

服装卖场的格调，往往还要借助于辅助道具来烘托、以装饰和点缀展示空间，丰富、渲染气氛。辅助道具有平面和立体两种形式，平面的形式包括照片、装饰画、广告招贴等视觉传达符号；立体的形式包括绿色植物、花饰、雕塑、陶艺等（图3–103、图3–104）。

图3–103　店内的绿色植物

图3–104　用于装饰和点缀的布置

四、店内商品陈列设计

商品陈列设计的含义是，根据展示、陈列的总体目标，结合当前商品系列的组合情况和营销特点，在分别设定的商品区域内，对商品的摆放位置、摆放方式、组合形式等进行设计，制定出具体的陈列方式。

商品陈列设计的重点是确定商品的组合形式以及商品群的序列结构。应该按照顾客流动方向从入口开始依次摆放主力商品、辅助商品和其他商品，并且做到区别明显。此外，应把不同档次、价格的商品显著区分开来，特别是把正常销售的商品和打折促销的商品区分开。

（一）商品陈列设计的目标

1. 方便性

方便性体现在商品陈列上，是充分从顾客的立场进行设计，让顾客在浏览和购物过程中体验方便的购物环境和服务。具体来说，服装的挂架有多种形式，设计与选用时就要考虑使顾客观看方便、选择方便、拿取方便（图 3-105）。

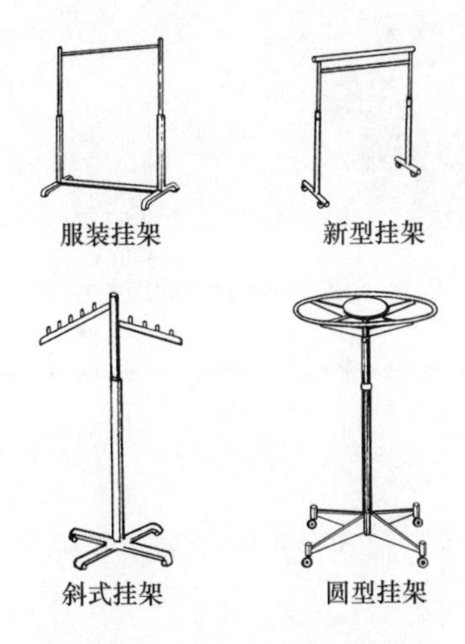

图 3-105　体现方便性的服装挂架

图 3-106　陈列体现视觉个性特征

2. 视觉性

视觉性是指在商品展示、陈列时应突出重点，强化视觉效果，表现出卖场的个性特征（图 3-106）。商品组合的视觉性因素需考虑三个方面，一是要尽量选择同类商品中色彩较突出，款式、面料较时尚的作为展示、陈列的重点；二是要把重点商品摆放在重要的位置，使其有良好的注目性；三是要注意按照商品的系列、风格特点，运用配件进行整体搭配，使其达到生动、形象、有序的视觉效果，增强视觉的吸引力（图 3-107）。

图 3-107　款式、色彩多而不乱的陈列

3. 新鲜感

新鲜感体现在应按照季节、流行的变化，周期性地更新变化商品陈列，或利用各种手段调整卖场气氛，引导视觉注目，从而不断使卖场布置推陈出新，使人感到常见常新（图 3-108）。

4. 整洁感

整洁感体现在要保持陈列服装的整洁，放置商品的货架、货柜保持干净，店铺的地面、墙壁、天花板保持干净，为顾客营造优质的购物环境。另外，从整洁的词语解释“规整而清洁”意思来分析，整洁感的心理因素也不可忽视，如规整有序的陈列和淡雅的空间色调都有助于

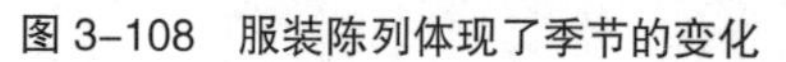

图 3-108　服装陈列体现了季节的变化

图 3-109　淡雅的空间环境有助于体现卖场的整洁感

体现出卖场的整洁感（图 3-109）。

5. **经济性**

经济性体现在进行商品陈列设计时应充分考虑成本因素，做到合理利用展示、陈列工具，恰当选择照明方式，尽可能地降低展示和维护的成本。

6. **安全性**

安全性体现在安全第一的责任意识，慎重对待安全的有关因素。对货架、货柜以及道具等设施的平衡稳定及消防、环保的要求等要给予充分考虑。

（二）商品陈列的形式

服装卖场展示、陈列的主要对象是商品，商品组合的合理与否，直接影响陈列的效果与销售效率，无论是在大型的购物中心、百货商店，还是在服装专卖店，顾客们需要快速选购到自己需要的商品。

服装卖场陈列形式主要有：挂放陈列、叠放陈列、模特陈列、平面展示陈列等。各种陈列各有长短，往往需要综合运用，以便取长补短。

1. **挂放陈列**

挂放陈列是最常用的形式，一般用衣架挂放，服装保形性较好，几乎适合于各种服装，特别适合对服装平整性要求较高的高档服装，如男西服、女套装、礼服等。挂放陈列又可分为正挂、侧挂、单挂、组挂等方式。

（1）正挂。正挂可以看到服装正面的全貌，适合展示服装的款式、装饰特点，视觉效果比较突出，但需要占用较大的展示面。正挂可以单挂，也可以成组挂放（图 3-110、图 3-111）。正挂时应考虑服装的个性特点，如款式、长度等。

（2）侧挂。侧挂一般采用组挂，既可以保证较大的商品存放量，又方便顾客拿取、试装，还可以集中显示商品群的情况，形成一个具有感染力和视觉冲击力的展示面（图 3-112）。侧挂的展示效果低于正挂陈列，优于叠放陈列；空间利用率优于正挂陈列，低于叠放陈列。侧挂时应考虑商品系列的整体性以及每组的件数、组数、组别及商品的间距（图 3-113）。

图 3-110　正挂陈列（一）

图 3-111　正挂陈列（二）

图 3-112　侧挂陈列（一）

图 3-113　侧挂陈列（二）

2. 叠放陈列

叠放陈列一般多用于款式和面料比较适合采用叠放且日销量较大的大众化休闲品类的文化衫、牛仔裤、毛衫等，目的是显示色彩变化和规格数量，提高存量。叠放空间利用率高，大面积的叠放组合可以形成一定的视觉冲击力，配合其他陈列方式，可丰富空间的变化（图 3-114、图 3-115）。叠放时应考虑的因素是每组商品的件数、组数、组别及商品的排列顺序。

3. 模特陈列

模特陈列通常是当季重点推荐的商品或最能体现品牌风格的服装，除了用于橱窗展示，还可在卖场一些相关位置进行模特"出样"，以此显示服装的整体搭配组合效果，反映出当季的时尚流行或是最新的品牌信息（图 3-116、图 3-117）。

利用模特展示时，应考虑服装的代表性，成套服装的搭配性、审美性，组合时的套数等因素。

4. 平面展示陈列

平面展示陈列是将服装展开或将上下装及配件加以组合后展开摆放在展示台上及其他部位的展示陈列方式（图 3-118、图 3-119）。主要是为了丰富商品的组合形式，活跃卖场的空

图 3–114　叠放陈列

图 3–115　组合式圆形展台的叠放陈列

图 3–116　模特陈列（一）

图 3–117　模特陈列（二）

图 3–118　平面展示陈列（一）

图 3–119　平面展示陈列（二）

间，但此种陈列占用空间较大。

五、店内照明和灯光设计

照明和灯光设计是营造商业卖场空间环境的重要手段，涉及光的物理属性、人的生理和心理感受，如表 3-1 所示。照明同色彩的配合，对人们的心理情绪变化有着重要的引导作用。合理地进行照明布置与灯具选择，选择理想的光源，确定恰当的照度标准，是创造良好室内照明环境的基础。另外，色光是创造卖场空间气氛、给商品提供良好视觉效果的重要手段，掌握各种色光在应用中的变化原理和规律，才能获得最佳的展示、陈列效果。

表3-1　顾客心理和照明要点

顾客心理阶段	相应表现效果	照明要点
1. 不关心	展出效果	店铺形象 （外部装修、招牌等设备充足）
2. 注意		使之显眼 （照度与亮度协调）
3. 兴味		和商品形象的调和 （灯具设计，功率大小的平衡，光色效果的利用）
4. 联想		好印象 （愉快舒适的气氛，立体感的表现）
5. 欲望	陈列效果	诱导 （照度及其分配，装饰效果）
6. 比较		容易看得清 （照度充足，没有眩光，光质效果的利用）
7. 信赖		表色性 （实用上必要的显色性，光色的考虑）
8. 行动 9. 满足		照明的均衡

（一）选择理想的光源

服装卖场常用光源包括白炽灯、卤素灯、一般荧光灯、荧光汞灯和金属钠盐灯等，色温一般在 3000 ~ 6500K 之间。光源色温应同照度水平协调，在低照度情况下，以“暖光”为主，随着照度增加，光源色温也应提高。服装卖场一般应选用具有良好显色性能的光源，并且根据不同部位的显色和视觉效果要求，做相应的光源和灯具选择。

（二）选择恰当的照度

照度是决定店内明亮程度和辨认商品的主要因素，除了这种功能性作用，照度还具有影响顾客感觉的心理作用，店内空间各部分的功能不同，其照度要求也有差异。在服装卖场空间各部分照明的主次关系方面，根据其在卖场的功能，通常是橱窗、边架部位比别处要亮一些；卖场深处商品，一般是价值较大和挑选性较强的商品，宜用较强、较暖的照明，以便“步步深入”地吸引顾客。

图3-120 卖场空间照明分有主次

图3-121 店内一般照明

图3-122 突出商品的重点照明

（三）店内照明的基本形式

店内照明形式多种多样，大体上可分为一般照明、重点照明和装饰照明。卖场内的照明规划，首先要考虑区域的功能划分和品牌想要表达的主次关系，重要的部位应加强灯光照明强度，使整个卖场空间分有主次（图3-120），富有节奏感。此外，不同类型的商品，对照度要求也不同，设计人员应针对各种不同需求设置相应的照明形式。通常，中低价位的大众品牌的一般照明相对较亮，而高档品牌为营造环境气氛，往往会降低一般照明，增加重点照明的照度。

1. **一般照明**

一般照明为基本照明，要考虑显色性，明亮程度要适当。通常将光源均匀布置在顶棚或空间上部，可呈点状散开布置，也可呈带状均匀排开，还可以呈片式的组合。一般店内偏低的空间大多做吸顶式处理，如过高的空间需将光源下降（图3-121）。

2. **重点照明**

重点照明是为了突出商品，比一般照明明亮3～5倍，高亮度可以表现光泽，可用强烈定向光突出立体感和质感（图3-122）。对于店内重点照明的部位，可在陈列橱、陈列架内设置荧光灯，在陈列橱上部设置吊灯或射灯（图3-123）。依靠聚光灯的中央陈列照明，可以借鉴舞台灯光的设置方法，其不同部位、不同高度的亮度应有区别，如图3-124中①、②、③处的亮度分别是一般照明的3倍、2倍和1.5倍，布置成不等边三角形。

3. **装饰照明**

装饰照明是从营销技巧和目标顾客的兴趣出发而设计的气氛照明，特殊的光照氛围可以营造戏剧性的或超现实的气氛，创造独特的感染力，渲染商品的特性，从而吸引更多顾客的注意力，给人留下更深的印象（图3-125、图3-126）。装饰照明要注意与内部装饰协调起来。

店内照明采用可灵活改变灯具位置和照射方向的顶棚导轨方式，能满足不同商品对照度、照射方向、光色等方面的不同要求，可随商品陈列位置和展示内

图 3-123　陈列橱上部的重点照明

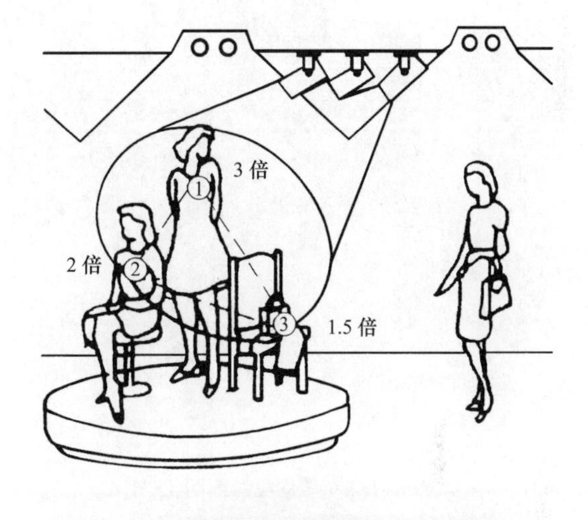

图 3-124　依靠聚光灯的中央陈列照明示例

图 3-125　底部灯光装饰照明

图 3-126　暖光装饰照明

容的改变而灵活移动光源位置（图 3-127）。

（四）针对商品的照明方式

根据服装商品的不同类型、特性，应选择不同的照明方式。

1. **需明亮照明的商品**

对于造型、材质、色彩、款式丰富的商品，需采用高照度的照明，并将照明器具与照度结合，以满足顾客仔细观看细部、扩散性好、减少或降低阴影的需求（图 3-128、图 3-129），并避免产生眩光的干扰。

图 3-127　顶棚导轨照明方式

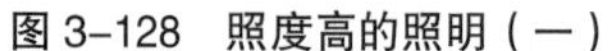

图 3-128　照度高的照明（一）

图 3-129　照度高的照明（二）

2. 需显示色彩的商品

对显色性要求高的商品，宜使用能够产生自然光色的白炽灯照明，效果更自然。服饰类、皮具类宜采用能够产生自然光色的白炽灯或天然色的日光灯，体现商品的色彩和纯正的面料质地（图 3-130）。

3. 需表现光泽和质地的商品

对于需表现光泽和质地的精致的商品，除一般照明外，局部的重点照明极其重要，尤其需要在照明时表现其光泽和质地的精良，要避免产生阴影和眩光（图 3-131）。

图 3-130　显色性高的照明

图 3-131　表现皮革光泽和质地的照明

思考题

1. 市场营销策略与服装卖场空间环境之间的关系如何？
2. 简述现代服装商业卖场空间环境具有的四项基本功能。

3. 简述服装商业卖场设计流程的各个环节与内容。

4. 构成服装商业卖场外观设计的相关外观要素内容与设计方法是什么？

5. 构成服装商业卖场店内设计的相关内容与设计方法是什么？

6. 通过网上或实地调研获得素材对知名服饰品牌［如本章中提到的马滕斯（Martens）、尼娜·里奇（Nina Ricci）等］的卖场空间进行分析。

7. 自选模拟设计课题，按照从市场调研、信息分析到方案设计阶段的服装商业卖场设计流程，完成一个约60 ~ 90m^{2}的中小型服装商业卖场的方案设计。内容包括：设计选题、市场调研、信息分析、构思创意、展示形式与道具、品牌或设计视觉要素的文案（辅以草图）表达，方案设计的平面图、立面图和设计效果图等。

专业理论及专业知识——

服装展览会场设计

课题名称： 服装展览会场设计

课题内容： 1．服装展览会场的分类。

2．服装展览会场设计的操作流程。

3．服装展览会场的空间设计。

4．服装展览会场的色彩与照明设计。

5．服装展览会场的道具设计与选用。

6．服装展览会场的展品陈列设计。

课程时间： 8课时

教学目的： 讲解和分析服装展览会场从展示前期策划阶段、展示设计的前期准备阶段到创意草案阶段、深化设计阶段及其后期制作实施阶段的设计操作流程，剖析展示前期策划阶段、展示设计的前期准备阶段在服装展览会场设计操作流程中的作用。逐项讲解展览会场的空间构成、展览会场空间的设计要求、形态语言、时序与动线的设计以及展览会场空间的几种构成手法等构成服装展览会场空间设计的内容及方法；讲解服装展览会场的色彩与照明设计的内容及方法；讲解服装展览会场常用展示道具的类别、形式与作用；重点讲解和分析服装展览会场展品陈列设计的相关内容及具体方法。

教学要求： 1．使学生认识商业性服装展会与文化性服装博物馆在展示目的、要求以及整个表现手法上的区别。

2．使学生认识展示前期策划阶段、展示设计的前期准备阶段在服装展览会场设计操作流程中的作用；明确服装展览会场设计操作流程的各个环节与内容，并能在设计中合理运用。

3．使学生理解构成服装展览会场空间设计的相关内容及表现方式，掌握服装展览会场空间设计的方法。

4．使学生理解和掌握服装展览会场色彩与照明设计、道具设计与选用及展品陈列设计的一般原理与方法。

课前准备： 选择国内外服装展览会场典型案例的背景资料，调研本地区有代表性的服装展览会场展示设计实例，以文字的讲解结合图像进行直观介绍。查阅有关著名服装博物馆及国际性服装博览会的相关资料，并能在教学中论述。

第四章　服装展览会场设计

服装博览会与服装展销会以传播最新的服装流行信息、制作技术、商贸信息为目的，在促进地区之间、国家之间的交流与合作，密切商家的商贸关系，拓展国际、国内市场的进一步开发，带动国家和地方服装行业的发展，提高人们对服装的审美、鉴赏能力及文化素养等方面发挥着重要作用。

第一节　服装展览会场的分类

一、服装博览会与展销会

（一）服装博览会与展销会的特点

博览会是指规模庞大、内容广泛、展出者和参观者众多的展览会。一般认为博览会是高档次的，对社会、文化以及经济的发展能产生影响并能起促进作用的展览会。在现代服装展示中，最大规模的展示活动是国际性的服装博览会。以经济和贸易为主题的服装博览会，已经逐渐发展成为各国进行国际文化交流、展示技术进步、促进共同繁荣为宗旨的世界性活动。

服装博览会一般以观赏、交流为主，在场内可以没有直接的交易洽谈，更注重其“风向标”和“晴雨表”的引领作用。服装展销会和服装订货会主要是以现场展商和观众达成协议或进行商贸活动为主要目的，其举办频率要比服装博览会多，但其规模较之服装博览会要小（图 4–1）。

图 4–1　服装展销会方便了企业之间的洽谈

展览会场设计的目标是：通过科技、艺术、经济、传播四位一体的完美结合的设计，使参展者最有效地传播其信息、技术和服务，使普通观众最有效地参与沟通、交易和合作，并最终实现展览各方期待的效益、效率的共赢。人们可以在服装展会的时装发布会上预先了解到服装流行的卖点，准确、迅速地捕获最新时尚信息（图4–2）。服装展会能增进人们对服装文化发展的理解，加快产品在人们的脑海中潜移默化的渗透与普及。

图4–2　服装博览会布告牌

（二）几个重要的服装博览会或展销会

1. **中国国际服装服饰博览会**（CHIC）

中国国际服装服饰博览会（CHIC）创办于1993年，每年一届，以前在北京的中国国际展览中心(新馆)举办（图4–3），2015年起移师上海。CHIC伴随着中国服装产业的发展而不断壮大，不仅已成长为亚洲地区最具规模与影响力的服装专业展会，同时也成为中国服装业界公认的年度盛会，成为服装企业市场开拓、品牌推广、商贸洽谈、国际交流的最佳平台。目前CHIC展出面积达12万平方米，汇聚了来自20多个国家和地区的逾千家展商，专业观众超过12万。在具体承办过程中，CHIC始终贯彻“市场化、专业化、品牌化、国际化”的办会宗旨，树立自身品牌形象，并在构架了品牌展演、新闻发布、展会现场信息查询、参观指导、先进的观众接待身份识别、现场媒体直播等六大服务系统的基础上，进一步深化每项服务系统的工作。CHIC从邀请函、便笺纸、手提袋、纪念品到观众登录处、现场指示牌、展会专门网站，都启用了统一的形象标识，使展会的品牌形象更加清晰，增强了展会品牌的凝聚力；在展馆环境和展位形象布置方面，更着重强调“严谨”，为此主办方整合了一批设计师，在平面设计、文案、环境设计、建筑设计、策划等方面，力求达到“简约、时尚而不失严谨”

图4–3　CHIC展内部空间

的展示效果。

此外，丰富多彩的馆外活动是展会不可缺少的重要组成部分。各种颁奖庆典、文艺晚会、讲座、培训、交流等活动，使得短时间的服装博览会像一次时尚盛宴，又像一个缤纷的节日，耀眼瞩目。

CHIC不仅在纺织服装业界有着极大的影响，而且能引起众多媒体和网站的关注。媒体也希望通过合作宣传展会，达到展会与媒体双赢的目的。服装展会与强势媒体的联合，将在更大范围、更广阔的领域内推广展会这一品牌。同时，参展企业在展会期间的媒体见面会、新闻发布会，使参展企业和参会观众因展结缘，共拓商机。

2. 德国杜塞尔多夫国际服装博览会（CPD）

德国杜塞尔多夫国际服装博览会（CPD），是目前世界上规模和影响最大的专业服装博览会之一，被誉为是“欧洲服装业的晴雨表”。该展会始办于1949年，每年冬、夏举办两次，2月份的展会主要展示当年秋冬季服装，8月份的展会主要针对下一年度的春夏服装，具有悠久历史的德国依格多（IGEDO）国际有限公司是主要的办展公司。

CPD是包括女装、男装、童装、面料、配饰及相关出版物的综合性展会，兼有服装订货和信息会集两大功能：一是参展商与买家、经销商之间的贸易平台，着重锁定中高档时装的市场定位；二是展会期间举办几十场品牌时装发布会和走秀活动，对参展观众把握国际流行趋势和获取市场信息有很大帮助。该展会的展位面积达十几万平方米，每届展会都有来自世界各地几十个国家和地区的上千家参展商和几万名参观商到会参展和参观采购。以2009年的展会为例，有来自51个国家和地区的1770家参展商展示了2800款春夏季的精品时装，大约42600名专业观众到会参展和参观采购。

CPD的展馆分为生产加工馆及其他多个专业馆。生产加工馆主要用于安排以定牌贸易生产加工为主的参展企业，主要面对的客商以欧洲地区的服装进口商、批发商、大型超市、服装连锁店及部分服装品牌持有商为主；专业馆按展品类别分为男女装馆、现代女装馆、专业男装馆、皮革馆、婚礼装和晚礼服馆、服饰馆、面料馆及设计师长廊等，主要面对欧洲地区的服装连锁店及服装零售商。

3. 法国巴黎国际成衣展

法国是世界上举办服装专业博览会、展览会最多且最具号召力的国家。其中，有着悠久历史的巴黎国际成衣展（PRET A PORTER PARIS）是其中最引人注目的展会。展会一年两届，在巴黎两大著名展馆之一的凡尔赛门展览馆举行，是全球久负盛名的国际服装服饰制造和服装贸易行业顶级“A”展览会之一。该展会定位于兼具时尚与实用的中高档价位的女装成衣领域，汇集了来自世界各地的知名服装品牌，连场的时装发布展示着最新时尚潮流。世界各大著名零售店和大型百货公司每年都会来此展会制定计划、洽谈订货。该展会与著名的巴黎国际时尚流行趋势新品发布会（WHO′ S NEXT ）、巴黎服装及纺织品定牌贸易展览会（FATEX）在同一地点同时举行，共享客户资源。

巴黎国际成衣展主要面向中高档女装成衣展商，并按时装主题设立展区。展览组织周密、服务齐备、专业素质高，吸引了大量专业客商到会。例如，2009年度秋季展的观众来自60

多个国家和地区，总展出面积约6.5万平方米，共有包括450个新品牌在内的1550个品牌参展，其中有45%来自于法国以外的其他国家和地区；展出产品多达1800种服装系列、7800套服装，有4万多名买家参观采购，约40%为国际买家，此外，还有全世界1100名记者到会采访。

4. 中国大连国际服装节

在我国的服装展览业中，大连国际服装节是国内举办最早的服装博览会。现今的大连国际服装节由大连国际服装节暨国际狂欢节和中国（大连）国际服装纺织品博览会三大内容组成，形成了具有鲜明特色的“两节一会”的展会格局，在延续其早期举城狂欢的大众性节日聚会活动特色的同时，更多的向品牌聚集的专业化盛会转型。以2012年的第23届大连国际服装节为例，来自美、英、加、德等16个国家和地区以及国内30多个城市近500家厂商和来自32个国家和地区、国内50多个城市的万余名贸易商参加了本届展会；展会参展海外品牌达110个，汇聚了世界名师时装展演、大连2012秋季时装周、“大连杯”青年服装设计师大赛、时尚与经典中外服饰展等系列活动。

5. 中国柯桥国际纺织品面辅料博览会

绍兴是我国最大的纺织企业集聚和全球最大的纺织贸易集散地，绍兴市柯桥区的中国轻纺城是全球最大的纺织品交易市场，现有市场面积365万平方米，常驻境外采购商近5500人，境外代表机构近千家，市场日客流量10万余人次。以此为依托，中国柯桥国际纺织品面辅料博览会在这里已成功举办了十几年，现已成为国内最重要的纺织品专业展会之一。以2013中国柯桥国际纺织品面辅料博览会（春季）为例，该展会设1147个国际标准展位，展览面积2.3万平方米，分为室内特装展区、精品展区、标准展区和室外窗帘窗纱及布艺展区等。此外，还在馆外新设印花工业展区，展示面积达3000平方米。三天展会期间，登记入场的专业采购商达26726人，其中境外采购商3816人，共实现成交额43.93亿元。

6. 中国香港国际春季成衣及时装材料展

中国香港国际春季成衣及时装材料展自1986年首次开展以来，已逐渐成为一个高端时尚的时装材料展示盛会，每届展会都会吸引许多国家和地区的企业带来最新的产品系列参展。展会一贯坚持紧贴市场脉搏的理念，并以时装材料流行趋势展示、业界资讯、技术讲座、功能性和环保纺织面料以及服装辅料展示等形式，为业界提供了大量的市场信息与流行情报。

二、服装博物馆与陈列室

（一）博物馆的特点

博物馆是一种文化交流和保存、研究文化遗产的特殊展览空间，按藏品内容将博物馆分为综合型或专门型博物馆。博物馆一般有三大基本职能——搜集保护、学术研究和陈列展出。按1974年第十届国际博物馆协会通过的章程，博物馆是“一个不追求营利的、为社会和社会发展服务的、向公众开放的永久性机构，它以研究、教育和欣赏为目的，对人类和人类环境的物质见证进行搜集、保护、研究、传播和展览”。此外，章程的补充说明还将图书馆和档案馆长期设置的保管机构和展览厅，在搜集、保护和传播活动方面具有博物馆性质的考古学、人种学和自然、历史方面的遗迹与遗址，动物园、植物园、水族馆等陈列活标本的机构，自然保护区，科学中心和天文馆视为广义的博物馆范畴。

博物馆的展示目的、要求以及整个表现手法都与商业展览不同。博物馆展品多以珍贵的历史文物和文献为主，实物是博物馆展示的基础，重在展出物的博与真；展示内容往往体现某些历史发展过程或重大历史事件，在展示整体设计上要求具有严密的逻辑性和连续性，以创造一种有序列感的空间氛围，让人们在其中回顾历史轨迹，思考历史积淀，产生跨越历史长河的体验（图4–4）。与贸易型展览相比，博物馆展览属于长期固定型，其陈列展示一经确定，展览时间就是长久的，甚至是永久的，设计中要充分考虑展品的保护和安全。由于博物馆有较充足的经费，在人力、物力和时间上的投入更有保障，因此，博物馆陈列有更多的实验余地，常在新的展示技术和材料方面领先。

图4–4 英国伦敦海沃德艺术馆“百年寻址——艺术与时尚100年展”第3展厅

（二）服装博物馆与陈列室的展示内容

服装既是人类生活必不可少的物品，又是不同地域与不同时代的文化载体，不同的纺织材料、不同的面料、不同的款式、不同的纹饰，不同的工艺，反映了各民族对生活的态度和审美，汇成了人类文化史上最绚丽多彩的风景。

服装博物馆与陈列（展）室是收藏、保管、研究、陈列展出服装及服饰用品的综合性展览场所。人们在这里可以追溯逝去年代的生活方式，体察现今的生活方式，也能在这里领悟出创造未来生活方式的真谛（图4–5、图4–6）。

纺织服装类博物馆属于专业博物馆范畴，它们以其鲜明的个性、特有的魅力以及专业的神秘感存在于博物馆的行列中，成为其中重要组成部分。从我国纺织服装类博物馆的现状来看，主要有“行业博物馆”“高校博物馆”和“企业和民办博物馆”三大类型。

巴黎服装博物馆是世界上最早的专业性博物馆，吸引着许多来巴黎观光的游客们的光顾。馆内陈列着自1735年至今各阶层人士穿着的各式服装，有将近4000套套装，有约6万件18世纪至今的各种女装、男装和童装。在18世纪馆内，陈列着近百件女装、近两百件男装、250件绣花背心、衬衣和当时的各种附属装饰品，如女士服装所用的胸花、别针、花边、腰带，

图 4-5 斯蒂尔森（Strellson）服装品牌展室的陈列空间

图 4-6 展室中斯蒂尔森（Strellson）的品牌字体醒目突出

绅士们使用的精致手杖等。19 世纪和 20 世纪馆更是丰富多彩：展出的除了各种宴会和会见贵宾时穿的礼服外，还有骑自行车、游泳、赛车、击剑时穿着的运动服。博物馆里的展品最早是由服装史学会主席兼画家莫里斯·勒鲁瓦捐赠的收藏品，后来越来越多的参观者纷纷将自己家传的收藏品捐赠给博物馆，更有许多著名的艺术家、缝纫师、画家慷慨捐赠。在社会各界人士的大力支持下，博物馆的规模和内容不断扩充，不仅有服装实物，还有多种服装书籍、图片等，给到此参观的人留下难忘的印象。

位于法国巴黎的服装设计大师伊夫·圣·洛朗博物馆，存放着 5000 余件服装，15000 余件配饰以及大量的设计草图、效果图、系列作品的画作和照片，既给研究者提供了详尽的档案型文献，也使得其他参观者能够了解和欣赏到大师的作品。

中国有着悠久的服装文明和灿烂的服装艺术，也是现今世界最大的服装生产和出口国及潜在的消费市场。国际时尚的流行中更多地出现了中国元素的影子，中国的历史服装也受到国外博物馆的更多关注。同这种现实不相称的是，对中国传统服装的收藏反而更兴盛于纽约大都会博物馆等国外展馆，国内往往偏重于少数民族服装收藏。近年来，一些地方性的服装博物馆，如宁波服装博物馆、上海古典丝绸博物馆等一批展馆陆续建成对外开放，使得这种现状有所改变，但目前我国还缺少一个国家级的体系健全的服装专业博物馆。

第二节 服装展览会场设计的操作流程

服装是面向市场销售的，服装展示设计的一个重要方面是解决企业市场营销方面的问题，具体地讲，就是通过产品与形象的直接展示来推销产品与宣传企业形象。

解决问题需要有科学的方法与工作流程。展示设计的操作流程其实是一个解决问题的过程，这包括对问题的了解与分析，解决方法的提出与优化。尽管这个过程因具体情况不同而不尽相同，但从科学的工作方法和一般情况而言，服装展览会场设计大体经过以下几个流程。

一、展示前期策划阶段

展示前期策划是展示设计的前期工作之一，它是根据展示的意图和要求及展示内容的需要进行的，依展示活动的性质、类型、规模而各不相同。特别是对于商业性的服装展示活动，一般都要有市场调查与预测分析的前期策划方案，其前期的策划及定位的准确与否往往是成败的关键。

就工作性质和工作内容的分工来看，前期策划工作虽然不是真正意义上的设计工作，但有关展示活动的设想、筹备和组织工作都要在前期策划中加以考虑和确定，大型的服装展示活动还包括资金筹集、广告、宣传等一系列的工作，这些工作并不一定由设计师担当，但其进展和工作的充分与否，将直接影响后面设计工作的开展。

展示设计的前期工作与展示的设计工作虽有明确的分工，但也须做到有机的配合，许多时候需要互相交叉、彼此合作，不能截然分开。设计人员在多大程度上直接参与展示设计的前期工作，要看具体情况和条件，如大型展览活动往往在设计的前期阶段就需要设计人员的介入。

一般而言，大型展会的前期策划可以分为两个层面，一是组展商的组展策划，二是参展商的参展策划。

（一）组展商的组展策划

组展商组织进行的展会的整体策划，既包括了展会立项的可行性以及展会定位等整体层面上的调查研究与分析论证，也包括了确定主题与方案、落实招募参展单位以及管理展会实施运作的全过程。

通常，大型展览活动的具体筹备和组织工作包括以下几项内容：

1. 成立工作机构

一般情况下，展览会的筹办，首先要成立工作班子——筹备委员会或筹备领导小组，在筹备委员会或筹备领导小组下分设行政、企划、设计、财务、后勤、保卫、接待等部门，以便分工负责，密切合作。工作机构的组织情况取决于展示活动的规模与等级。已经形成品牌效应、定期的、有一定影响的展览，主办方或承办方往往有一套常设班子。

2. 制订展示计划

展示计划根据展示活动的目的要求、展示内容、专业需要等情况由文字策划人员负责编写。展示计划起着指导全部工作的作用，关系着整个工作的进展。制订展示计划时，应在筹备机构的统一领导下，组织与展出有关的专家参加，通常要经过初稿、讨论稿与定稿几个阶段的多次反复与修改，最后形成指导性的展示文件。

以文案的方式提出展示设计的构想与要求是展示计划的重要组成部分，展示计划对于展示设计的作用如同戏剧、影视创作所依据的文学剧本一样，故又称为展示文字脚本。展示文字脚本一般分为展示总体文字脚本和展示细目文字脚本两个部分。

展示总体文字脚本简称总体脚本。编写内容主要包括：展示活动的目的与要求、指导思想与原则、展示的主题与内容，展品资料的征集与范围、展出规模与面积、对环境气氛的总要求、表现形式与手法、艺术与技术设计、施工管理与要求，展出时间与地点等。

展示细目文字脚本简称细目脚本。编写内容主要包括：章节的主副标题与内容，实物图片选择与数量，图表的统计数据，对道具与陈列、照明与装饰、材料与工艺的要求，对表现媒体及形式的建议等。

有了展示计划的指导，展示活动的工作机构（大多是临时组织起来的）就可以步调一致地运转起来。当然，这个展示计划也还需要在实践中不断加以修正和完善。

（二）参展商的参展策划

参展商的参展策划包括对参展的可行性预测、方案制定、展位确定、展位设计制作招标、向销售代理商发出邀请等一系列筹备工作。租用展位的参展单位需要事先对展览会主题、参展者构成、目标市场的情况进行预测分析，以决定是否参展。一些参展单位花费很大财力参展，却收效甚微，往往是对展会的调查与市场的分析不到位，展会选择不当，展品配置不对等原因。对于展商的参展效果评价，国外有人已经进行了深入的研究，并建立了系统的评价指标，本书不再赘述。

通常，参展商的参展策划中体现了对参展的市场分析，对此，设计人员应该加以了解，并有一个正确的判断，以便采取有针对性的设计对策。

参展商对参展的策划分析包括如下方面：

1. *产品的基本情况分析*

市场相关产品与自身产品的基本情况包括品牌形象与知名度、好感度、信任度、产品价格、质量、销售方式等方面，与会者可接受的产品特点、价格等方面。

2. *展会的背景情况分析*

参展商要参加的展会的背景情况，一般是展会的名称、展出地点与时间安排，参展商所要参加的展会属于哪种属性、层次，展会场地所处的地理位置、周围环境，近几年参展商的数量、与会商人与观众的数量、展会的展出面积、交易的流量、与会者构成情况等。因为展会的展出季节、时间同人们的情绪和感觉有内在的联系，展会场地所处的地理位置、周围环境、人流交通等同目标观众群体定位也有内在的联系。这些都有助于设计人员对展会设计创意的把握。

3. *观众目标群体分析*

展会的观众可分为专业观众和普通观众，参展商一般对参观群体都有一定的指向性。设计人员也应该对该展会的观众目标群体有大致的了解，并作出基本判断，以便展位的创意设计有更强的针对性。观众目标群体分析包括如下内容：

（1）职业特征。有许多展会的专业性较强，所针对的是专业观众，设计人员需对这种专业性的职业特征有所了解。

（2）年龄层次。不同年龄层次的观众的兴趣爱好，对服装流行变化的关注点会有区别。

（3）住地。观众的来源是展会所在城市、地区的居民，或是附近地区的居民，还是从外地专程而来的居民或专业人员。

（4）文化程度和审美素养。观众的文化程度和审美素养对展示内容的理解力和接受程度会有较大影响。

（5）消费水准。有些展会既是宣传性质的，也附带有现场销售的功能，因此，设计人员需针对宣传和现场销售的功能，分别设置展位的咨询、洽谈、资料分发、销售等不同功能区域。

（6）参观目的。观众参观展会的目的是多种多样的，有的是来搜集信息的，有的是来完成商业交易或采购任务的，有的是出于一般的兴趣，还有的是比较盲目的。

二、展示设计的前期准备阶段

展示设计的前期准备工作，主要指对展示设计有关资料的收集，并在此基础上制订较为全面的设计计划（又称为展示项目设计书），这将给后续的设计工作提供可需的素材和依据。服装展会中参展商的展位设计最具有应用性和适用性，其前期准备工作对其他类型的服装展示设计也有参照作用，因此，下面针对服装展会中参展商的展位设计的几项前期准备工作来进行重点介绍。

（一）参展商对展位设计的总体要求

参展商在确定参展后，一般要拿出参展方案来进行展位设计制作招标。参展方案又称为“展示计划”，是对即将进行的展会设计项目提出的较为明确的总体要求，有时还提出设计概念与展示构想等可操作的方案来为设计人员提供设计创意的基础和依据，以避免设计不必要的失误。一般包括以下几个方面：

1. 参展的总体宗旨

一般而言，参展商对参加展会都有一定的意图，有些有明确的参展宗旨，有的则只有一些模糊的想法，但也是有参展动机的。对此，设计人员要尽可能地了解清楚。

2. 参展所要达到的市场战略目标

参展商对参加展会所要达到的目标，一般可概括为这几个方面：第一，宣传企业品牌形象；第二，推广新产品；第三，在展会期间洽谈贸易，接受订单；第四，直接在展会期间销售。对于前两项，一般以达到一定的观众流量、咨询人次量等为要求，后两项则以具体的订单额度或销售指标等为要求。

3. 展位的概念性描述

参展商对展位的概貌，如氛围、装置、造型、展品、色彩、照明、风格、材料等，有时也会提出自己的想法。这种想法可能是根据以往参展的经验得到的，也可能是根据行业内竞争对手以往参展的展位水准来提出，还可能是根据本次展会的总要求来提出。尽管这些想法可能是概念性的，不一定很清晰或很准确，但还是可以给设计人员把握设计概念提供重要的参照。例如展位的氛围，是庄重沉稳的还是轻松活泼的；展位的风格，是自然朴实的还是时尚夸张的；展位的造型与色彩，是古典传统的还是现代前卫的。

（二）参展商提供展位设计所需的素材

参展商除了提出展会设计的总体要求，还需提供展会设计所需的素材，为设计人员进行具体的设计构想作出正确的指向，素材包括以下几个方面。

1. 企业形象标识系列

在服装企业高度依赖品牌推动的当今，现代企业一般都有自身的系统的企业标识系列，大多数品牌知名度高的企业都有较完整的企业文化，包括企业形象识别系统。在参展时，企业形象识别系统中的品牌标识形象本身所具有的标识性、可读性和不可重复性，使其成为展位设计创意的基础语言和突出品牌形象的主要表现手法。

2. 视觉传达设计的基本素材

文字、图片、图表等是展示中视觉传达的最基本信息素材，影像资料作为现代展示广泛运用的多媒体科技手段，可以借助其强大的信息容量和生动的表现力来形象地传达信息内容，吸引和感染观众。参展商应为设计人员提供有关的素材以及告知这些信息内容在展出时的要求和建议。如文字设计、图表设计、图片编排中的重点，要突出和强调的部分，展出中使用的影像资料等，以便设计人员可以根据参展商的要求和展出的需要作出适当的安排。

3. 展品实物资料

展品实物是展示活动最可信的信息载体，如果没有充分的展品实物资料，展示活动犹如“无源之水”。因此，大型展示活动都有专人负责，进行展品实物资料的征集与选择。征集来的展品实物资料还要登记在册，写清选送单位、品名、数量、规格、特征、编号等，这对展示设计以及善后清退展品工作，都是十分重要的依据。

一般情况下，展出的展品实物不可能事先提供给设计人员，但可以提供给设计人员展品实物的图片资料及其体积尺寸数据或服装的样品等，设计人员应特别对重点展品的内容、种类、数量、具体尺寸及展示要求等做到心中有数，以便根据这些资料统筹规划展位的功能区域、进行创意构思与造型和色彩的设计等。

4. 自备的展出设备与设施资料

有些曾多次参展的参展商，因为各种考虑，往往希望以前的展出设备与设施在展出中再次得到利用，此外，有许多参展商是用自有的音响、电视、多媒体等器材来装备展位的。参展商需要提前将这些展出设备与设施的资料提供给设计人员，以方便对展位的统筹安排。

（三）展场相关技术资料的收集

在进行设计之前，设计人员有必要在参展商的协助下，掌握与设计相关的展场技术资料与数据等展示场地的情况。除应取得必要的建筑图纸资料外，还应对展示现场进行勘察，核对图纸与现场的设施条件。如建筑空间的形式、尺度、配电要求、电源插座及照明设施等。对于有较大型表演和电动装置的展示活动，还必须确定展示场地的情况及供电线路的负荷情况。

1. 场地的层高、面积及场地形状

展场的层高、面积，场地的开阔程度，场地的形状，场地的平面规则程度、建筑立柱或其他障碍物的存在等，这些都关系到设计人员如何合理地规避地形的局限，在整体布局或造型结构中注意巧妙地加以利用，因此，设计人员有必要到现场了解场地的这些情况。有的参展商会要求将展位设计成复合式的二层结构，这需要场地的层高要达到 7m 以上才有可能，而一般的展位设计高度在 5m 左右。

2. 场地的出入口、通道及展位的方位

参展商所租用的展位与展场进出口距离的远近、朝向，通道的设置等关系到观众的流量、流速、视野和展位的视觉效果。一般来说，参展商因为种种原因，有时选择的展位并不十分理想，这就需要设计人员充分注意到这些不利的场地位置条件，因地制宜，采取适当的措施，将不利因素的影响降到最低。

3. 场地的电源、照明、供水、通风等条件

现代展示离不开声、光、电的配合，要了解场地的电源、照明、供水、通风等条件是否完备，有无特殊的情况和要求。要按照展场的配电要求，对电源插座的位置（有的场地提供网线和电话插座）、照明设施的情况等做到心中有数。还要留意展场内部顶棚的结构能否为展位的搭装固定所利用，是否有“吊杆”位置，可以承受多少重量等。

4. 展场方面对展位“特装”的有关规定

“特装”展位一般需要全部展位或展位主体单独设计制作，只以标准展具为辅助。通常，展场方面对展位“特装”有相关的规定。如在设计要求方面，有对展位设计的限高尺寸、与周围展位的间隔距离、观众通道宽度、搭建双层式展位的面积与安全等规定；对制作方面的规定，有是否禁止在现场进行油漆、电焊、涂胶水以及钉、钻、凿等作业规定；在时间要求方面，有对展位设计图样的提前申报时限（一般为开展前两个月）、展位安装、布展的时限（一般为1 ~ 3天，极个别的或特殊情况也有将时间放宽到5 ~ 7天）等规定。

三、创意草案阶段

创意草案阶段主要是指通过创意构思形成整体的设计概念，并以设计草图的形式表达出设计概念的过程。草案只是关于设计方案的初步设想，是设计创意思维的图式化记录，也是设计创意的继续和延伸。一个设计意念在创意中萌发并在草图中得到体现，而在通过绘制草图来反映设计创意的内容、达到创意的预期效果的过程中，又进一步深化与细化了设计创意思维。设计的创意阶段同设计草图阶段往往是交替进行的，没有明显的界限，是相互连接的形成创意草案的过程。

（一）创意构思

经过资料的整理、分析后，根据参展商的要求，设计人员应提出整体的设计概念。这是创意思维的过程，主要以文案辅以草图的形式表达。

1. 确定展示主题

展示主题是展示活动所要表现的中心思想，是其思想内容的核心。确定展示主题主要是以参展商的要求为重点，以现有的材料为依据，结合整个展会的背景，为展位进行准确的定位，提出具有企业文化象征或品牌特征的主题。这个主题要能统领整个展位设计的各个方面，对展位的各功能区域布局、结构造型、氛围装饰等均具有指导性的意义。

2. 创意展位构思

在展示主题的引导下，展开对展位整体的构思，包括对氛围、布局、造型、装饰、局部亮点等如何突出主题和展示主体，如何完善功能，如何能更好地吸引观众等方面。

3. 策划展示形式

现代展位的展示形式已经非常丰富，在一定的主题下，可以运用各种传统的、现代的、

科技的形式传达参展商的信息。设计人员要提出适合表现主题的展示形式。

4. **初步创意构思说明**

通常，展位设计需参与参展商的项目竞标，因此，设计者在这个阶段就要有初步创意的构思说明来方便参与项目竞标。初步创意构思说明要思路清晰、突出重点、简明扼要，表述的内容一般包括：展位主题的立意、整体构思、创意亮点、展示形式、设计周期、设计预算、造价估算等。文字表述的内容不可繁杂空洞，在向参展商提交方案时，可以更多地用语言表达。

（二）草图方案

草图方案可分为多种不同的类型，由于设计目的不同，设计草图要表达的内容、效果，绘制设计草图的方法和步骤也有很大的差异。从近些年国内通行的展示设计的流程来看，除了委托设计，更多的是通过设计方案竞标来确定展示设计方或施工方。因此，以有创意的概念引导设计方案，并以设计草图的形式表达出设计概念的能力，对设计和施工方争取到展示设计项目非常重要。但是，“概念设计”是在展示设计或施工竞标中设计方提供给参展商方面考察其设计或施工能力的重要依据，着重点在于形成设计概念和表现设计方案的能力，它还不是最终的展示实施方案。

1. **草图方案包括的内容**

草图方案主要是依据确立的展位设计思想和设计原则，对展位平面空间设计、功能动线规划、各部分内容表现手段和效果等所做的初步考虑（图 4–7、图 4–8）。

2. **草图方案的表现形式**

草图方案最初可以采用白描速写或钢笔淡彩等形式来绘制，然后从中优选几种方案再用

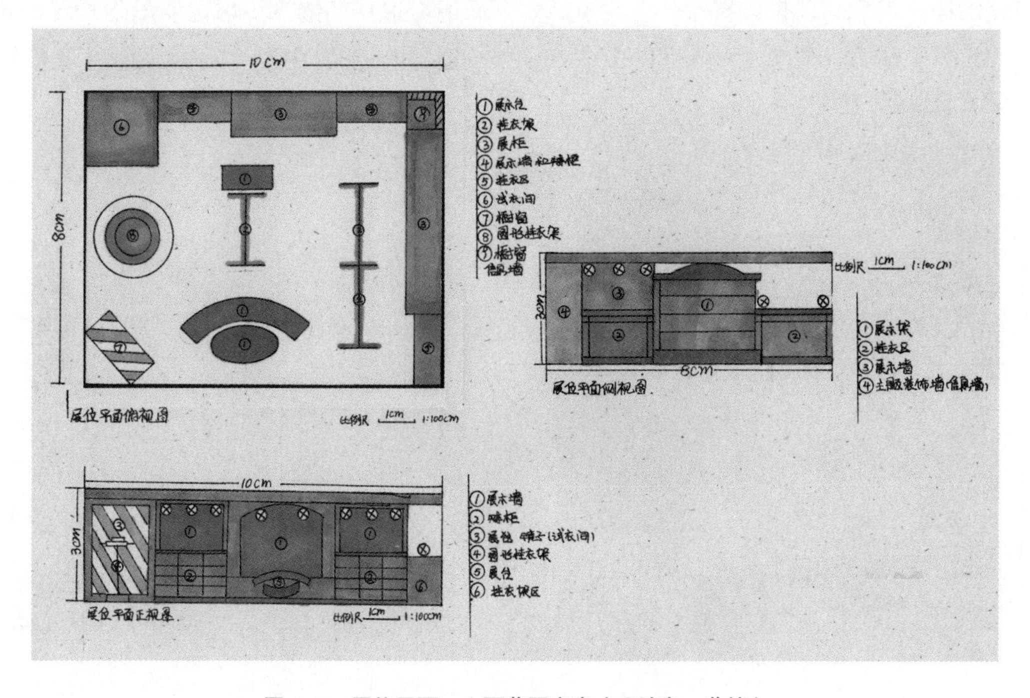

图 4–7　展位平面、立面草图方案（设计者：蔡婷）

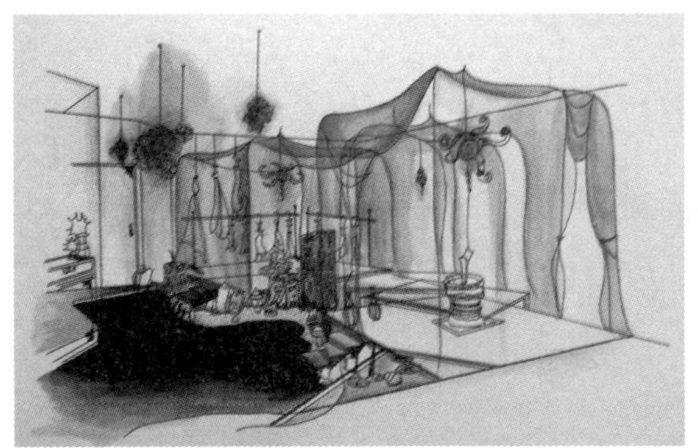

图 4-8 展位效果草图（设计者：王梅）

手绘方法或运用电脑软件来绘制。一般包括展位平面草图（可包括平面图、观众流线图等）、展位立面图（可包括展柜、展架、壁龛、展台、展墙的设计图等）、展位效果图（包括展位和重点部分、单元及景观、场景的效果图等），如图 4-9 ~ 图 4-11 所示。必要时可绘制展厅全景鸟瞰图和效果图等。

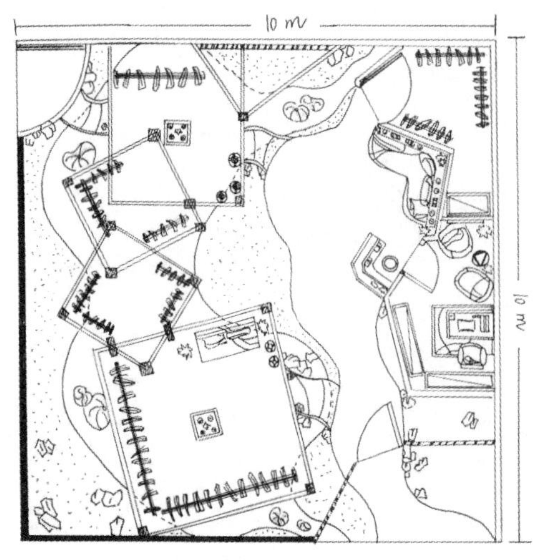

图 4-9 展位平面、立面草图（设计者：王梅）

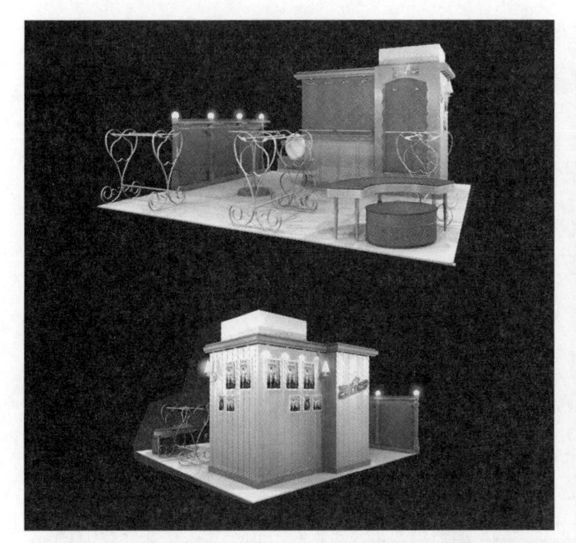

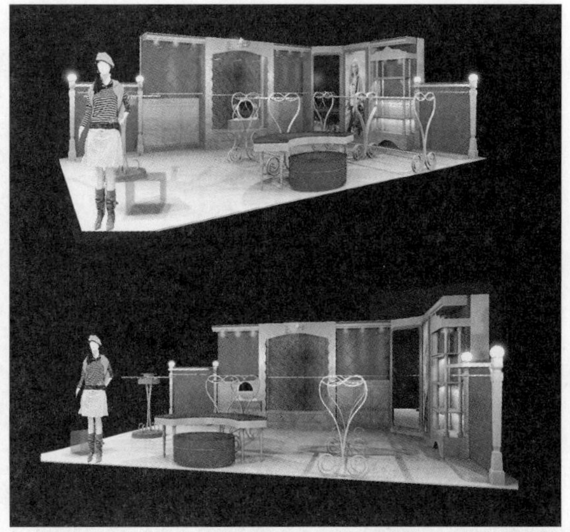

图 4–10　展位局部效果图

图 4–11　展位效果图

四、深化设计阶段

“深化设计”阶段是由受委托的专业设计公司或设计师根据实际的展示提纲、展品资料和展示空间进行二度创作并提供可以实际操作的全套布展实施方案的过程，也是与参展商保持沟通、对设计进行修改调整、深化完善的过程。深化设计是展示形式设计的最重要的环节，深化设计的水平和质量的高低直接关系到展示主题和内容的表现，关系到展示的艺术水准。

（一）展示艺术设计

展示艺术设计是展示设计人员运用创造性思维，使展示主题和内容形象化的艺术创作过

图 4–12　展位设计效果图

程，也是以“图式语言”将设计意图诉诸视觉，进而形成展示设计方案的过程（图 4–12）。

阶段艺术设计的内容包括：展示空间设计、功能动线规划、展具设计、展示照明与灯光设计、辅助展品设计、版面设计、多媒体规划、互动展示装置规划等。

一些版面、标识等平面设计范畴的内容，如主要版面的内容、文字的形式、幅面大小、版面位置、制作材料等都应当在设计图纸中明确地标出。除以上的主要部位，其他特殊部位和方式，也应当以详尽的图示方式表达出来。

此阶段艺术设计的内容需要以形象的方式表达出来，一般包括平面布局的示意图，展示空间的预想图（图 4–13、图 4–14）。还可以根据需要增加立面示意图以及色彩效果和照明效果的预想图等一系列的表现图。

（二）展示技术设计

展示技术设计工作是艺术设计工作的补充，也是实现展示艺术设计构想的技术保障。现代大型服装展示是综合载体的运用，动态表演、多媒体规划、互动展示装置规划等，这些既

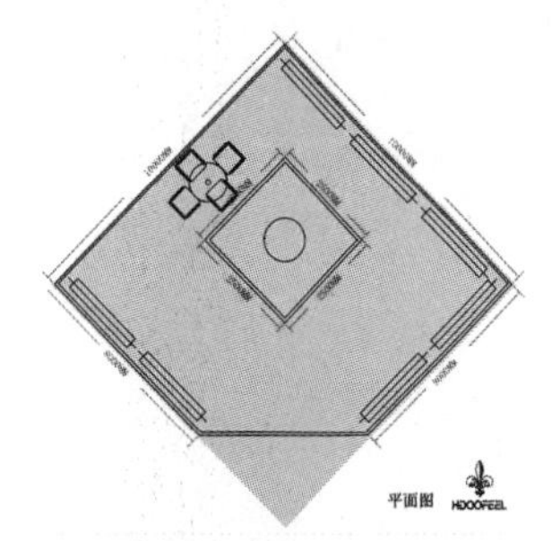

图 4–13　展位设计平面图及效果图（一）

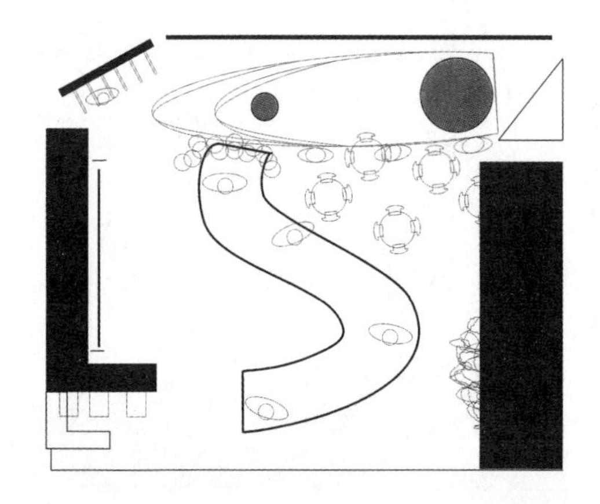

图 4–14　展位设计平面图及效果图（二）

要求技术的可靠性，也要求造价的合理性，很强的专业性和技术性。为了实现艺术设计效果，需要技术设计工作来解决在艺术设计过程中提出的工程技术上的问题。另外，当艺术设计方案通过论证、审批、定案后，也需要采用技术性的语言和表达方式进一步陈述设计意图，即绘制技术性图纸，作为施工制作的蓝图。

技术设计的具体内容包括：绘制标明精确数据尺寸的平面图与立面图、照明与动力配置的线路图、道具制作工艺图、音响与电子设施计划以及其他特殊设计的施工图等，根据需要还应绘制不同比例的施工详图。这些技术性的设计工作，有的由设计人员承担，有的则需在设计人员的要求和具体指导下，由具体实施的相关专业技术人员完成。

五、后期制作实施阶段

展位的施工制作是按照设计图纸进行的，在施工制作过程中难免遇到需要解决的问题，或需要对图纸作必要的修改，因此，展示后期制作实施阶段仍需设计人员的介入。

1. 确定材料

对设计图纸上所标定的材料还需要在后期制作阶段给予确定，并根据经费的充裕与否、指定的材料能否落实、是否有新的更好的材料可以替代等实际情况作出恰当的更改与调整。另外，参展商和材料供应商也常常在材料选择上提出更改意见。设计人员应从材料的质地、色彩、视觉效果、安全及性价比等方面提出自己的看法，确定能否更改及如何更改。

2. 编制预算

在展位设计方案完全确立后，需要编制展示工程预算，可由施工方或由设计人员与施工方协商来编制。展示工程预算通常包括：租用展场的租金，展示器材、道具的租用费，展示工程的材料费、劳务费、管理费、设备费、运输与仓储费用及展示活动的宣传广告费等。预算要得到参展商的批准。

3. 施工制作

在设计方案获得审定、预算得到批准后，先要制订出施工进程表，将各项工作开始与完成的日期确定，便可以组织施工。有些场馆规定，制作必须在场馆外全部完成，场内只允许搭建安装而不允许有任何的制作行为。此外，还应按设计方案落实备料与外加工以及购置展示器材等。

4. 布展

施工制作的最后工序是现场的安装和调试，也即一般所说的“布展”。大多数情况下，布展是将预先制作完成的展件和展品在展出现场进行组装布置，但一些被条件所限的展件往往还要结合现场情况组织施工或修改。对于租用场地的展览，由于所给的布展时间紧迫，因此，要尽量在现场外事先制作好，即便是特装的展位，一般情况下也要尽可能采用标准化的展示器械，如可拆卸组合的展架、展板等，以减少临时制作量。而长期性的展览，如服装博物馆、陈列馆等项目，其施工制作量很大，而且一些特殊的制作，如模型、场景等，一般的设计图纸常常难以完整详尽地表述清楚，其制作过程需要设计师现场指导把握。有些设计上的完善也需要在制作过程中进行，特别是一些把握性不太大、实验性和效果微妙的设计，如色彩的调配、细节的位置等。

布展工作要有一定的程序：首先要核对现场情况，将设计中要求的电路设施落实；然后搭装组合展位，安置吊挂展板、标牌、装饰件等；这些搭架子的工作完成后，就可以摆放展台、展柜，布置展品，设置现场广告；最后要将整个效果做一些必要的调整，验收后清洁场地。

布展的原则是：先上后下，先里后外，先整体后局部。布展完成后，还需经主管部门审定，并根据预展中相关方提出的意见进行修改，然后正式展出。

第三节　服装展览会场的空间设计

展示设计的目的与展示功能的实现是以占据一定场所空间为前提条件，进行有效地传递信息，因此，展示设计的实质是在人与人、人与物之间营造出彼此交往的场地空间环境。在这一人为的空间里，设计者的设计在相当程度上决定了观众在其中的行为方式，也决定了观众接受有效信息的多少。如何在一定的空间环境中组成一定序列的艺术形象，如何使观众以合理有效的方式接受特定的信息，如何在人与物之间搭建一个彼此需求的平台，是设计者需要面对的课题（图 4–15）。

从总体上讲，展览空间是一种人为的空间。由于是供众多人员进行观览、欣赏与贸易交流的场所，所以具有公共空间的共同特点。但由于展览目的的多元化，展品类别、展出形式的多样化，展览空间又具有灵活多样的组合变化特征——不拘一格、多姿多彩（图 4–16）。

图 4–15　跳动的模特成为阿迪达斯展位空间的注目焦点

一、展览会场的空间构成

展览的空间有室外和室内两种。室外展览是在户外进行的展览活动，由于受到天气、气候等因素的制约，服装的室外展览活动较少，主要以时限较短的动态展演为主，因此，服装展览会场的环境基本上为室内空间环境。

现代展示空间构成样式的营造，已从过去的单一、平凡和封闭，趋向多元化、多层次、开放式和个性化。展览空间构成样式的这一变化，是与展示功能观念的演进密切相关的。一个规模较大的展览会场，其空间构成一般不外乎如图 4–17 所示的几部分。

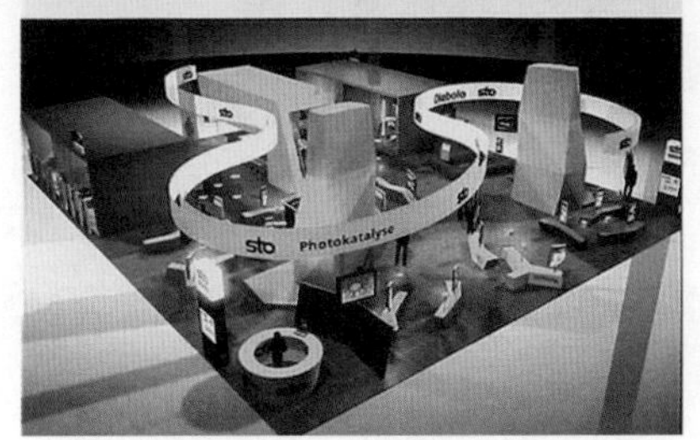

图 4–16　展位上部 S 形檐板将几个展出部分串接，形成灵活的空间组合

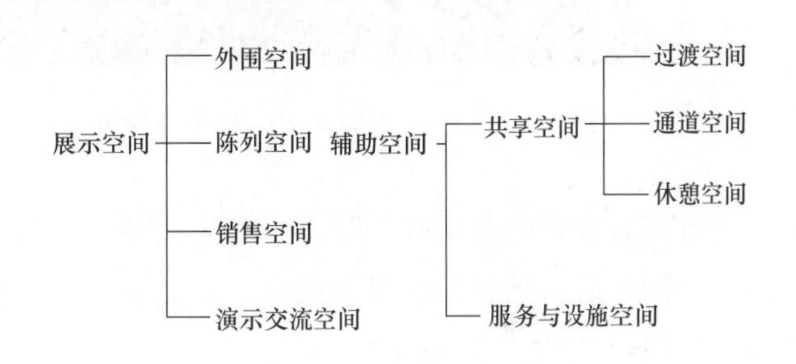

图 4–17　展示空间的构成形式

（一）展场馆围空间

广义地讲，馆围空间包括展馆上部空间和展馆周围地域空间两部分。展馆上部空间是展馆建筑形象的延伸与扩展。展馆周围地域空间主要指展馆正门前的广场所占据的空间（图 4–18）。规模宏大的博览会的馆围空间则是一个群体空间的集合。

图 4–18　2012 年 CHIC 主体建筑外景

馆围空间形象要素一般包括建筑外观、招牌、广告装饰、广场空间、出入口、外部照明等。馆围空间形象规划的基本要求在于营造展场外部的气氛，为展览传播信息造势，吸引观众进入展场等（图 4–19）。馆围空间要能方便乐队演奏、群众演出、开幕剪彩等活动的进行。

（二）展场室内空间

展场室内空间要素一般包括展示空间、演示和交流空间、辅助空间等。

1. 展示空间

从信息传播学的角度出发，服装的展览是一种综合性的媒体传播，它既有信息传播的共

图 4-19 CHIC 杉杉专馆外部广告

时性，又有观者参与的互动性；既有馆内的三维空间和多维空间，又有依赖于科技进步所链接的超维空间，有着独特的优势和魅力。总之，传播要素的多元化，为人们提供了一个极具想象力的空间。

展示空间是展品陈列与信息传达的空间，所以又称为信息空间，它是展示设计的主体部分。开放性与流动性是展示空间的特征，故要求展场内部的空间布局及划分能够合理高效地满足信息传达与交流的需要，提高展场面积的利用率，为观众提供舒适的展场环境，使观众获得心理上的满足感。展场室内空间可以是序列式或组合式的展示空间，以组合式的展示空间为多。

（1）序列式展示空间。此种空间是指从入口到出口，大小及主次排列有序的一个个展厅或展区空间，前后序列分明，空间的安排依展示信息的逻辑而定，一般适用于给人以系统印象的陈列、纪念、成果汇报展等。

（2）组合式展示空间。此种空间是指各个展区（馆）空间没有明显的先后、主从次序，组合自由、走线任意，观众根据自己意向而随意走动的空间，给人以随意、开放和轻松自由之感，因而适合于具有自由选择、充分观赏之特点的服装博览会、展销会、交流展示会等，以2007年CHIC为例，虽也划分了几个展区，但并没有很明显地标示出参观的先后、主从次序（图4-20）。

2. *演示和交流空间*

演示、交流空间通常是为信息传达与交流而特定设置的专门空间，也是大型展场信息空间的组成部分（图4-21）。

（1）演示空间。演示空间设计视具体情况而定。大型的时装表演及一些特定的多维演示，就应有专门供表演和观看的大空间。小型服装表演和刺绣、编织等演示，在空间有限的情况下，往往不另设表演和演示空间，多在展位内选一隅做表演和演示（图4-22、图4-23）。

图 4-20　CHIC 展区入口

图 4-21　CHIC 表演馆

图 4-22　CHIC 某展位附设的小型服装表演台

有些表演和演示，不便或难以完全现场表演和操作表演，可拍成录像，在展位某一空间部位放映。

（2）交流空间。现代会展的功能要求为专业人员提供进行洽谈、研讨、交流的场所，这些需要专门的空间，有时还配备相应的设施（如放映、多媒体设施等）。

3. *辅助空间*

辅助空间是展场内部设定的通道、休息和服务设施等公众空间。

（1）通道空间。展馆内的通道空间，犹如田野中的河流小渠，其通畅性十分重要，通道空间的大小、流向是由多种因素综合而定的：观众流量、流向；展览空间的大小与分布；展览的性质、目标——欣赏性的、贸易性的和零售性的；重点展

图 4-23　在展位内一隅做表演

品的最佳视域、视角、视距；演示的吸引力与演示时间。

（2）休息空间。一般设在过渡空间或设在展览空间内，以方便参观者随时休息（图4-24）。

（3）服务设施空间。因展示性质与规模不同，服务项目及规模也不相同，大型展览场馆往往设咨询服务（图4-25、图4-26）、售卖部，通信、餐饮等服务以满足观众的需求。

图4-24 CHIC休息区

图4-25 CHIC会务服务空间（一）

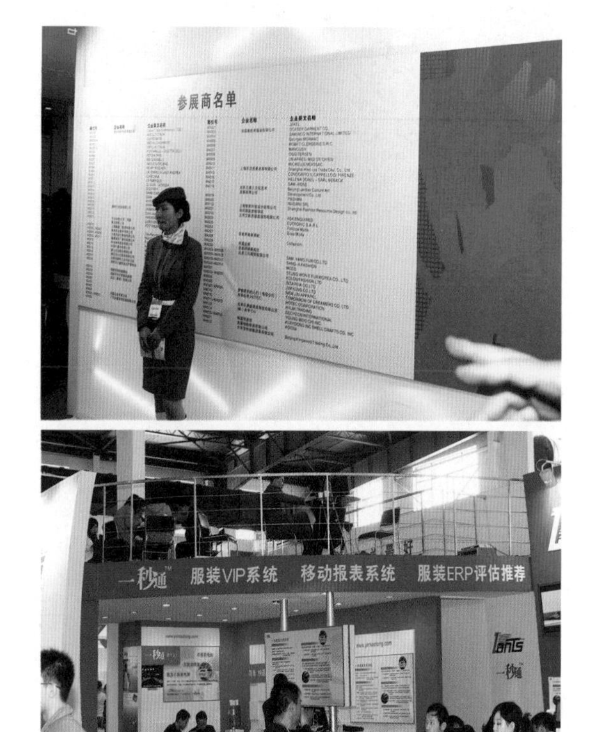

图4-26 CHIC会务服务空间（二）

二、展览会场空间的设计要求

（1）功能性要求。展览空间的规划和构成应以满足陈列、演示、交流、贸易营销和客流疏导等多功能需要为前提，以达到展览空间的合理使用和组合的自然协调。

（2）心理性（精神性）要求。通过特定的展示形式，把握展示的主题，达到特定的精神和心理需求效果，如适合儿童心理需求的展示空间要有趣、活泼、充满幻想。

（3）时效性要求。时效性要求体现在展览空间的合理、充分利用和符合高效经济的原则，如利用现成的组合式展架道具等，不轻易大兴土木。

（4）审美性要求。审美性要求主要指空间的形象感、节奏感、形式美感等，注意在变化中求统一。

三、服装展览会场空间的形态语言

服装展览会场空间是在功能性形态(如墙面、展台、展架、展示道具等)的基础上通过形态、材料、色彩等的变化来传递信息，它们与展示的内容以及信息的受众一起来完成信息的传达和反馈。

(一)形态与展示空间

形态是展示空间的外在表现，不同的形态都可以借助墙面、展台、展架、展示道具等形态语言来表现，从而给人们带来不同的视觉感受，明确地或隐喻地传递出展示的信息。展览空间的形态语言表现应注意空间的衔接与过渡、渗透与层次、序列与节奏、引导与暗示及形状、材料、色彩等的调节处理。图 4-27 所示为某展览会场的入口空间处理，敞开的入口好似欢迎观众的到来，花蕾样的花饰造型与品牌字体相呼应，不仅美化着入口空间，更诠释着其品牌的特定内涵。

在服装展览会场空间中，构成空间的每一个形态一般都应有明确的功能性。在现代信息高度膨胀的时代，对信息传递的时效性和精确性要求越来越高，使得各种形式的展示行为都在追求达到最佳的效果，以求得到最好的收益与回报。现代展示力求使展示空间内的所有形态都成为表现性元素，都能传递展示目标的特定信息，使功能性与表现性融为一体。如前述的某展览会场，其内部空间形态的造型与色彩都与品牌内涵相联系，既便于陈列各种女装，又成为品牌性格的表现性元素(图 4-28)。

图 4-27　某展览会场入口空间处理

图 4-28　某展览会场内部空间形态处理

(二)材料与展示空间

同一空间的形态可以用不同的材质来体现，不同材质所构造的空间可以给人们带来不同的心理感受。

材料是信息视觉化的物质载体，是整个展示信息符号的有机组成部分，它可以承载丰富的内涵。展示中人们往往是通过近距离地观看、触摸等感知和联想来体验材质传递出的信息和美感。不同的材料通过不同造型与加工工艺处理会给人们不同的感觉。材质和形态相结合，便可以传递出某种特定的信息。

图 4-29　布幔上的图案连同墙体和地面的泥土效果成为特定的形态语言

时代的进步必然反映在材料的发展上，展示空间往往是新材料、新工艺的实验场所。对材料的运用要与展览会场空间的内容、品牌的文化内涵以及产品定位、风格相联系，使之成为展示空间的一种特殊形态语言，体现出形式与内容的完美统一（图 4-29）。

四、展览会场空间的动线与时序设计

动线，也称流线，是为观众在展览空间中参观流动而设计的路线。时序，是展示设计中带有明确方向和次序的总的动线走向。展示空间的形成，离不开人员的流动，设计合理的参观线路是展示活动成功的关键。

（一）动线的类型

展览会场空间是在限定区域里做文章，不同的空间围合形式是形成开放与封闭空间的重要依据，围合得越少越显得开放，围合得越多越显得封闭。空间设计的魅力在于对展览会场空间时序的把握，使之有开始、起伏、高潮、结尾，通过灵活地划分、围合空间而引导和规定人流的走势，使整个动线中蕴含着变化的旋律（图 4-30）。

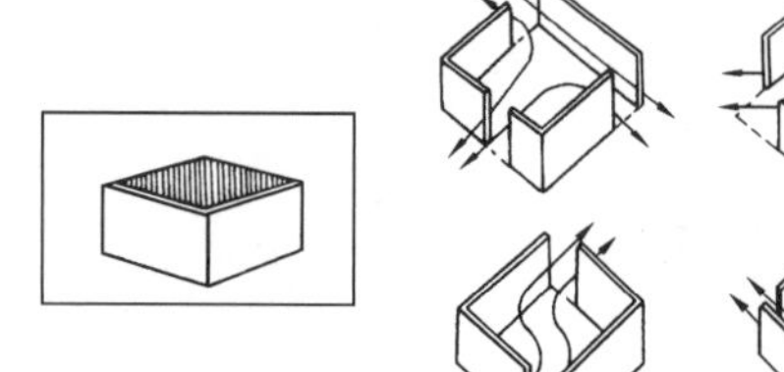

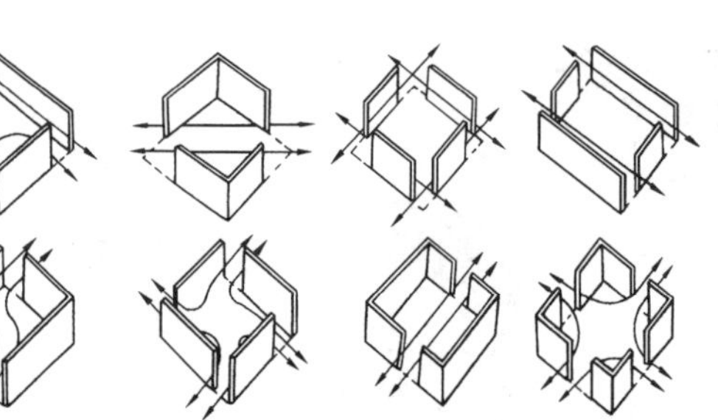

图 4-30　不同的围合形式和动线

动线的确定有三条原则：第一，根据展示内容来确定参观走向；第二，必须考虑原有建筑空间的局限，将动线的设计尽力与前者协调一致；第三，空间平面划分中，动线的设计应同宏观与微观空间的构成结合起来（图 4-31）。

动线可概括为三种类型，即规定式路线、自主式路线和渗透式路线。

1. **规定式路线**

这种路线对观众流向控制带有强制性，多数情况下是由展示内容逻辑的先后顺序性决定的，如纪念性、演变性、历史性展示陈列，少数是因狭小场地的限制或出于观众安全通行的考虑。规定式路线是封闭型展示模式的一个重要特征。

2. **自主式路线**

展示空间比较开阔，观众一目了然，观众可任由兴趣爱好沿方便的动线自由走动参观。

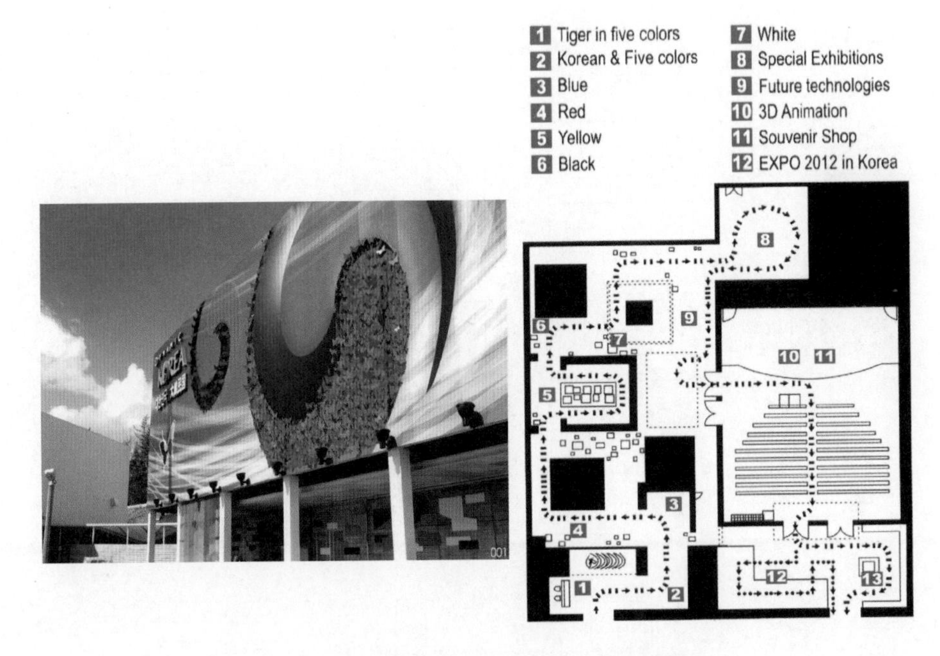

图 4–31　日本爱知世博会韩国馆外观及动线设计

这种自主调节的参观走向设计往往能使观展的人流更趋于自然合理，增强了观众的选择性。贸易性、观赏性展览，多采用这种动线设计。

3. 渗透式路线

观众不但可在通道上自由走动，而且可以自由地深入到展位内部去观看、同工作人员交流。这种动线设计更体现了现代展览的透明度与开放性。

展览空间人流的路线设定一般应具有明确的顺序性。短而便捷的通道上，应尽量避免参观者形成相互对流或重复穿行的现象。通常参观动线的方向是按视觉由左至右，按顺时针方向延展的，根据展览的规模与性质，也可不设参观动线的顺序，如一些较大规模的国际性博览会，大多无固定的动线，仅规定出入口或设置导向板。

（二）动线的几种设计方式

参观动线的设计可概括为以下几种（图 4–32）。

1. 串联式设计

各陈列室互相串联，观众参观路线连贯，方向单一，但灵活性差，易堵塞。适于中小型展馆的连续性强的展出。

2. 放射式设计

各陈列室环绕放射枢纽（前厅、门厅、序厅）来布置，观众参观一个或一组陈列室后，经由放射枢纽到其他部分参观，路线灵活，适于大中型展馆展出。

3. 放射串联式设计

各陈列室之间与交通枢纽相连，而各室之间彼此串联，适于中、小型展馆的连续或分段式展出。

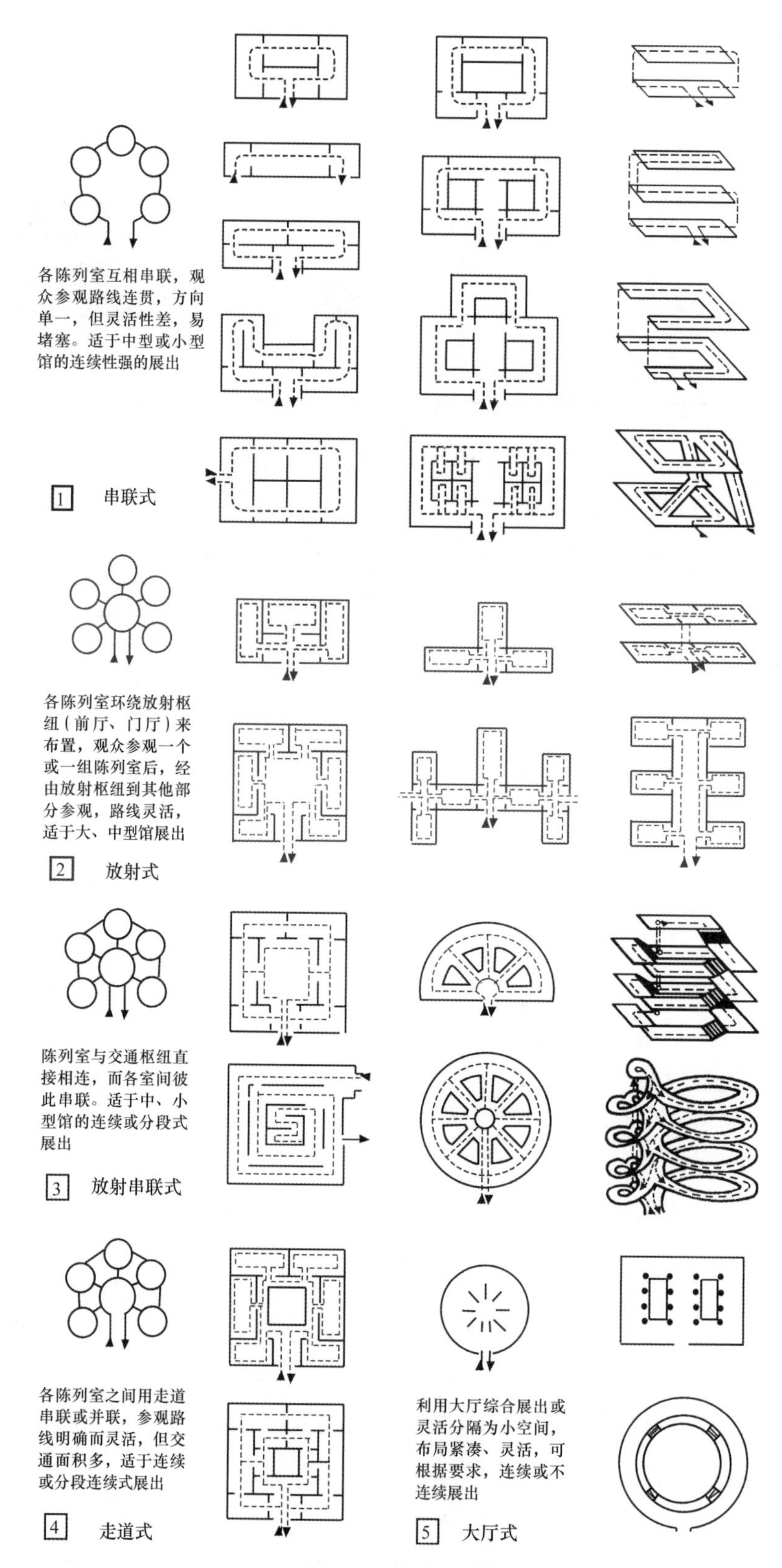

图4-32 各类参观动线图示

（录自《建筑设计资料集》中国建筑工业出版社）

4．**走道式设计**

各陈列室之间用走道串联或并联，参观路线明确而灵活，但交通面积多，适于连续或分段连续式展出。

5．**大厅式设计**

利用大厅综合展出或灵活分隔为小空间，布局紧凑、灵活，可根据要求，连续或不连续展出。

五、展览会场空间的几种构成样式

（一）甬道式

甬道式是博览会和展销会中较为流行的样式之一，其顶侧呈封闭状态（有全封闭、半封闭两种），视线集中，路线一定，便于表现一个完整的过程。甬道式设计有独到的展示效果，但占地较多，造价高且费时，小型展览通常较少使用（图4–33、图4–34）。

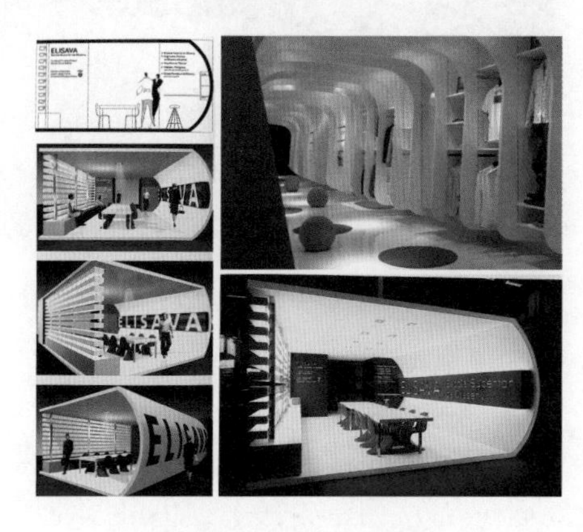

图4–33　甬道式构成手法

图4–34　CHIC某展位的甬道式构成手法

（二）庭院式

不同的厂家或不同类别的展品，单辟一处隔成封闭的或半封闭的展示空间，类似一个庭院，有掩有映地自成一统，给人以既丰富又统一的整体性感受。这种手法常用在服装博览会和展销会的特装展位设计中，对于树立企业形象，展示某个类别的产品概貌，往往能收到良好的展示效果（图4–35、图4–36）。

图4–35　某服装展位的庭院式构成手法（一）

图4–36　某服装展位的庭院式构成手法（二）

（三）摊位式

摊位式的设计，可以是规格化的，也可以是特殊性的；可以是半封闭式的，也可以是开放式的，这种设计有很大的通融性和应变力，为常见的简易型的展位形式（图 4–37）。

（四）中心式

中心式设计是在一个展览空间中设置中心展区或展台，将重点展品与精品放在中心展区（台）中并环绕中心展开相关内容，便于四边观看。通常一个展区（或展台）设计一个主题。这种设计是突出主题和重点展品、做到主次分明的手法之一（图 4–38）。

图 4–37　某展位的摊位式构成手法

图 4–38　突出中心形象的某博物馆展示设计

（五）线型单元式

线型单元式设计是在展览空间两侧或四周，按内容要求和展品特点，采用分段、分块、分区或分组的方式布置展品。可利用原有展墙或增设隔墙（断）（图 4–39），也可以使用某一形态与规格的展柜、展台，组织成一字形或其他形式的规律性排列，从而将展品分成若干单元或组别。这种设计适合较狭长的空间和内容丰富的展示，方形、圆形、多边形平面也可

图 4–39　展墙做背景的拼贴画般的展示效果

利用隔断、展柜、展台、屏风、照明和花草等设计，组成线型单元式。

（六）空吊式

这是指以空中展示为中心向四周展开的构成设计。高大空旷的展览空间和一些需要悬吊的展品展示，多采用此手法（图 4-40）。

图 4-40　西班牙毕尔巴鄂古根海姆博物馆第三层悬浮的模特

第四节　服装展览会场的色彩与照明设计

在服装展览会场的展示中，色彩往往是体现品牌特征和营造展示环境情调氛围的关键因素，应对展示空间色彩组合配置、色彩与被展示物品之间的对应关系及照明的光色对色彩的影响加以周到考虑（图 4-41）。

图 4-41　绿与白的色彩组合配置传达着品牌的青春活力

一、服装展览会场的色彩设计

（一）展馆（位）空间色彩组合构成

1. 环境色

展馆围合空间（顶棚、地面、四壁）界面色彩对展示大环境色调的构成起着主导作用，而构成大环境的色调通常不易改变或只能做有限度的改变，这种情况在以租赁为特点的商业流动展览中经常遇到。目前，白色是展馆内部墙面最常见的色彩，因为白色给人感觉是中性的。

商业流动展览一般采用参展商租赁展位的方式，展位可以由各种展示设施围合，形成相对独立的展示空间。展位空间中的隔墙、隔板与展板等起立面围合作用，展位中的地面通常铺设地毯，其色彩对展位空间整体色调有主导作用；展位顶部大多设计有檐板和桁架等构件，这些构件的色彩对展位空间的色彩环境也有不同程度的影响。图4–42所示的展位空间中，地毯、桁架和围合立面的色彩与形态相互作用，渲染着展示的主题。

2. 展品色

一般情况下，展品色应作为展示色彩设计的主体因素，其他色彩因素都是为衬托、美化展品色，充分显示展品色而存在（图4–43）。

3. 展示板面色

展示板面色是介于展示（位）整体环境和展品之间的中间媒介，它通常是传达展示信息的重要载体和视觉中心（图4–44）。

图4–42 阿迪达斯展位的色彩设计

图4–43 环境色调对展品色的烘托

图4–44 展示板面成为信息的载体

4. 道具色

道具色设计通常是为提高展品色的显现而进行的，但当代商业展示道具必须传递品牌特征，并且必须具有吸引力，留住观众的注意力。因此，既能体现道具色的品牌特性又可以提高展品色的显现，这两者之间的平衡十分重要（图4–45）。

5. 光照色

照明的光色设计是整个展示色彩体系的重要组成部分，光色有着强化或柔化、统一展示空间色调、渲染展示环境情调氛围的显著作用。

（二）展览会场的色彩设计

展览会场的色彩设计依展览空间的大小，可以分为宏观设计、中观设计和微观设计。

1. 展览色彩宏观设计

宏观设计指整个展览色彩的总体设计，包括以下两部分内容。

图 4-45　伸出的手色彩醒目，突出显现了展品

（1）统一设计展览的专用色与主调色。展览的专用色一般体现为展览的标志用色、标准用色等标识符号系统用色。展览的主色调是为整个展览空间所制定的色彩基调，依展览主题规定整个展览空间色调的倾向性——高调的、低调的，趋冷的、趋暖的，有彩度的、无彩度的，还是中性色调的等。例如，CHIC 将红色的专用标准色体现在整个展览色彩的总体设计中。

（2）确定整个展览各展览区域之间的色彩关系。由展览主题生发的主色调，并非一定是单一的色调，而是在统一基调下的变化统一，形成既有统一感、连续感，又有个性特征的色彩变化。根据主色调制定各区域之间的色彩关系时，要注意各区域之间的色彩对比与过渡、变化与统一、重复与节奏、呼应与联系，避免产生支离破碎、杂乱无章的感觉。明暗节奏、冷暖节奏、氛围节奏的演进构成一个完整的系统，给人以视觉的刺激与情绪、心理的调节。而色调变化引起的节奏的快慢强弱，渐变或突变，应同展览的主题与信息传达的需要相吻合。如 CHIC 将红色的专用标准色作为主调体现在第二、第三展区入口色彩的设计中。

2. *展览色彩中观设计*

中观设计指组成大型展览空间的各展览区域的分区色彩设计，如大型博物馆的各个展区、展室、服装博览会与展销会的专馆与专区等较大空间区域。展览分区的色彩设计应在总体色彩设计的统一指导下，产生区域特色。如 2007 年 CHIC 的杉杉专馆外观的草绿色就体现了区域特色与识别性。

展览色彩中观设计一般应注意如下三点。

（1）标识符号（标识色彩）系统色彩及企业标准色的运用能形成展览区域性的识别性。

（2）配合灯光照明的使用，营造适宜的情调氛围。

（3）注意展览区域展具系统的色彩统一性，使之有利于区域展品与图像、文字的整体良性显现。

3. *展览色彩微观设计*

微观设计指一个展位（摊位）的色彩，即门楣、展架、展柜、展台等道具，招牌、装饰绿化物这些组成展位（摊位）部分，在统一色调的前提下各自具有的颜色构成方式。其色彩设计多以参展商品牌形象（标识）色与展品特点为基点，强调个性风格（图 4-46、图 4-47）。展位（摊位）良好的“诱目”性，展品的显色性，图像、文字的易

图 4-46　CHIC 木果果木展位色彩体现了强烈的识别性

图4-47 以品牌标识色统一和强化展位个性特征

辨性与可读性，总之，在设计上要求形成良好的展位（摊位）视觉效果和个性特征。

服装展品陈列的色彩搭配是服装展览色彩微观设计的一项重要内容。服装展品陈列色彩的搭配应注意与陈列内容、展览气氛相统一。具体可以参照服装卖场的店内陈列色彩设计方法，即采用统一色系或是多种颜色搭配的陈列方法。

二、服装展览会场的照明设计

展览会场照明和灯光的设计涉及人的舒适感和展示的气氛感受，是造成观众体验的很重要的一部分。照明条件影响着展示信息的传递效率、展示结构和色彩的呈现、图形的易读性以及观众对展示陈列的感知，而光色则是传递感受的重要视觉语言。

（一）服装展览会场照明设计的原则

照明和灯光设计构成了展示空间的光色与明暗效果。展览会场照明和灯光设计应以求得最佳展示效果，突出和显现展品的形体和色彩，保护展品为原则。

1. 选择恰当的光色

从光源颜色角度来说，天然光是理想的采光光源。由于自然采光随时间变化而不断变化，不可能保持恒定的光照效果，影响展示的功能，因而在现代展示设计中，更多采用人工光源照明。服装对色彩显色要求比较高，不同光照条件下的服装色彩差别非常大，根据展示需要选择恰当的光色十分关键。在商业性服装展会中，真实显现服装的固有色彩是服装展示设计的基本原则，因此，宜选用显色性好的日光色光源，如光色接近日光的低压卤素灯、日光灯或白炽灯与荧光灯混合的光源。当然，在展示设计中，特别是博物馆与陈列室的展示设计中，为了营造某种特殊气氛，有时常常需要借助于有色光源（图4-48）。

2. 选择适合的照度和亮度

对任何展示方式而言，陈列品的显现效果和有效的视觉传达都依赖于照明状况，照明会影响色彩的还原效果及文字说明和背景之间的对比关系。此外，光的明亮与幽暗可以作用于人的心理感觉，赋予展览空间环境以情绪。展览会场的照明设计要考虑观众的生理需要和心理感受，不同的展区空间与不同的展品，要求的照度也不同，照明的照度和亮度要符合品牌的定位和展品特点，以此提升商品的价值。图 4–49 所示博物馆的照明设计中,将第一展区到第二展区过渡通道处的照度降低，使光照集中在展品和展示物的显现上。

图 4–48 采用暖光营造展室气氛

3. **主次有别**

在展览会场空间中，展出的主体应是视野中最亮的部分，光源、灯具不要引人注目，以利于观众将注意力放在展品上。需重点突出的展品，常采用局部照明以加强它同周围环境的亮度对比，一般宜选用带反光或聚光装置的投光灯或射灯（图 4–50）。展品背景亮度和光色不要喧宾夺主，一般情况，背景应当是无光泽、无色彩（或淡、灰色）饰面。对于需要均衡照明的对象，如文字、图片等，宜采用发光柔和、带格栅的荧光灯。

图 4–49 展区过渡处的照明

图 4–50 局部照明强调了模特的立体感和“诱目”性

4. **节能、环保和经济性**

照明设备的选择要根据情况，在满足照明效果要求的基础上，应兼顾节能、环保及经济的原则。要科学和恰如其分地用光，过度光照不仅浪费能源，也会有损展示效果。

5. **灵活性**

现在，大部分展览会场的展示活动性比较强，周期短。为了适应这种需求，最好采用灵活的光导轨和点射灯与一般照明形式配合。此外，可根据场地不同时段、人流的照明要求，灵活设置一些照明的电路控制。有天然采光的展览空间，要有手动或自动控制的遮阳装置，以备在光照变化时，随时调节光通量。

6. **安全保护性**

包括紫外线在内，光线会破坏许多非耐光展品（特别是有色材料）的表面，对一些需要防止紫外线破坏的高价值珍贵展品的照明，要求选用不产生紫外线的光源，或在灯具前加装滤色片，以滤去紫外线，确保展品的保护。要注意光源的散热，用电量不得超出供电负荷，以确保展示活动如期、顺利、安全地进行。

（二）服装展览会场照明设计的应用

1. 用灯光划分展示空间

灯光布局在划分展示空间时扮演着重要角色，可以利用光照的变化来实现展示空间环境的划分。如区分不同展示空间环境的区域特性，划分重点与非重点展示区域，使同一空间产生丰富的视觉变化，呈现节奏起伏的美感等。灯光布局划分的目的在于创造一种富于变化的灯光环境，避免一种单调的、平均分配的人工灯光环境。

2. 用灯光塑造形态

展示设计越来越多地借用戏剧和电影技巧，不同材料表面对光的吸收和反射度不同会影响视觉效果，展览空间、展品面貌等都可以因人为灯光的效果而改变。光对物体的形态、体积、质感、肌理的塑造可以影响观众的心理感受。光照的角度也会使同一物体呈现不同的视觉面貌。如英国“百年寻址——艺术与时尚100年”展，采用类似舞台布景的方式悬挂和陈列各种服饰，从上向下的顶光发挥了特有的塑形效果（图4-51）。

图4-51 英国伦敦沃德艺术馆的历史服饰陈列

3. 用灯光渲染氛围

光色具有的象征性可以制造出神奇的视觉氛围与效果（图4-52）。如明亮的或幽暗模糊的、阴影重重的视觉环境对人形成不同的心理暗示，表达出展览的个性形象和氛围特征；可运用冷光、暖光或有色光对人的心理影响来传达展览的特定信息等。图4-53所示的展示空间中，

图4-52 幽暗中的光束有闪电效果

图4-53 光色强调了牛仔的个性特征

“马”作为展示道具诠释和烘托了牛仔服陈列的风格，幽暗中的红色展台和地面强调了牛仔的个性特征。

第五节 服装展览会场的道具设计与选用

展览会场的展示道具用以承托、悬挂、支撑、突出、保护、陈列展品及其他配套用品，是构成展示空间形态，烘托展示环境气氛，实现展品的保护、陈列等功能，影响展示风格的形成和陈列效果的重要实体因素。

一、展示道具的设计与选用原则

服装展示过程中所使用的道具很多，服装展示道具要直接面对不同的观众，因此，服装展示道具的设计和选用应符合人体工学的要求，符合展览中的一般和特定要求（表 4–1）。

表4–1 主要展示道具常用尺寸参考值

道具类别		长（cm）	宽或深（cm）	高（cm）		备注（H：总高，h：下沿至地间距）
				H	h	
柜橱	立柜	60 ~ 200	40 ~ 150	180 ~ 240	40 ~ 80	通柜长度可延长
	平柜	120 ~ 150	70 ~ 150	80 ~ 120	60 ~ 80	
	展台	50 ~ 120	50 ~ 120	5 ~ 120		一般高 40cm
屏障	屏风	200 ~ 240	10 以上	180 ~ 300		
	隔板	100 ~ 240		240		一般用 100cm 拼接
栅柱	立柱	4 以上	4 以上	240		
	栏杆	柱中 1.5 ~ 3.0	座中 15 ~ 30	55 ~ 90		
	方向标	柱中 5 ~ 10		160 ~ 220		
	广告牌		150 以上	200 以上		
标签	标题牌	80 以上	厚 2 ~ 4	30 以上		
	卡片	5 ~ 20		2.5 ~ 12		
	价目卡	7 ~ 12	5 ~ 8			
公众用品	饮水台	120 ~ 140	75	140	75	
	污物箱	25 ~ 40	25 ~ 40	60 左右		
	其他	椅、凳、沙发等日用家具				

除可以直接借用服装卖场的展示道具外，服装展览会场展示道具的设计和选用，还需考虑展览的环境空间特性及较强的流动性等因素，特别是道具结构的拆装组合性及安全可靠性。按结构方式分，服装展示道具可归纳为整体固定与拆装组合式两大类。前者较适合于各种服

装博物馆和陈列室的长久性展示，后者较适合于展览会场的临时性展示。整体固定式一般在现场量身定做，拆装组合式一般可选用标准化展具和特制展具结合，在现场外预先做好再去现场装配组合。

道具的设计选用离不开它的从属性，即从属于功能、服务于功能的性质，应在体现功能的基础上发挥其审美性。如图 4–54 的展示道具体现了功能性与审美性的结合，防寒服置于几个剖开的半圆蛋壳形球体的展示道具中，圆润的造型和雪白的色调给人以丰富的联想，烘托和渲染了其品牌产品的优越感。

图 4–54　独特而有个性的展示道具体现了功能与审美的统一

道具的设计和选择因展示的性质不同而有所区别，在博物馆的陈列设计中，其表现诉求重在实证性、物证性，展品往往是一些有高价值的原件、真迹，需采用封闭式的陈列方式以及既有可视性又有防护性的道具（图 4–55）。在商业性展会的陈列设计中，需采用适合开放式陈列方式的道具（图 4–56）。

图 4–55　既有可视性又有防护性的道具

图 4–56　服装展会开放式陈列方式的道具

服装展示道具设计和选用的一般原则是：第一，除展示要求较高，有必要采用特制展具外，应尽量以标准化、系列化的定型产品为主，以特殊性和专门设计的展具为辅，以降低成本，节省开支。第二，应以组合式、拆装式道具为主，因其互换性强，易保存和再利用，便于组合变化，方便拆装、运输。第三，结构设计要合理，尽量使之简单、易加工和安全可靠。第四，应选用轻质而有强度的材料，以减轻自重，方便搬运和组装。

服装展示道具的造型、色调、用材、规格和尺寸的选择，取决于展示的陈列性质，展示环境的风格、尺度，展品的特点，展览空间的色调以及观众的欣赏习惯等。比如服装展览会，除特殊的以外，一般展览的期限不长，多数都在一周左右，而组织方留给参展商的布展时间通常不超过三天，撤展时间可能只有一天。所以，多数这类展览都是在外场提前做好后运到现场组装，这就要求设计时需将展览单位分解成多个单元，便于灵活搬运和组装。随着现代展示活动的普及，越来越多的专业厂商研制、设计和批量生产出适合各种展示形式的标准化展示道具，如标准展板、球形构架等这类标准化展具（图 4-57）。多数小型参展商选择这种利用标准展板和构架简易拼装而成的标准展具，因为它们既便宜又方便，而有一定规模和实力的参展商会选择以标准化展板和构架为辅，大部分或全部采取特别设计的特型（装）展览形式。

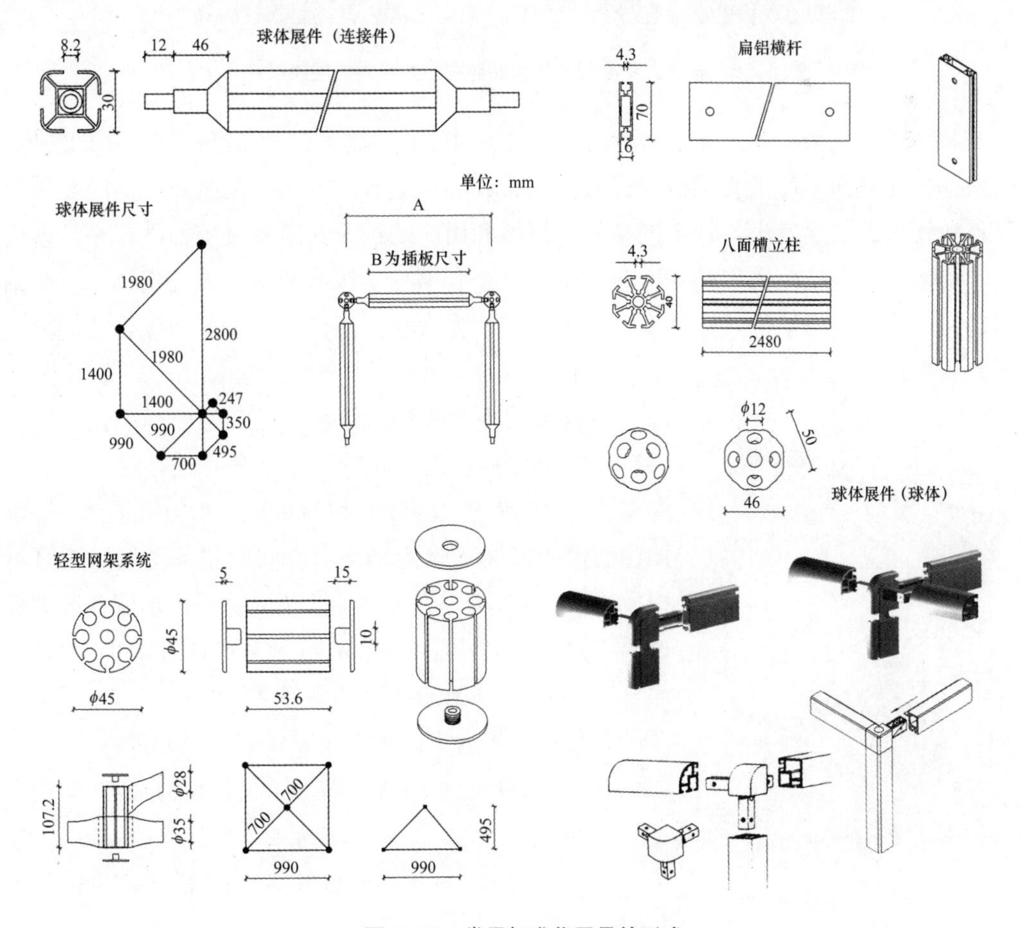

图 4-57 常见标准化展具的形式

二、常用展示道具设计

按照形式的不同，服装展览会场常用的展示道具分为以下几类：

（一）展架

展架既可以作为吊挂、承托展板或拼联组成展台、展柜及其他形式展示道具的支撑骨架，也可以直接作为构成隔断、顶棚及其他复杂立体造型的构件，通常，框架结构是展架的外观形象特征，但其造型不应拘泥于已有的样式（图 4–58）。

图 4–58　符合儿童心理、造型和色彩活泼可爱的展架设计

展架从体量上分大、中、小三类，从形态上有单体、组合之分。为了适应展示活动的发展，发达国家率先开发和生产了各类拆装式和伸缩式的展示道具，现在，国内外许多厂商采用了新颖材料和技术，已生产出各种不同型号、规格和用途的组合式道具及零配件，并且形成许多系列。国际上的展架多采用高强度轻质铝锰合金、钢与不锈钢型材、工程塑料、玻璃钢等材料制造展架管件、插接件、夹件等，用不锈钢、弹簧钢、铝合金、塑料和橡胶等材料制造其他小型零配件。

可拆装的组合式展架体系，通常是由标准化、系列化并有一定模数和断面形状的管件及各种连接件所组成。根据需要，这些骨架体系不仅可以方便地组合成屏风、展墙、摊位、展间及装饰性的吊顶、空间网架等结构，而且可以构成展台、展柜及各种立体造型，并且可以加装镶嵌展板、玻璃、裙板，也可以加装射灯导轨和电源等。

1. 按结构和组合方式区分展架

按结构和组合方式，展架系统有如下几种：

（1）由管（杆）件与联接构件组合的拆装式结构系统（图 4–59）。

图 4–59　管（杆）件与联接构件组合结构系统

（2）由网架与联接构件组合的拆装式结构系统（图 4–60）。

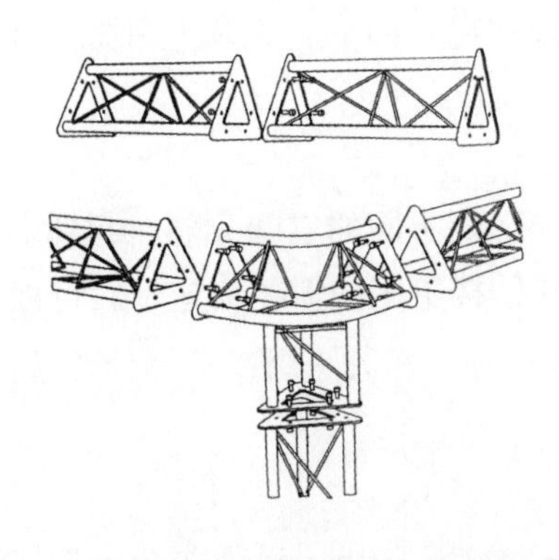

图 4–60 网架与联接构件组合结构系统

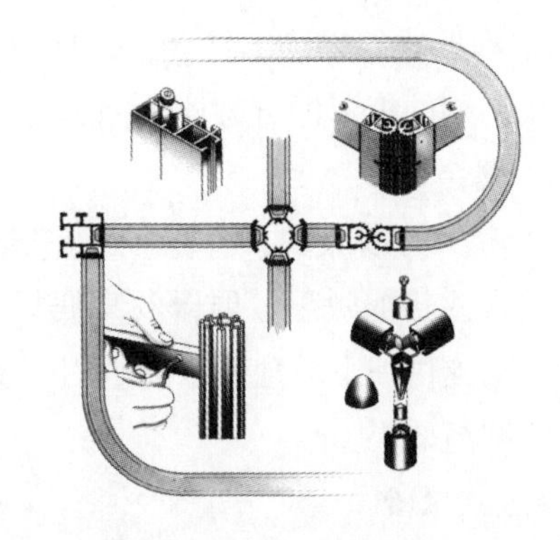

图 4–61 联接构件夹联展板的夹联式结构系统

（3）由联接构件夹联展板或其他材质板状物组合的夹联式结构系统（图 4–61）。

（4）可卷曲或伸缩的整体折叠式结构系统。

2. 按联接方式区分展架

以上系统中管（杆）件拆装式结构系统使用范围最广，最为普及，而联接部件是各种拆装组合结构系统中的“关节”，起到关键作用。从联接的方式上分，常见的展架形式如下：

（1）以螺栓固定的金属夹扣件（脚手架式）。这是将一定长度的管件与铁夹结件通过螺栓紧固的结构形式。

（2）球形节点多向螺栓紧固式结构系统。该展架系统的球形联接件一般为 18 棱面螺孔的球形，两端有可旋动螺栓头的不同长度圆管组成框架造型，可组合成展架、展台、网架、楣门框架和隔断等众多形式和用途的道具（图 4–62）。

（3）多向接插头组合系统。该展架系统的插头有一定的锥度，用弹簧卡口紧固，插口有 2 ~ 6 向；棱柱沟槽卡簧式组合变化性强，其垂直框架槽口多到八面，可与横向的框架（多为两面开槽）通过内设卡簧联接，其沟槽可镶板材或玻璃（图 4–63）。

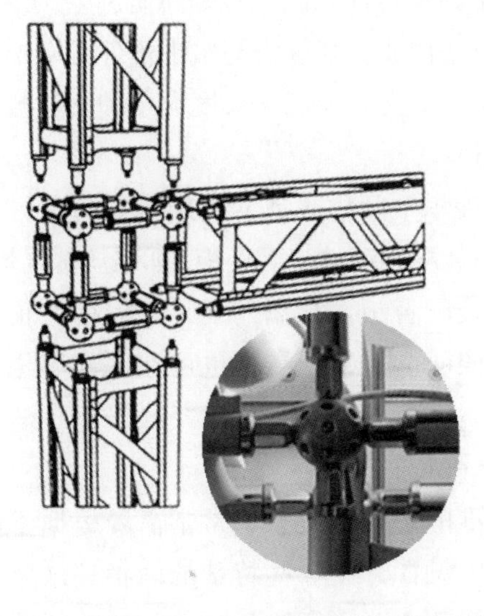

图 4–62 球形节点多向螺栓紧固式结构系统

图 4–63 多向接插头组合系统

以上结构形式的联接部件大多以螺丝（栓）或特殊设计的卡锁（簧）固定，拆装时只需用螺丝刀或特制的扳手即可方便地完成。

（二）展台

展台（座）可以保护、衬托、组合展品，使展品形成不同的空间分隔，起到丰富展示空间层次、引人注目的效果。展台的高低、大小和形状，视不同的需要而定，它可以独立在空间中，给展品提供一个单独展示的空间；也可以连成一片，作为一组或一部分的联合陈列台，造成展品的群组效果。

1. 台座式展台

此种展台一般为单体式，造型较单纯，主要用于雕塑、模型、沙盘等较大型展品，一般较大的展品宜用较低的展台，高度为 10 ~ 40cm，较高的一般不超过 80cm（即正常人视平线以下）。

2. 积木式展台

此种展台类似积木那样搭接堆码，形成造型的高低、大小等几何体变化，有单体几何型和组合型两类。组合型是按照一定的模数关系将多个不同形状大小的形体或同一形体的“积木”做不同大小、高矮的展台组合构成。

3. 套箱式展台

此种展台是按照一定模数、形态关系制作的系列箱体，其特点与积木类的功用基本相同，但内部是空的，底部不封闭，若干个展台可以套叠在一起，便于储存、运输，节省空间，尤其适宜流动性和机动性强的展示陈列。

（三）展柜（橱）

展柜（橱）是保护和突出重点（要）展品的道具，一般既具有封闭性、保护性，又不影响视觉的观赏（图 4–64）。服装类展柜按照展示方式分，通常有单面展柜、多面展柜和保护罩等。

1. 装配式展柜

为适应现代展示的需要，已有多种装配式的展柜型材构件和配件被专门研制生产出来。一般常用的装配式展柜，多用铝合金或不锈钢型材组装而成，其垂直与水平构件上有槽沟或孔眼，可插装玻璃、复合板、网板等，也有的用弹簧钢卡夹装玻璃，尺度大小和格架数量可根据需要设定。

图 4–64　装在展柜里的展品与墙上的内容一起表明了展示的主题

放置在展示空间中央或四周留有空间地方的展柜，多是四周装配玻璃的多面展柜，如果放置在墙边，则需要一边装配背板。根据需要，高展柜的顶部和侧面可安装照明装置，低展柜也可在底部等位置安装照明装置。

2. 特殊展柜

除了标准的装配式展柜，常常需要根据不同展品的展示要求设计订制一些特殊的展柜。这些展柜有造型上的特殊需要，往往还有一些特殊的功能要求，如体现企业形象的“品牌专柜”，展示珍贵物品的展柜及带有防盗报警装置，恒温恒湿装置和特殊的照明装置的展柜（图 4–65）。

图 4–65　台座可升降以更换维护展品的密封展柜

（四）展板

展板的主要作用是用以展示板面图文信息内容和分隔展示空间，有与标准化系列道具相配套的规范化展板和按展示空间具体要求专门设计制作的展板两种类型。规范化展板的尺度和形式要考虑同标准化结构系统的系列和规格配合，专门制作的展板也应考虑一定的模数关系和造型上的呼应关系，以免因变化过多造成零乱的感觉，还要兼顾材料的尺度，以降低成本，物尽其用。

1. 用作隔墙的展板

此种展板可称为展墙，尺度可以大些，特别是在大的展示空间环境中。一般宽度为 160 ~ 240cm，高度为 220 ~ 360cm。它既可直接在板面上粘贴图文内容，也可以作为展示背景出现（图 4–66），或悬挂轻质的展板。还可以在展板上挖出镂空的孔洞或做一些凹凸的变化处理，以用于展品的展示和增加装饰造型的变化。

2. 用于拆装式展架上的展板或吊挂式展板

此种展板尺寸不宜过大，大多有一定模数关系，一般以 30cm 为模数，如（90×12）cm^2、（60×180）cm^2、（120×120）cm^2、（90×180）cm^2、（120×240）cm^2、（240×240）cm^2 等规格。采用一些组合联接构件，如多向夹接式、合页夹子式、八向卡盘式等联接件可将展板呈平面和有角度的联接和折叠，适合于流动型的临时性展示（图 4–67 ~ 图 4–69）。另外，设计制作展板时还要考虑它本身的强度和平整度，大的展板龙骨（骨架）要有相应的强度尺寸、重量和结构，要方便和适应运输，要符合搬运入场和拆装组合的要求。

（五）辅助设施

一般来讲，展示中的通用辅助设施有围护的栏杆，指引导向的路标，说明标牌，分散人流的屏风、花槽，还有一些依不同的展示对象和内容使用的用于展品陈列的特制支撑或固定

图 4–66　作为模特和品牌字体背景的隔墙

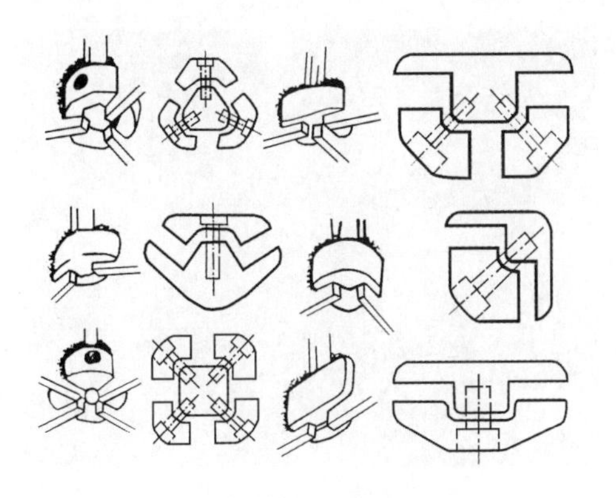

图 4–67　多向夹接式联接件

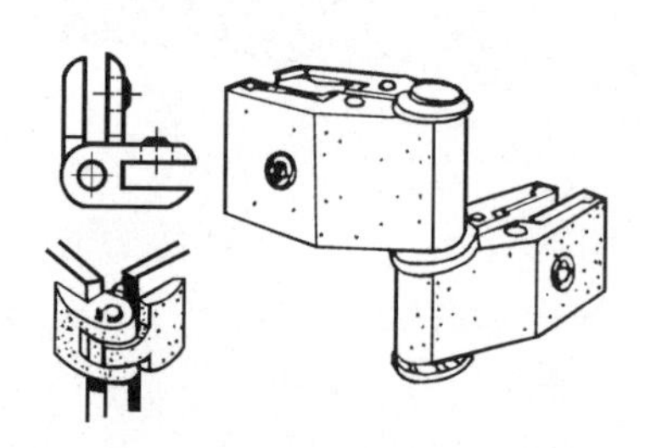

图4-68 合页夹子式联接件

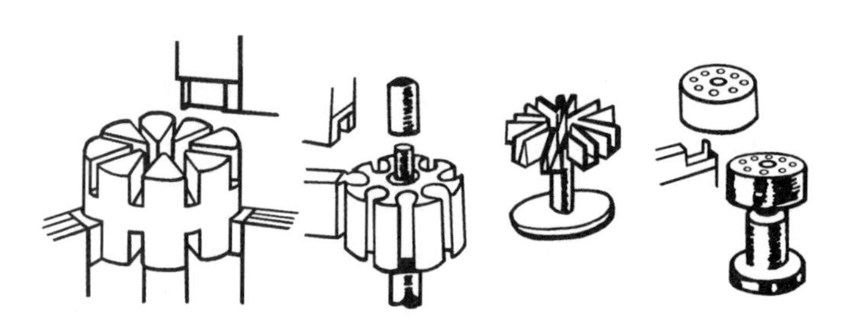

图4-69 八向卡盘式联接件

辅助设施及装饰道具，如服装专用的模特、人台、衣架，它们的作用不可忽视。这些辅助设施一般可采用标准化的构件装配组合，但有较高要求的固定式永久性展示场所也可根据展览的总体风格和实际需要进行专门的设计制作。

护栏在展示中用来围合一定的空间，指示引导限定观众流向并保护展品设施，有固定式和移动式两类。固定式护栏常用于永久性展示中对某一空间固定的围合，一般最常用的是灵活、机动的移动式护栏。指引导向的标牌和说明一定内容的标牌一般由底座、中央立柱和顶端的标牌板面三部分组成，可以用护栏配件装配，也可以加工订制，其构造形式可多种多样，高度一般为110 ~ 170cm，根据空间环境可以做尺度的调整。

屏风分为隔绝式和通透式两种，有划分空间、遮蔽视线、阻隔干扰及装饰的多种功能，其高度一般为220 ~ 300cm，宽度为90 ~ 240cm。

（六）展位

展位又称摊位，是组成整体展示空间的独立单位（单元）。展位大致分两种形式，一类是标准展位，即利用标准展板和龙骨简易拼装的标准展示形式，多数小型参展商选择这种便宜又方便的展示形式；另一类是特型展位，也称为“特装展位”，一般以标准展件为辅助，主体单独设计制作，需要3个以上的摊位面积才有效果（图4-70）。一个国际标准摊位是 $9m^2$（$3m \times 3m$），使用高250cm的梅花柱和长96cm的铝扁件，夹装标准展板组合而成。展位空间形式有四面开敞的岛屿式、三面开敞的靠墙式、两面开敞的角隅式（直角形，两面封闭），一面开敞（标准单元）的长条联列式等。

图4-70 将展示重心放在与年轻消费者相关的形象和生活方式的特装展位

第六节 服装展览会场的展品陈列设计

一、展品陈列设计的目标

展览会以展出实物为本，实物是最直观、最真实、最有说服力、最具可信度的信息载体。此外，展品还包括一些对展出实物起烘托说明作用的展示物，如图表、图像、文字等（图4-71）。不同性质和内容的陈列，有不同的形式要求。如博物馆的陈列，无论是历史陈列，还是纪念陈列，展品都要严格按照“脚本”所规定的纵向时序或横向类别秩序井然地展现在观众面前，这种展览时序分明，便于人们从中发现和体会规律性的东西。这种按年代时序、地域分布将展品分门别类的陈列设计，体现了博物馆陈列的秩序感、体系感和规律感。商业交易性的展会展品陈列设计，体现的却是一种对效益的追求，营造的是一种双向性、参与性与高效率贸易的氛围感。其展品的陈列设计应把握以下几点。

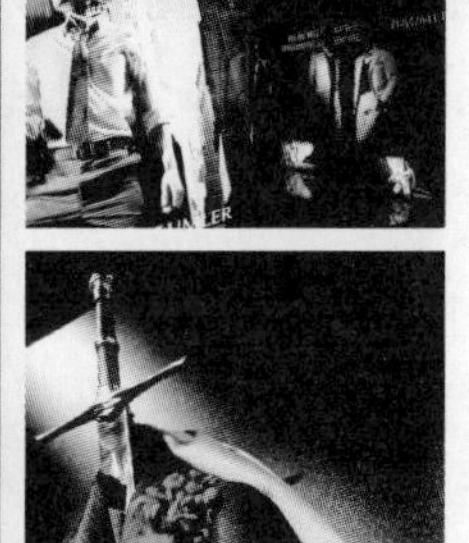

图 4-71 品牌标识形状的挂钩、图像及色光的运用烘托出品牌个性

（一）设计应统一于一个主题

设计应体现出一个主题，这个主题要符合企业的营销策略与市场目标，设计者为此要首先明确地了解参展方的市场目标和策略以及需求方的要求，从中找到展品陈列的恰当组合和表现手法（图4-72）。

图 4-72 阿迪达斯展位入口上部放大的产品突出了设计的诉求点

（二）吸引观众注意力，树立企业形象

展品现场展示陈列的目的是给观众留下直观的良好的产品形象，进而建立公司品牌形象（图4-73）。展示首先要吸引观众注意力，特别是展品本身对观众的吸引十分重要。若展品陈列杂

乱无章，观众对展品没有兴趣或没留下良好印象，则是陈列设计的失败。

（三）创造随意参观与参与的空间和融洽的销售、交易气氛

展品陈列设计，应可以让观众从容地观看、触摸、操作，自由地参与、体验和交流（图 4-74）。要使用艺术陈列手法引起目标观众的注目和兴趣，那种只许看、不许摸，“请勿靠近”的观念只会拒观众于外。

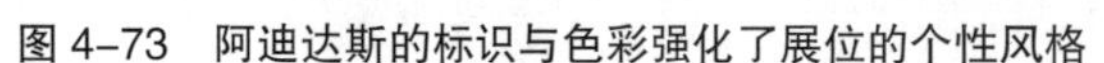
图 4-73　阿迪达斯的标识与色彩强化了展位的个性风格

图 4-74　方便观众的阿迪达斯展品陈列

因此，商业交易性展会的展品陈列设计要努力实现这样的效果：目标观众能以最少的时间走便捷的参观路线，在有限的、充分利用的空间里，看到更多的东西，获取更多有价值的信息，从而促成更多的交易。

二、展品陈列设计的方法

（一）展品陈列的形式

服装卖场的挂放陈列、叠放陈列、模特陈列、平面展示陈列等也都适用于服装展览会的陈列，可以结合以下陈列形式加以运用。

1. **吊挂陈列**

此种陈列是将展品悬空吊挂起来，将展品以相应的姿态与造型吊挂，展示出展品的造型式样和使用形态。它分为两种情况：一种是带有背景墙（板）衬托的吊挂方式，适合于需做充分展开的较平面形态和轻薄、小型的服装展品陈列；另一种是不带有背景墙（板）衬托的空间悬垂吊挂陈列方式，适合于需做充分立体展示、从四周或高视角观看的服装展品陈列（图 4-75、图 4-76）。

2. **置放陈列**

此种陈列是将展品平稳地摆放于地台、桌面、展架上的陈列方式，既适合于较大、较重的展品陈列，也适合于小型体轻的多品种、多规格的展品陈列。一般将展品置于视平线以下的低位陈列高度，利用展台、展架的不同造型和高度变化，能充分显示展品的立体形态与造型，

图 4–75 吊挂陈列（一）

图 4–76 吊挂陈列（二）

图 4–77 置放陈列

便于观众观看和接触，并能使展品陈列呈现出条理性、丰富性，具有层次感和稳定性，反映出展品的关联性、组合性、系列性特点（图 4–77）。

3. 壁（平）贴陈列

此种陈列是将展品平展固定于壁面的陈列方式，适合于需做充分展开状的展品陈列，如较轻薄的衣饰等。也可以是包括图像、文字等信息载体的展品。展品的陈列高度，特别是面积较小的展品，要考虑到陈列视域的范围，一般选择中位或高位陈列视区。壁贴陈列的要点主要在于充分显现展品的平面构成、质地、肌理、图案花色和色彩变化，使之适宜触摸和观赏，可辅以恰当的背景衬托和照明，形成良好的注目性和视觉效果（图 4–78）。

4. 动态陈列

此种陈列是将展品借助于电动道具或由真人模特展示的动态陈列。由于场地空间的局限或在一个大型的环境空间里，展品的动态陈列可以使观众不必移动去变换视点就能将展品一览无余。这种由静态陈列向动态演示和观众参与型的动态陈列最能激发观众的兴趣，增强展品的吸引力和注目性，增加陈列的信息传递量（图 4–79）。

图 4–78　墙壁上的平贴陈列

图 4–79　展位一隅的真人动态展示

（二）展品陈列的视区

1. 高位陈列

高位陈列是指视平线以上的陈列区位。此区的展品陈列要注意把握以下两点：第一，要考虑仰视和透视引起的歪曲变形给展品视觉效果带来的影响，因为某些展品仰视的视觉效果不符合人的一般视觉印象和视觉习惯；第二，要考虑人的视觉生理特征和视觉运动规律，为此，小件精细展品一般不宜高位陈列，强调远视大效果的展品高位陈列比较适合（图 4–80）。

图 4–80　高位陈列（图片上部）

2. 中位陈列

中位陈列是指在视平线高度 60° 视角之内的陈列区位。此为观众最舒适的陈列视区，故为最佳陈列区位（图 4–81）。一般可以根据视域深度做出有层次感的展品陈列，以充分利用好这部分区位，使这部分的展品陈列丰满充实。

3. 低位陈列

低位陈列是指视平线以下的陈列区位。此部位能充分显现展品的立体造型、细节特点与结构特征，是那些体积较大、较重的展品和需要充分显现顶部的展品的最佳陈列区位（图 4–82）。精细零散的小件展品也适宜低位陈列。低位展品的陈列要注意把握两点：第一，要考虑陈列空间的处理及陈列形式对展品的衬托作用，使展品显现出丰满的立体感和丰富的层次感；第二，要考虑低位陈列展品是否适于人们接近和清晰地俯视、方便地触摸。

图 4-81　中位陈列（图片中部）

图 4-82　低位陈列

（三）展品陈列的风格

1. 随意型——自然化陈列

此种陈列不尚装饰，不依赖道具或弱化道具在陈列中所占的视觉分量，将展品做自然的摆放，给人以自然、随意和开放的感受。其妙处和难处皆在不刻意追求的自然之中，但不能随心所欲地胡乱为之（图 4-83、图 4-84）。

图 4-83　自然化陈列（一）

图 4-84　自然化陈列（二）

2. 唯美型——装饰化陈列

此种陈列着意于对陈列形式美、情调美的追求，注重陈列所用的道具、支架、灯光、色彩等装饰美的追求，但要注意避免因此影响展品本身的表现（图 4-85、图 4-86）。

3. 情态型——生活化陈列

此种陈列将展品按照生活中人们穿着时的实际情态等进行陈列，可让人有身临其境的生活美感，因此，十分适宜于服装这种生活用品的陈列（图 4-87、图 4-88）。

4. 情节型——戏剧化陈列

此种陈列是以展品道具、模特或图像组合而获得戏剧化情节、戏剧性场面，或者是类似戏剧舞台的效果（图 4-89）。这种戏剧性的表现，可以真实地再现某些特定的场面、情节，

图4–85　装饰化陈列（一）

图4–86　装饰化陈列（二）

图4–87　情态化陈列（一）

图4–88　情态化陈列（二）

特别是可采用富于幽默感的喜剧性手法，能给乏味的展示增添趣味性。

5. 夸张型——荒诞化陈列

此种陈列常以夸张的艺术造型、离奇的情节、荒诞的故事等掺进展示中，以唤起人们的好奇和注意，产生独特的视觉吸引。多运用于儿童或青少年服装用品的陈列中（图4–90）。

（四）展品陈列的表现

1. 时尚感 / 新潮感陈列

时髦流行的服饰，采用时尚现代的陈列风格，一反传统的观念和格局，给人以时尚和新潮的感受。面对追求时尚的特定人群，可采用此类陈列诉求，以迎合时髦的心态（图4–91）。

2. 高级感 / 高贵感陈列

高级服饰用品、奢侈品适于显示华贵气派的陈列风格，面向上层社会、名流人士，以陈列显示其身份地位的高贵，满足目标人群的炫耀心理（图4–92）。

图 4–89　戏剧化陈列

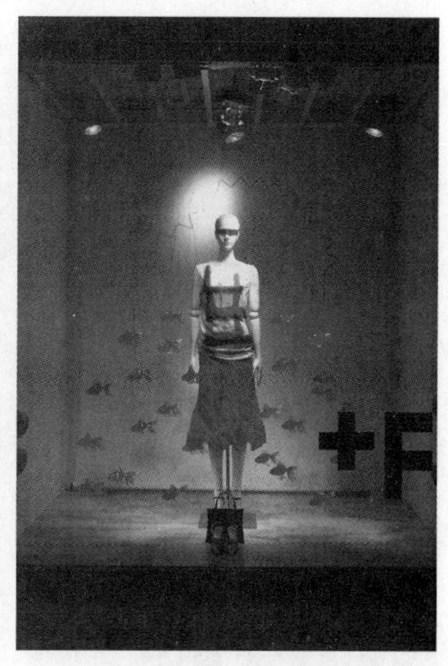

图 4–90　荒诞化陈列

图 4–91　时尚新潮感陈列

图 4–92　高级高贵感陈列

3. 造型感 / 立体感陈列

此种陈列重点在于表现展品精细的立体感及其造型美。适合于追求造型精巧性的服饰类或追求表面立体性的织物类等展品。为强调三维空间的造型立体美，对陈列中的空间设置、灯光照明都要十分用心（图 4–93）。

4. 材质感 / 构成性陈列

此种陈列重点在于充分展现展品的材质美、肌理美及其精巧的构成，如将服装的多种复合材料剖开以展现其内部构成等。新型材料制品，稀有特种材料制品，讲究质地、质感和肌理美的展品可以采用这类陈列。

5. **生命感 / 体态感陈列**

将无生命的服装衣饰类展品运用模拟生命体态动作的拟人化手法（图 4–94），或采用真人陈列，给人以生动的感受，引人联想（图 4–95）。

图 4–93　造型立体感陈列

图 4–94　博士蛙展位的拟人化陈列手法

图 4–95　生命体态感的真人陈列

思考题

1. 不同属性展览会场的区别是什么？
2. 简述服装展览会场设计流程的各个环节与内容。
3. 展览会场空间设计常用的几种构成形式的特点是什么？
4. 简述展览会场空间的色彩组合构成。
5. 简述服装展览会场照明设计的原则与应用方法。
6. 服装展览会场常用展示道具的类别、形式与作用是什么？
7. 简述展品陈列的几种主要形式。
8. 自选模拟设计课题，按照从创意构思到草图方案设计阶段的服装展位设计流程，完成一个约 60 ~ 90m^2 的中小型服装展位的设计草图方案，内容包括：设计选题、展位主题的立意、整体构思、创意亮点、展示形式、品牌或设计视觉要素等设计概念的文案（辅以草图）表达，设计草图方案的平面图、立面图和设计效果图等。

专业理论及专业知识——

服装展示设计的表现技法

课题名称： 服装展示设计的表现技法

课题内容： 1. 服装展示设计工程制图

2. 服装展示设计效果图

课程时间： 16课时

教学目的： 此教学环节可以结合服装CAD（计算机辅助设计）教学开展；结合图例介绍适用于展示设计方案快速表达的几种常用的效果图表现技法；计算机辅助设计教学环节最好能结合计算机三维软件应用教学来开展，要求或引导学生利用计算机三维软件来完成自己的展示设计方案的效果图绘制。

教学要求： 1. 使学生领会制图基本知识的内容。

2. 使学生理解投影的概念和正投影的原理，学会三视图的识图和制图；初步掌握展示设计制图中平面图、立面图及展具三视图的画法。

3. 使学生理解透视的基本概念、常用透视术语，理解透视图形成的投影原理；初步掌握平行（一点）透视、成角（二点）透视的画法。

4. 使学生理解轴测图形成的投影原理，初步掌握常用的几种轴测投影的画法。

5. 使学生了解几种常用的效果图表现技法，尝试用自己喜好的一种或几种技法来进行设计效果的表达。

6. 使学生初步学会利用计算机三维软件绘制展示效果图。

课前准备： 常用制图工具及制图教学挂图（或电子文件）；用于学生制图教学练习的习题集；展示设计制图范例（包括服装卖场和服装展位设计的平面图、立面图及展具三视图）；平行（一点）透视和成角（二点）透视画法挂图（或电子文件）；轴测图画法挂图（或电子文件）；几种常用效果图表现技法的图片（或电子文件）范例；计算机辅助设计三维制作软件3DMAX及相关材质库光盘。

第五章　服装展示设计的表现技法

所谓设计表达，指的是将计划、规划、设想及问题解决的方法通过视觉的方式表达出来的过程，设计人员对自己的创意和构思，要通过一定的表现手段和媒介表达出来。展示设计人员一般是通过展示设计的平面图、立面图、施工图等有关的工程制图及效果图，来表现展示的设计意图和具体效果（图 5–1）。有时还要根据表现的需要，借助于模型等表现手段做进一步的表达（图 5–2）。因此，作为一个设计人员，设计的表现技法是必备的基本功之一。

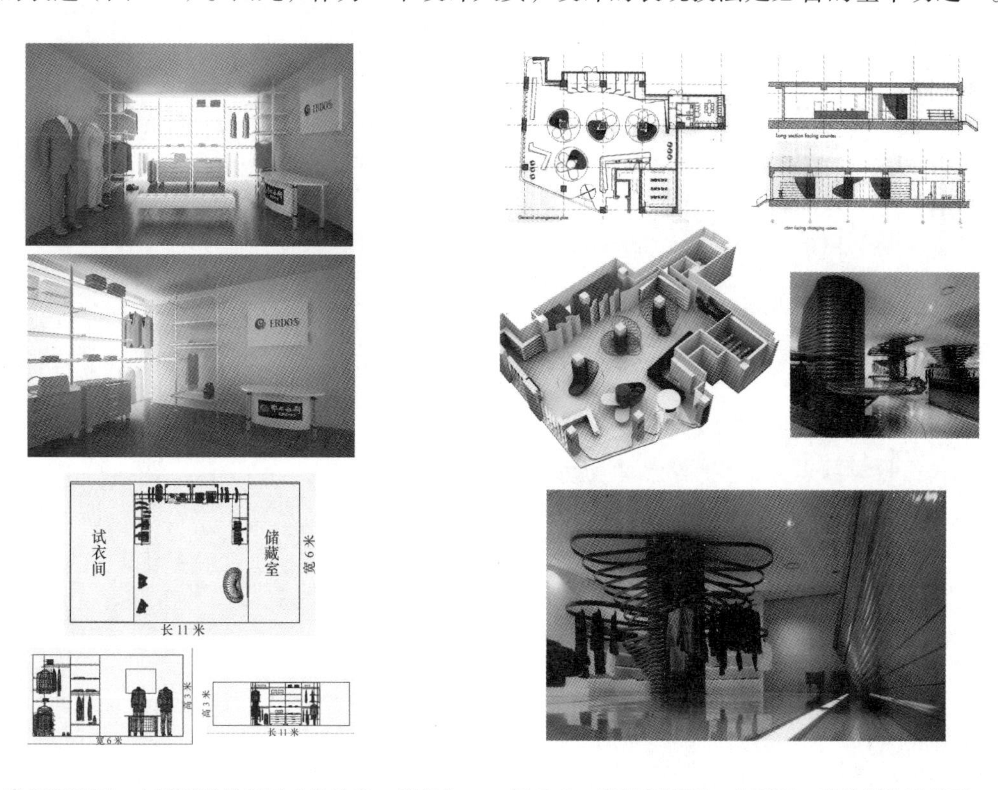

图 5–1　卖场平面图、立面图及效果图（设计者：赵艳）

图 5–2　卖场平面图、立面图、实景照片及模型

第一节　服装展示设计工程制图

一、制图基本知识

按照现代汉语词典的解释：“制图是把实物或想象的物体的形状在平面上按一定比例和规则描绘出来（多用于机械、工程等设计工作）”。制图是投影理论的运用，实践性较强。

理解投影的基本原理是学习制图的基础，而完成一系列的绘图练习则是学习制图的必要途径。

在工程技术界中，图纸（画了图样的纸）是表达设计意图、制造要求以及进行技术交流不可缺少的技术文件，被称为工程界的共同语言。从展示设计的角度讲，一套图纸可以借助一系列的图，将展示物各个方面的形状大小、内部布置、细部构造、材料与结构以及其他施工要求等，按照制图的国家标准（简称国标）准确而详尽地表达出来，作为施工的依据。因此，工程制图能力是服装展示设计师必备的基本功之一。

（一）常用制图工具

常用制图工具有工作台（拷贝台）、图纸（绘图纸、硫酸纸）、图板（有不同规格）、丁字尺（方便画水平线的工具）、三角板（一副三角板有30°/60°/90°和45°/45°/90°两块）、比例尺（通常是三棱形的）、曲线板、擦线板、图型模板、一套绘图仪（常用有分规、圆规、鸭嘴笔）、一套绘图针管笔（笔尖口径有多种，常用0.2㎜、0.4㎜、0.7㎜、0.9㎜）、铅笔（2H～2B）、绘图墨水、橡皮、胶带纸、工具剪、小刀等。

（二）图纸幅面规格

工程设计图纸幅面的尺寸是有明确规定的，按我国的制图规范标准（简称国标），其基本尺寸有五种，他们的代号分别为A0、A1、A2、A3、A4，其幅面的图框尺寸如表5-1所示。幅面布置分横式和竖式两种，规定A0～A3图纸除特殊情况外宜用横式，但A4只能用竖式。若图纸需增加幅面，可允许一边加长。A0、A2幅面加长量按A0幅面长边的八分之一的倍数加长，A1、A3幅面加长量按A0幅面短边的四分之一倍数加长，A4号图纸不能加长（图5-3）。

表5-1　图纸的幅面及图框尺寸　　单位：mm

幅面代号 / 尺寸代号	A0	A1	A2	A3	A4
$B \times L$	841×1189	594×841	420×594	297×420	210×297
c	10			5	
a	25				

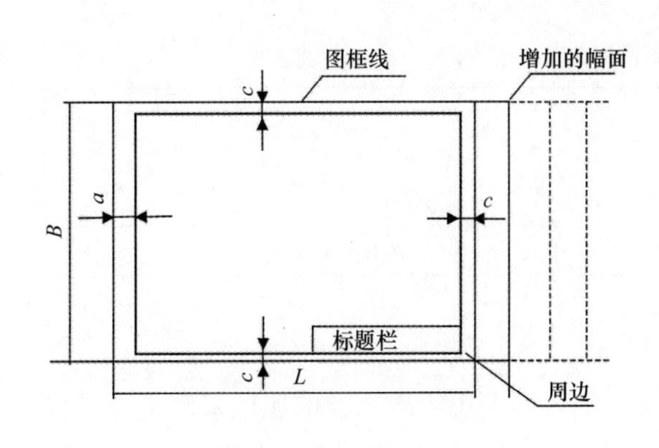

图5-3　图框格式及增加方式

图纸都设有标题栏（简称图标），位置在图框右下角，用于注明工程名称、图号、图名、设计单位及设计人、比例、时间等，以便图纸的查阅和明确技术责任（图5-4）。

（三）图线

在工程图中为了清楚表达不同的内容，

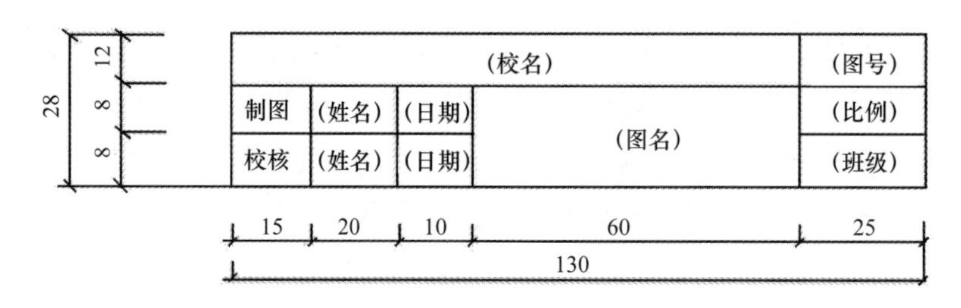

图 5-4　制图标题栏格式（单位：mm）

规定了各种图线的不同意义（表 5-2）。线型主要分实线、虚线、点划线、双点划线、折线和波浪线等种类，其中有一些线型还分粗、中、细三种。粗线宽度为 *b*（一般为 0.4 ~ 1.2mm），细线宽度约为 *b* 的三分之一，应根据图样复杂程度与比例大小，确定粗线 *b* 的宽度，以此为据，确定其他线宽。图线宽度按规定有 0.18mm、0.25mm、0.35mm、0.5mm、0.7mm、1.0mm、1.4mm、2.0mm 等八种线系列，通常一个图样所用线宽不超过三种。

表5-2　图线线型及用途

单位：mm

名称		线型	线宽	一般用途
实线	粗	▬▬▬	*b*	主要可见轮廓线
	中	——	0.5*b*	可见轮廓线
	细	——	0.35*b*	可见轮廓线、图例线等
虚线	粗	3 ~ 6　1 ▬ ▬ ▬	*b*	见有关专业制图标准
	中	— — —	0.5*b*	不可见轮廓线
	细	— — —	0.35*b*	不可见轮廓线、图例线等

（四）比例

图纸上所画图样大小与实物大小之比称为比例，即：比例 = 图形大小：实物大小。无论在图样上采取放大或缩小的比例，尺寸都必须按原实物实际尺寸标注。比例的选用根据实际情况确定（表 5-3）。

表5-3　绘图常用比例

与实物相同	1 : 1
缩小的比例	1 : 1.5　1 : 2　1 : 2.5　1 : 3　1 : 4　1 : 5　1 : 10^n 1 : 1.5 × 10^n　1 : 2 × 10^n　1 : 2.5 × 10^n　1.5 : 10^n
放大的比例	2 : 1　2.5 : 1　4 : 1　5 : 1　（10 × n）: 1

（五）字体

工程图纸中常需要书写文字、数字、标准符号等，其大小应按图样的比例来确定。规定的字高系列有 2.5 ㎜、3.5 ㎜、5.7 ㎜、7 ㎜、10 ㎜、14 ㎜、20 ㎜七个等级，如需要更大的字，可根据字高比值递增（表 5–4）。汉字字体大标题可用正楷、隶书或美术字，说明文字通常采用长仿宋体，且必须是国家正式公布的简化汉字，其长、宽比例约为 3：2，字高不小于 3.5 ㎜（表 5–5）。数字和字母可以书写成直体和斜体，但在同一张图纸中必须统一。斜体倾斜角度是与水平线成 75° ，表示数量的数字应采用阿拉伯数字书写（图 5–5）。

表5–4　文字、数字的大小和应用范围

名称	笔划	要点
横	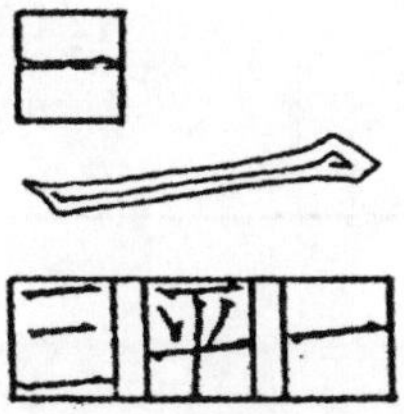 三 平 一	横以略斜为自然，运笔时应有起落，顿挫棱角一笔完成 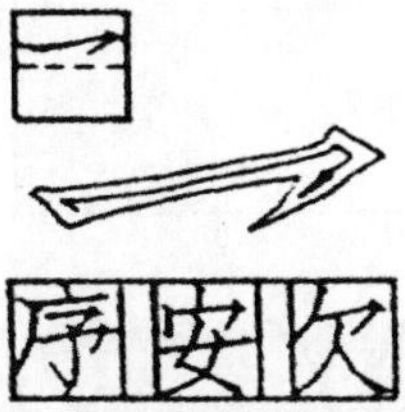
竖	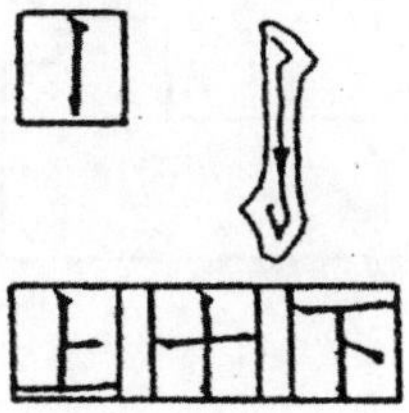 上 中 下	竖要垂直，运笔同横 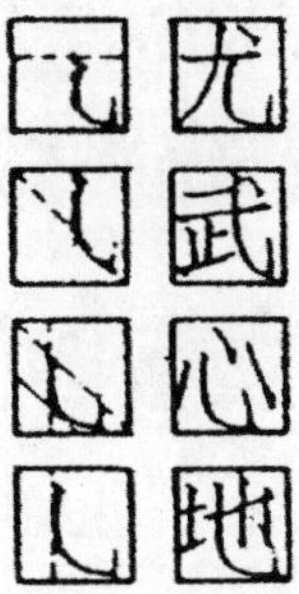
撇	 先 今 方	撇应同字格对角线基本平行，运笔时起笔要重，落笔要轻
捺	 大 来 延	捺也应同字格对角线基本平行，运笔时起笔要轻，落笔要重，与撇正好相反 
竖钩	才 剖 倒	竖要挺直，钩要尖细如针
横钩	序 安 次	由两笔组成，末笔笔锋立起重落轻钩尖如针
弯钩	光 武 心 地	由直轻弯，过渡要圆滑
挑	比 求 均	起笔重，落笔尖细如针
点	热 沙 立	不同部位的点画，写法要领也不同

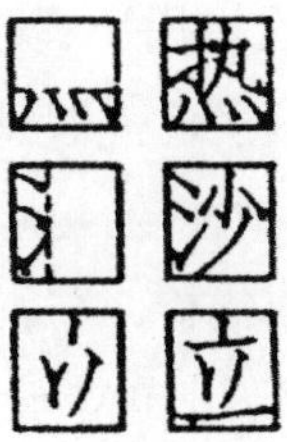

表5–5　仿宋字示例

<table>
<tr><td>字号</td><td>20</td><td>14</td><td>10</td><td>7</td><td>5</td><td>3.5</td><td>2.5</td></tr>
<tr><td>h（mm）</td><td>20</td><td>14</td><td>10</td><td>7</td><td>5</td><td>3.5</td><td>2.5</td></tr>
<tr><td rowspan="2">一般使用范围</td><td colspan="2" rowspan="2">14 ~ 20号
标题页或封面中的“工程总称”及“项目”等（必要时，字体可再放大）</td><td colspan="2">7 ~ 10号
各种图样的标题</td><td colspan="2">3.5 ~ 5号
1. 详图的数字标题
2. 标题后的比例数字
3. 各种图样中的总尺寸及剖面代号
4. 一般说明文字</td><td></td></tr>
<tr><td></td><td colspan="2">5 ~ 7号
1. 表格的名称
2. 详图及附注的标题</td><td colspan="2">2.5 ~ 3.5号
（一般尺寸、标高及其他数字）</td></tr>
</table>

1234567890MΦR

(1) 阿拉伯数字和常用字母书写笔序

ABCDEFGHIJKLMN
OPQRSTUVWXYZ

(2) 大写斜体拉丁字母示例

(3) 小写斜体拉丁字母示例

αβγδεζηθικλμνξοπρσ

(4) 小写斜体希腊字母示例

I II III IV V VI VII VIII IX X

(5) 斜体罗马数字示例

图5–5　数字、字母示例

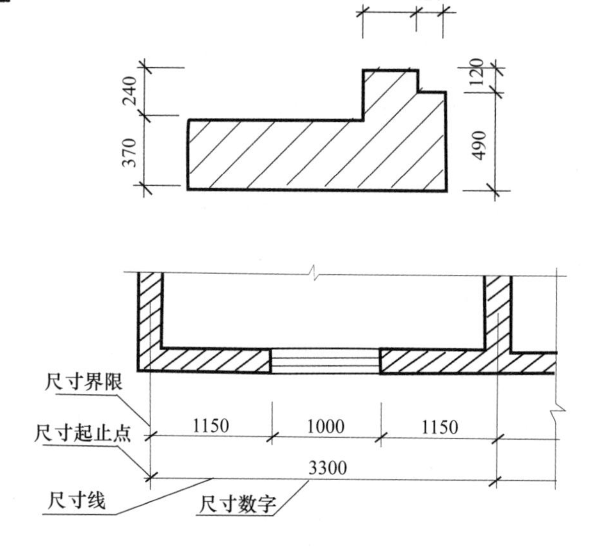

图5–6　尺寸的组成与标注（单位：mm）

（六）尺寸标注

工程图纸上的图样尺寸由尺寸线、尺寸界线、尺寸起止符号和尺寸数字组成（图5–6）。尺寸数字一般写在尺寸线中间上方，也可将尺寸线断开，尺寸数字写在中间，注写地方不够时，尺寸数字可写在尺寸界线外侧，或引出书写。尺寸起止符号一般用45°左右的倾斜短线，其长度约为2 ~ 3mm，也可用小圆点表示。尺寸线和尺寸界线相交处都应各自延长约2~3mm，最外边的尺寸界线，应接近所指部分，中间的尺寸界限，可画成短线。尺寸线应平行于所需标明的长度线，尺寸线与所注的轮廓线相距约15 ~ 20mm，与另一道尺寸线相距约5 ~ 10mm。尺寸线不能用任何图线代替，必须用细实线单独画出，而尺寸界线一般应垂直于所注的长度线，除一般单独画出外，必要时可由轮廓线代替，有的可由中心线的延长线代替。

国标规定各种设计图标注尺寸，除标高及总平面以米（m）为单位外，其余一律以毫米

（mm）为单位，因此，尺寸数字不用注写单位。标高一般注到小数点后第二位，零点标高应写成 ±0.00，负数标高用“-”号表示（图 5-7）。

标注圆的直径尺寸时，直径数字前加符号“*D*”，标注球体的半径或直径尺寸时，在尺寸数字前加符号“*SR*”或“*S*”；标注圆弧半径尺寸时，半径尺寸数字前加符号“*R*”。

标注角度时，其角度数字应水平方向注写，数字右上角加注如：“°”“′”“″”符号，意为“度、分、秒”（图 5-8）。

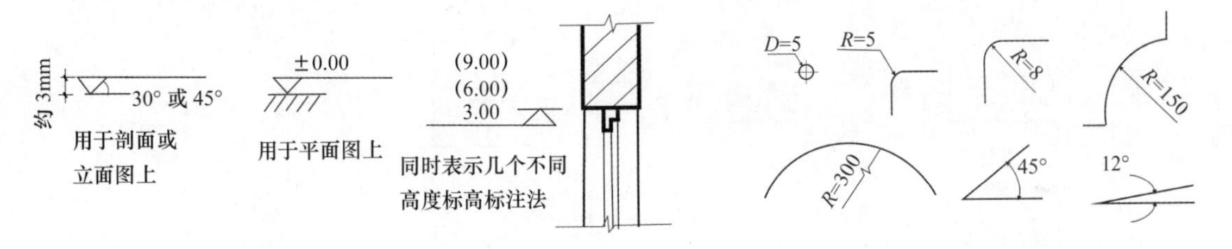

图 5-7　标高注法　　　　图 5-8　圆弧及角度表示法

（七）剖面剖切符号

剖面剖切符号（图 5-9）由垂直于剖切位置线的剖视方向线表示，以粗实线绘制。其编号宜采用阿拉伯数字，按顺序由左至右、由上至下连续编排。例如“1—1 剖面图”“2—2 剖面图”等，标写在各剖面图的下方。在表示该剖面图剖切位置的剖切线上，应标上相同的数字，其位置按规定是在剖切线的投影方向一侧。如果剖切平面需要转折时（即阶梯剖面），一般以一次为限，并在转角外侧加注与该符号相同的编号。剖面图中的形体被剖开后，其截口称为截面，当用较大比例绘图时，被剖切到的截面要按国标画出材料图例（图 5-10）。在不指明材料时，可以用等间距、同方向的 45° 细斜线来表示截面。

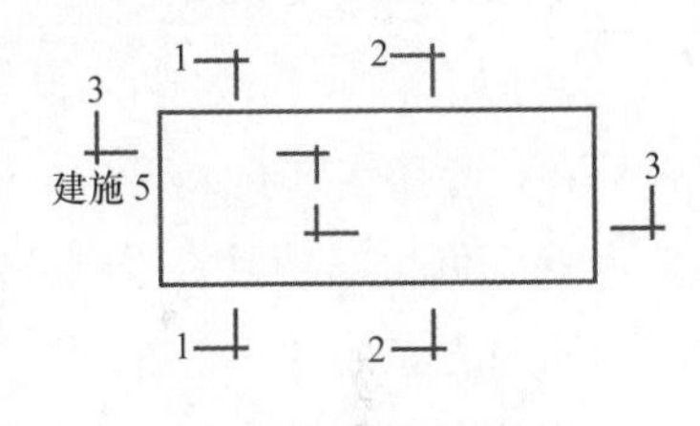

图 5-9　剖面剖切符号

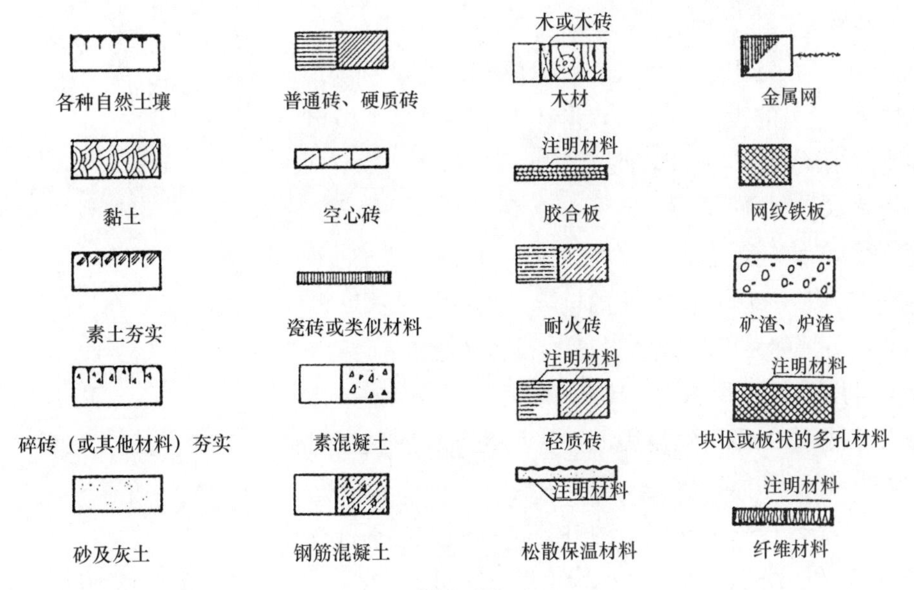

图 5-10

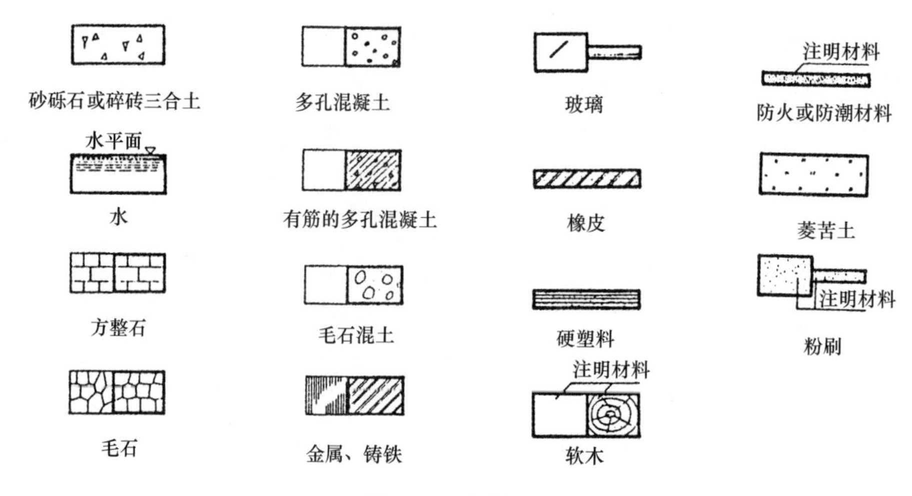

图 5-10　材料图例

二、正投影与三视图

（一）投影的概念及分类

我们生活在一个三维空间里，一切形体都有长度、宽度和高度（或厚度），如何才能在一张只有长度和宽度的图纸上，准确而全面地表达出形体的形状和大小呢？可以用投影的方法。

在我们生活中常常看到某物体在光源照射下出现影子的现象，例如将一块三角板放在电灯和墙壁之间，电灯亮后，墙壁即出现一个三角板的影子（图 5-11），这就是一种投影现象，我们将这个能反映出形状的图形称为形体的投影。光源（这里是电灯）称为投影中心 S，投影所在的平面（这里是墙壁）称为投影面 P，连接投影中心向三角形各顶点作投射线并延长至与投影面 P 相交的直线称为投影线。这种做出形体的投影的方法，称为投影法。

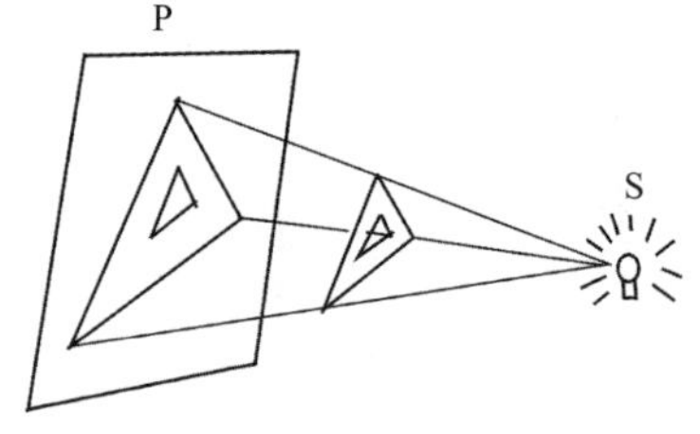

图 5-11　三角板的影子

投影可分为中心投影和平行投影两类。

1. **中心投影**

投影中心 S 在有限的距离内，发出放射状的投影线，用这些投影线做出的投影，称为该形体的中心投影，做出中心投影的方法称为中心投影方法（图 5-12）。

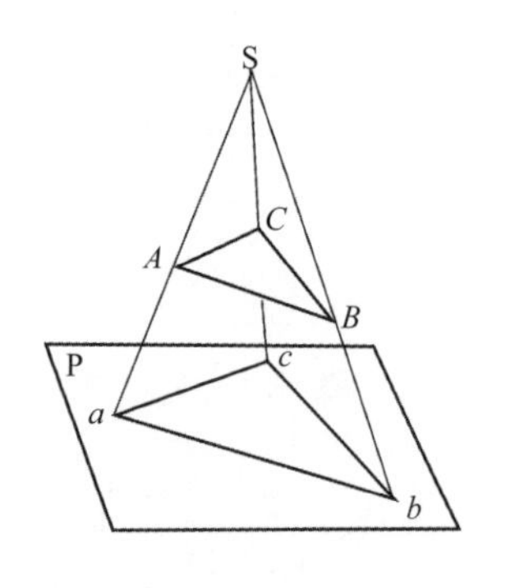

图 5-12　中心投影

2. **平行投影**

当投影中心移至远处时，投影线将依一定的投影方向平行地投射下来，用平行投影线做出的投影，称为平行投影，做出平行投影的方法称为平行投影法。平行投影又分如下两种。

（1）斜投影。投影方向倾斜于投影面时所做出的平行投影，称为斜投影，做出斜投影的方法称为斜投影法（图 5-13）。

（2）正投影。投影方向垂直于投影面时所做出的平行投影称为正投影，做出正投影的方法称为正投影法（图 5-14）。

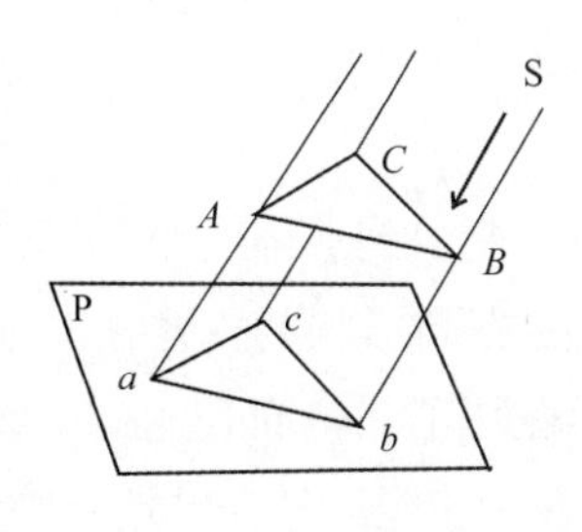

图 5-13　平行投影中的斜投影

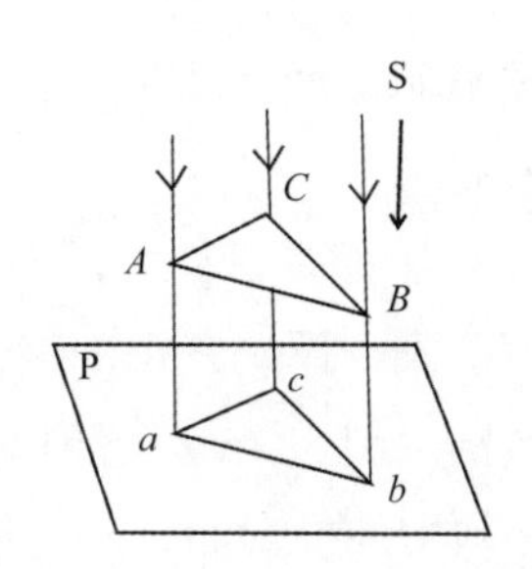

图 5-14　平行投影中的正投影

形体、从投影中心 S 来的投影线和投影面（又称承影面）是投影必须具备的三个要素。应用中心投影法，可在投影面 P（画面）上画出形体的透视图，透视图的图形同一个人的眼睛在投影中心的位置时所看到的该形体的形象，或者将照相机放在投影中心所拍得的照片一样，显得十分逼真。应用斜投影法一般可在一个平行于形体一个侧面的投影面上做出斜轴测图。斜轴测图能反映出形体的长、宽、高，有一定立体感，还反映出形体一个侧面的真实形状和大小，但其他侧面形状往往失真，如矩形投影成平行四边形，圆形投影成椭圆形。

应用正投影法可在一个不平行于形体任一向度的投影面上做出正轴测图，所得图形看起来比斜轴测图自然一些，但不反映任何一个侧面的实形（如矩形投影成平行四边形）。同斜轴测图一样，在一定条件下，可以在图上度量出各线段的长度。

应用正投影法还可以在两个或两个以上相互垂直的并分别平行于形体主要侧面的投影面（例如正立投影面 V 和水平投影面 H）上，做出形体的正投影，把所得正投影按一定规律画在同一个平面上。这种由两个或两个以上正投影组合而成的一组投影，能如实地反映出形体各主要侧面的形状和大小，便于度量，作图简便。但它缺乏立体感，需经过一定的专业训练才能看懂。

（二）正投影的投影特性

投影方向垂直于投影面的平行投影，称为“正投影”。正投影的主要特性如下。

1. 当线段或平面图形平行于投影面时

此时其正投影反映实长或实形，即线段的长短和平面图形的形状和大小，都可直接从其投影确定和度量，这种特性称为实形性。

2. 当直线或平面图形垂直于投影面时

此时其正投影积聚为一点或一直线，这种特性称为积聚性。

3. 当直线或平面图形不平行、也不垂直于投影面时

此时其正投影小于其实长、实形，为原形的变形（类似形）。如平面是一个圆，则其投影是一个椭圆。

由于正投影不仅具有反映实形的特性，而且投影方向规定垂直于投影面，便于作图。因此，为大多数的工程图纸所采用。

（三）用三视法显示图形

1. 三视图的形成

由于形体平行于投影面时，其正投影在一个投影面只能得到形体一个侧面的投影，而现实中形体具有长、宽、高（厚）三个向度，这样使得一些不同形状的立体在P面上的投影图是一个样子，无法区别（图5-15）。所以仅仅一个投影往往不能全面表达一个物体的各个方面形状及大小，还必须增加投影面，从其他方向进行投影，才能清楚完整地反映物体的全貌。

图5-16所示是由三个相互垂直的投影面组成的一个三投影面体系。这三个投影面分别称作正立投影面V，水平投影面H和侧立投影面W，简称为正面、水平面和侧面。V面、H面和W面共同组成一个三投影面体系。这三个投影面分别两两相交于三条投影轴，三条轴的交点称为原点O，V面和H面的交线称为OX轴；H面和W面的交线称为OY轴；V面和W面的交线称为OZ轴。将形体放在这样一个投影体系中，分别向正面V，水平面H和侧面W进行投影，结果相应得到不同方向的三个投影图，分别称为正立面投影、水平面投影和侧立面投影。可以将投影面展开摊平，将这三个相互垂直的投影画在一个平面（图纸）上，从而得到三视图。

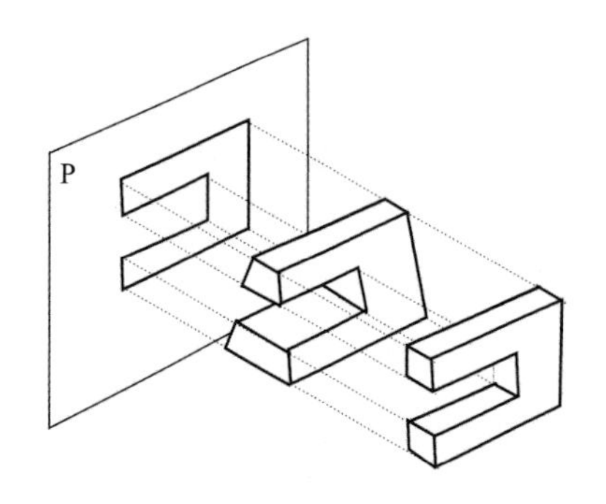

图5-15 一个投影不能完整地表达形体的形状及大小

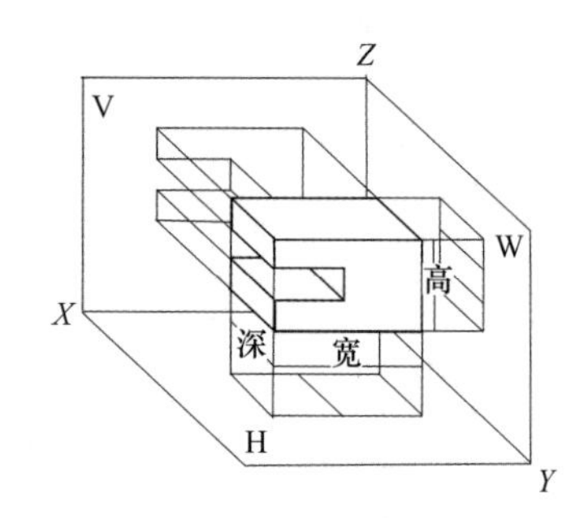

图5-16 三视图的形成和三投影面体系

2. 三视图之间的关系

正面投影V是从前到后投影得到的，反映形体的主要形状特征，称为主视图；水平投影H是从上向下投影得到的，称为俯视图；侧面投影W是从左向右投影得到的，称为左视图。这三个视图因为是由同一个形体、在同一个位置进行三个不同方向投影得到的，因此各个视图之间有着严格的投影关系，即：

（1）主视图和俯视图都反映形体的长度，这种关系称为长对正。

（2）主视图和左视图都反映形体的高度，这种关系称为高平齐。

（3）俯视图和左视图都反映形体的宽度，这种关系称为宽相等。

这三个重要关系称为正投影的投影关系。用丁字尺和三角板等制图工具作图时，“长对正”可以用三角板画垂直线的方法将主视图和俯视图对正；“高平齐”可以直接用丁字尺将主视图和左视图拉平；“宽相等”可以利用从原点O引出的45°对角线将宽度在俯视图和左视图之间相互转移，但一般是用直尺或圆规直接量取来转移（图 5-17）。

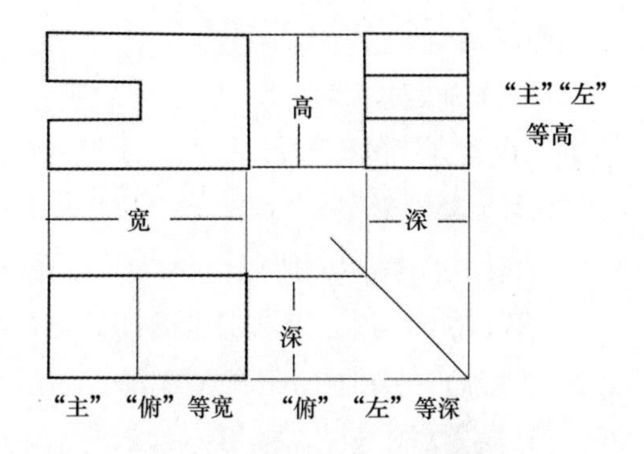

图 5-17　三视图之间的等量关系

3. **三视图的画法步骤**

现以一个组合形体为例（图 5-18），说明画三视图的步骤，如图 5-19 所示。

（1）形体分析。经分析，可知该组合形体由一个大长方体，一个半圆柱体和一个小长方体组成。

（2）确定安放位置。根据该形体在空间中的位置，使 V 面平行于形体正面，H 面平行于形

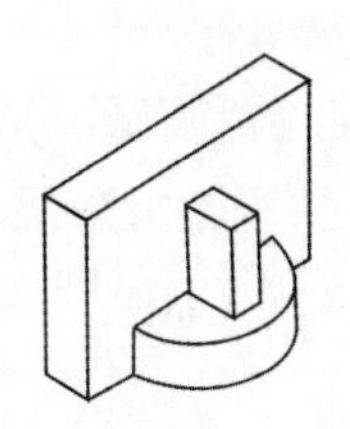
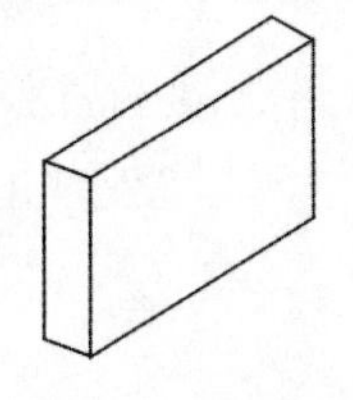
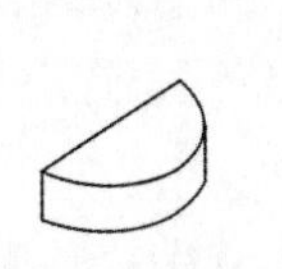
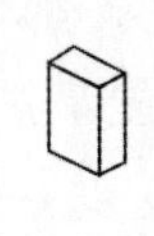

图 5-18　组合形体

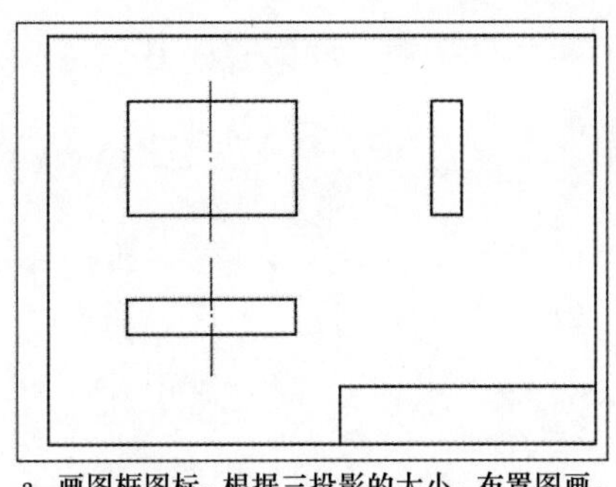

a. 画图框图标。根据三投影的大小，布置图画。用铅笔轻轻打稿，画出大长方体的三投影及中心线。

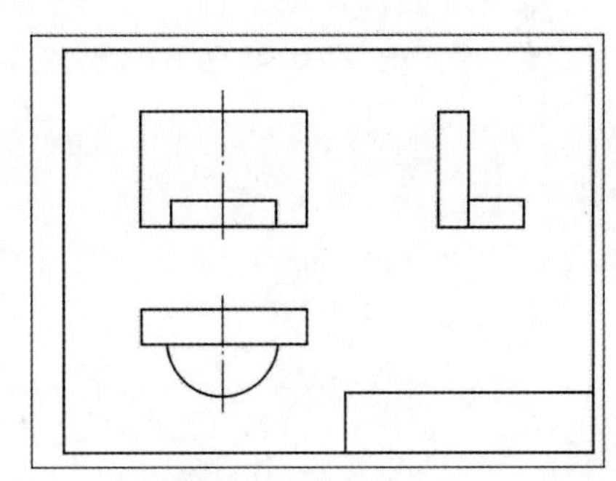

b. 加上半圆柱的三投影。

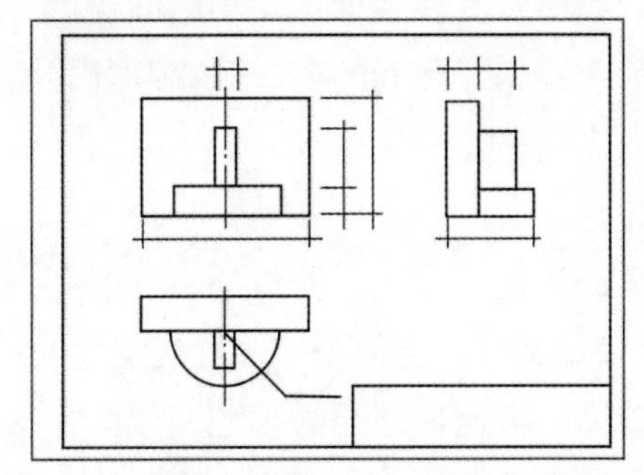

c. 再加上小长方体的三投影。画上需注尺寸的尺寸线。

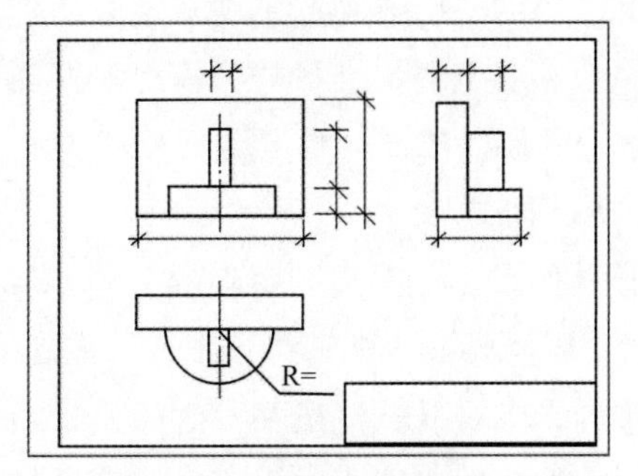

d. 复核无误之后，按规定线型描深，并标注尺寸。

图 5-19　三视图的作图步骤

体底面。

（3）确定投影数量。确定的原则，是用最少数量的投影把形体表达完整、清楚。该形体由于小长方体的侧面形状要在W投影中反映，因此需要画出V、H、W三个投影。

（4）画投影图。

①根据形体大小和标注尺寸所占的位置，选择适宜的图幅和比例。

②布置投影图，先画出图框和标题栏线框，然后安排三个投影的位置，使每个投影在标注完尺寸后，与图框的距离大体相等。

③画投影图底稿。按形体分析的结果，依“长对正”“高平齐”“宽相等”的原则，顺次画出大长方体、半圆柱体、小长方体三面投影的铅笔线视图。

④标注尺寸，上墨线，擦除多余线条，核对完成。

三、展示设计制图

图纸对于展示设计来说是至关重要的文件，既是展示设计创造性思维的形象化体现，又是供审查和批准展示方案及工程施工的依据。展示设计制图是指根据正投影原理绘制的展场、展位或卖场平面图、立面图、剖面图、施工详图、展示道具（包括展架、展台、展柜，装饰物件）制图和参观动线示意等的三视图或详图。

（一）平面图

展示设计中的平面图是以正投影原理画出的水平投影图，一般要能体现出水平投影方向的展示规模、区划和构成，特别是大型展示活动的总平面图，要体现出整个展示场所或展馆的规模、区域划分、道路走向及空间构成的设计等。

1. 方位区划

对于各展馆、展区的方位，馆内各参展单位的展（摊）位，或展览各大组成部分的具体方位等，要在确定的实展面积内，让各展区或参展单位各就其位。总体来说，除确定实际展览面积同走道面积的合理比例、确定各大小展区的划分情况外，还要考虑其他服务性区域、会议区、休息区及表演区等的合理分布。

根据展览的性质和展出内容的逻辑性要求，设计展示平面图时要确定各展区、展位的合理区域划分，目的是引导和控制观众观看的先后顺序及其在展区的停留时间。因此，设计人员需要事先做好展览资料准备与分析，掌握展览内容相互之间的内在联系及其轻重关系，熟知各展出部分的展品特征、重点展品及其展示表现手段与手法。

2. 动线设计

动线设计的目的，是控制观众的流向、流量和流速。自主、开放的参观路线，可使观众进行自主性、随意性的流向选择；限定、强制的参观路线，可使观众进行规定性的流向选择；走道的宽窄会影响观众的流量和参观的质量及效果；流速控制是为了控制观众在整个展馆及不同展区停留的时间，防止过于密集或疏散的失调现象。一般情况下，展示物体积的增大会使所占据和需要观看的空间相应增大，观众的通道也要做相应的设计。动线设计的要点，在于使展示区域的区划分明，使观众的参观路径合理、科学、方便。

3. 空间构成

展示空间构成设计的目的在于创造特定的展示空间氛围，创造观众与展示物之间的互动交流和生动的展示效果，因此在设计时，不仅要考虑整个空间组合关系，还要考虑道具与空间、道具与道具、道具与观众以及照明、时空变化等综合的因素。展示空间构成设计的要点在于空间的组合安排要有序、科学、合理，空间的形态和连续要有变化。要满足展示的功能要求和观众的心理审美要求，根据展出主题和内容，采用一定的设计手段，发挥设计师的想象力和创造力，获得满意的展示效果。

4. 平面图内容

平面图一般包括如下内容。

（1）总平面图作为整个展示区域的规划蓝图，往往由室内和室外空间两部分组成，室外空间一般包括建筑物、通道、广场、绿地及利用室外空间设置的展位。总平面图一般可采用 1 : 500 或 1 : 1000 等较小的比例绘制（图 5–20）。室内空间一般包括建筑平面结构形式，展示区域的划分等，室内平面图一般可采用 1 : 100 或 1 : 200 的比例绘制（图 5–21）。

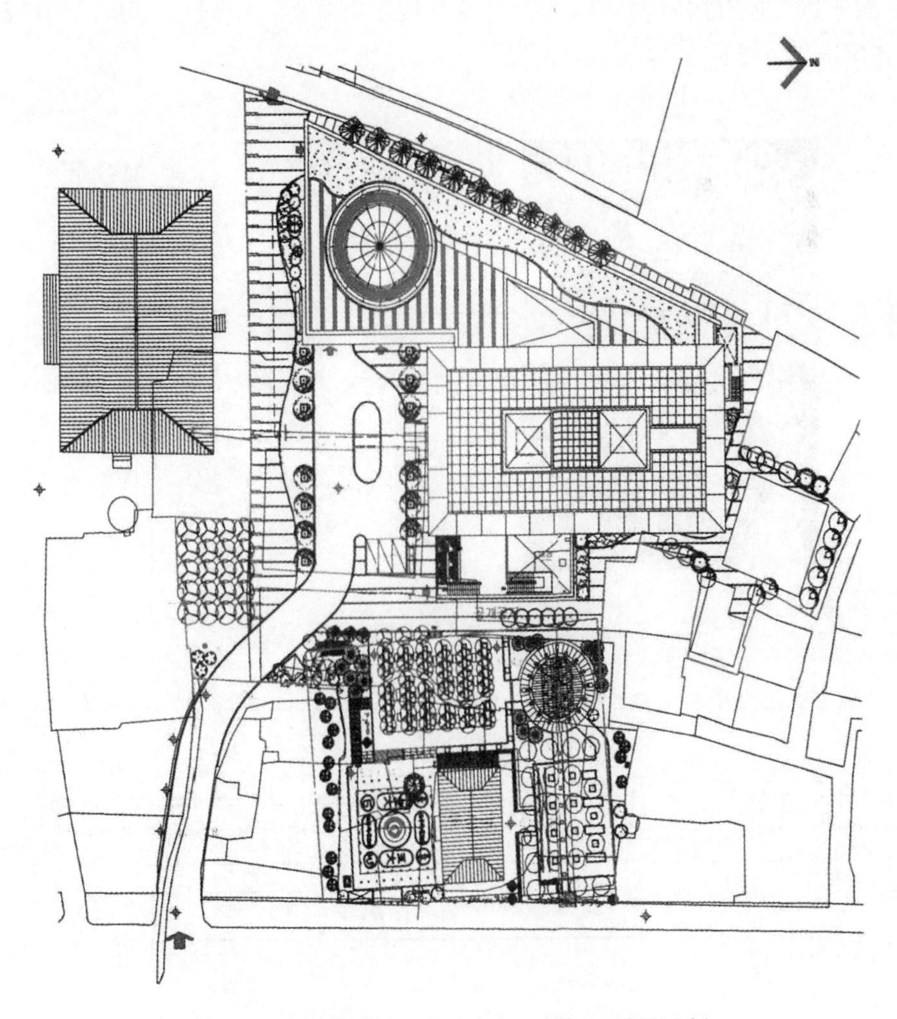

图 5–20 韩国某历史文化纪念中心建筑总平面图示例

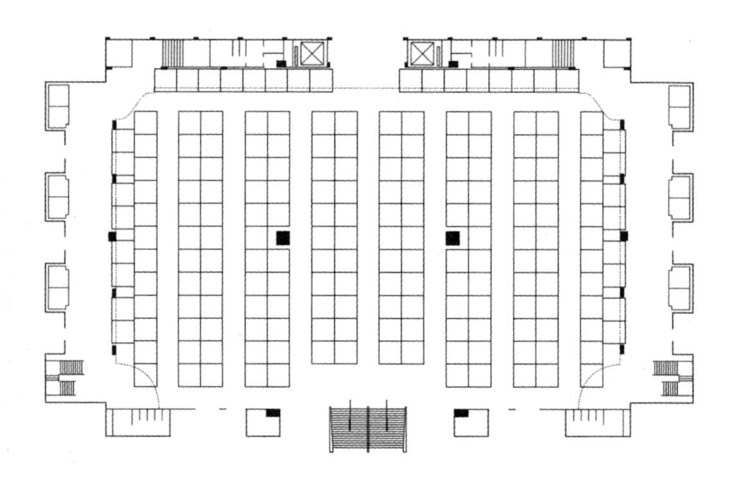

图 5-21　天津国展中心一层展位布局图示例

（2）某一个展位、展览单元或局部展示区域的平面图应反映出其平面的结构、形状、尺度及平面布置，还有展示物空间的占有及其展示方式等。一般可采用 1∶50 或 1∶30 或 1∶20 的比例绘制（图 5-22 ~图 5-24）。

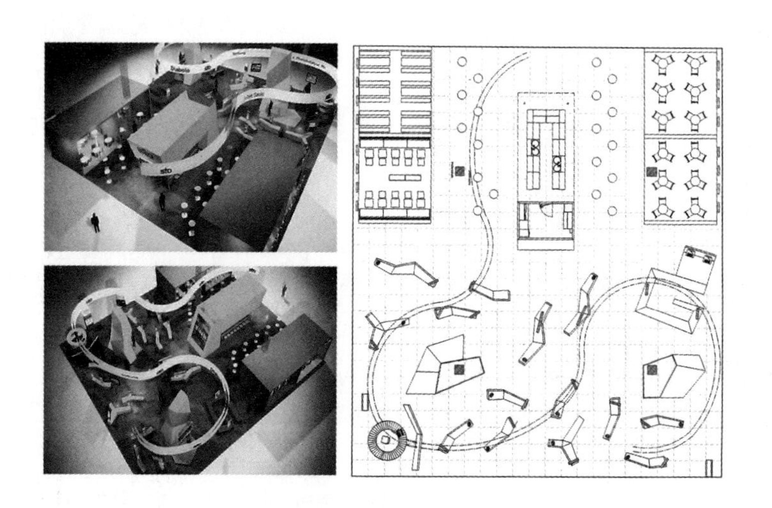

图 5-22　某大型展位及其平面图设计

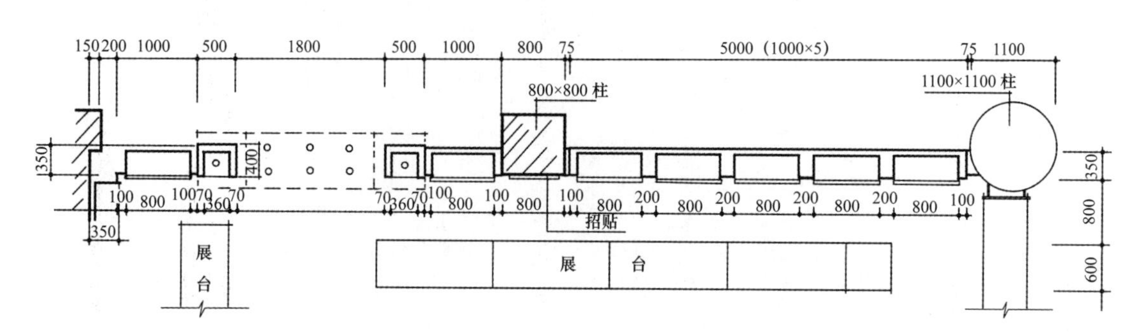

图 5-23　局部展示区域平面图示例

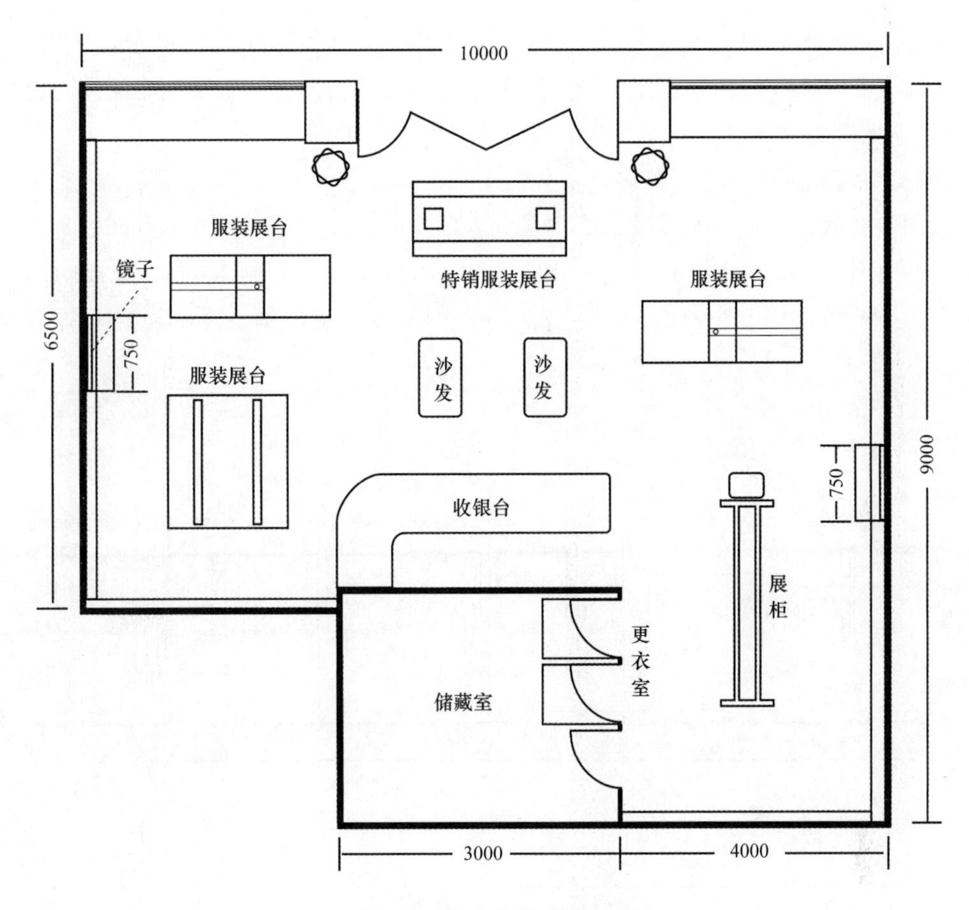

图 5-24　某专卖店平面图示例

在正式进行平面图设计之前，进行有关资料准备是十分必要的，如展览建筑与设施的资料，展馆的平面图等。应清楚建筑的结构，水、电、气的位置，安全门与安全通道，馆内高度、门窗结构高度及地面负荷，展品运输通道等，以便同展览照明设计、安全设计、服务设施设计结合。

5. **平面图的线型**

平面中被剖切的主要结构部分（如墙体、柱断面）的轮廓线用粗实线，没有剖切的可见部分的轮廓线及展示区域划分用中实线，展品、引出线、尺寸标注线用细实线。

6. **平面图的尺寸标注**

平面图的尺寸标注包括以下内容。

（1）展示空间的总体尺寸（必要时要标注轴线符号）。

（2）建筑空间的总体尺寸和各开间尺寸。

（3）展示单元和展示物空间占有尺寸。

（4）剖面符号和详图索引标志。

（二）立面图

展示设计的平面图仅仅图示了展示区域的划分及平面布置的平面空间位置，而立面图则反映的是它们竖向的空间关系，是以正投影原理画出的立面投影图。其中反映主要的、比较显著的外貌特征的那一面称为正立面图，其余的立面可称为背立面图和侧立面图。也可以按前后左右位置称为前立面图、后立面图、左立面图和右立面图。

1. **立面图内容**

立面图主要表达展示区域或建筑物内部的立面空间关系、摊位的立面空间划分、展示道具的立面造型及展品的立面位置等。一般选用 1 : 100 或 1 : 50 比例绘制。立面图因不同的表现要求，一般可以用室内墙立面图表达，有的则需要以室内剖立面图表达（图 5-25、图 5-26）。

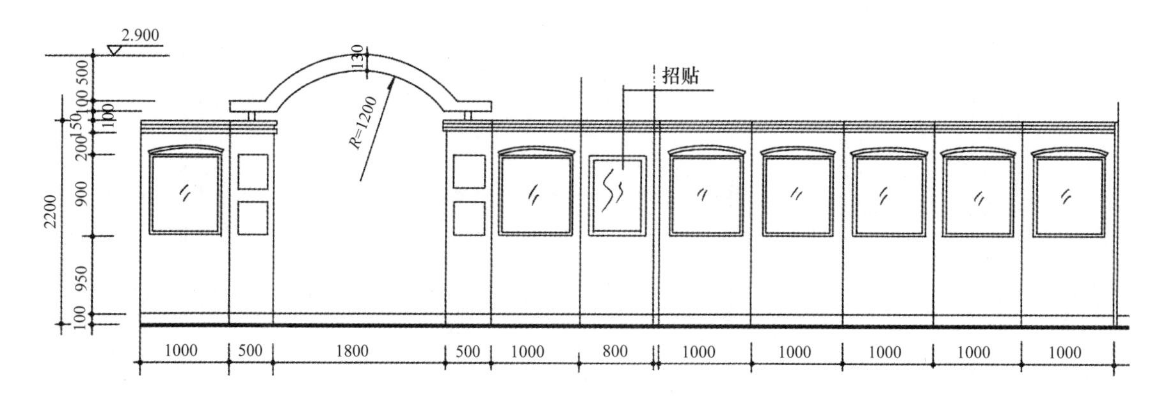

图 5-25　局部展示区域立面图示例

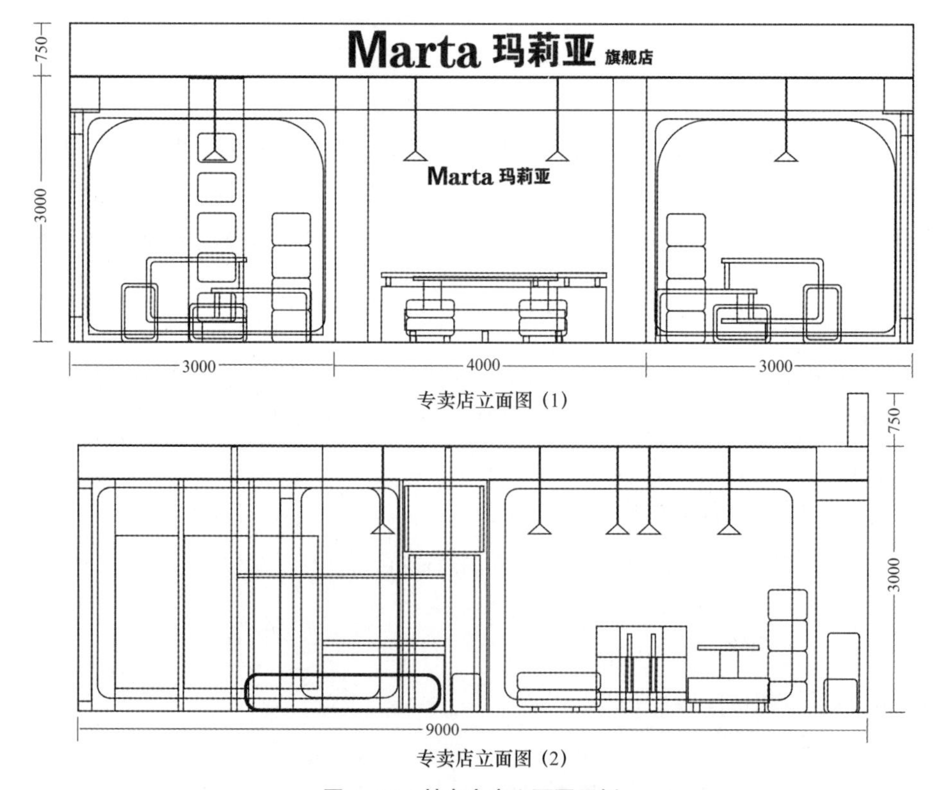

图 5-26　某专卖店立面图示例

2. **立面图的图线**

为了加强图面效果，使外形清晰、层次分明，习惯上建筑物可见轮廓线用粗实线绘制，展示摊位、道具轮廓线用中实线绘制，展品标注、引出线、尺寸标注线用细实线绘制。

3. **立面图尺寸标注**

立面图的尺寸标注主要有三个方面：第一，建筑空间的总体尺寸和各开间、柱的空间尺寸，层高尺寸和标高尺寸；第二，展示摊位、道具的高度和宽度尺寸及主要结构造型尺寸；第三，展品空间占有尺寸。

（三）剖面图

为了表达展示物构件或展示道具的内部结构、形状和工艺，假想用一平面来剖切展示物构件或展示道具，然后假想将前面的部分移开，对后面部分进行投影，这样得到的图形称为剖面图。

1. **剖面图的内容**

剖面图是与平、立面图相互配合的不可缺少的主要图样之一。剖面图的数量是根据所表达对象的具体情况和施工实际需要而决定的。剖切平面一般横向，即平行于侧面，必要时也可以纵向，即平行于立面。其剖切位置应选择能显露出所表达对象比较复杂或典型的内部构造部位。剖面图的图名应与平面图上所标注的剖切线编号一致，如“1—1 剖面图”“2—2 剖面图”等（图 5-27）。

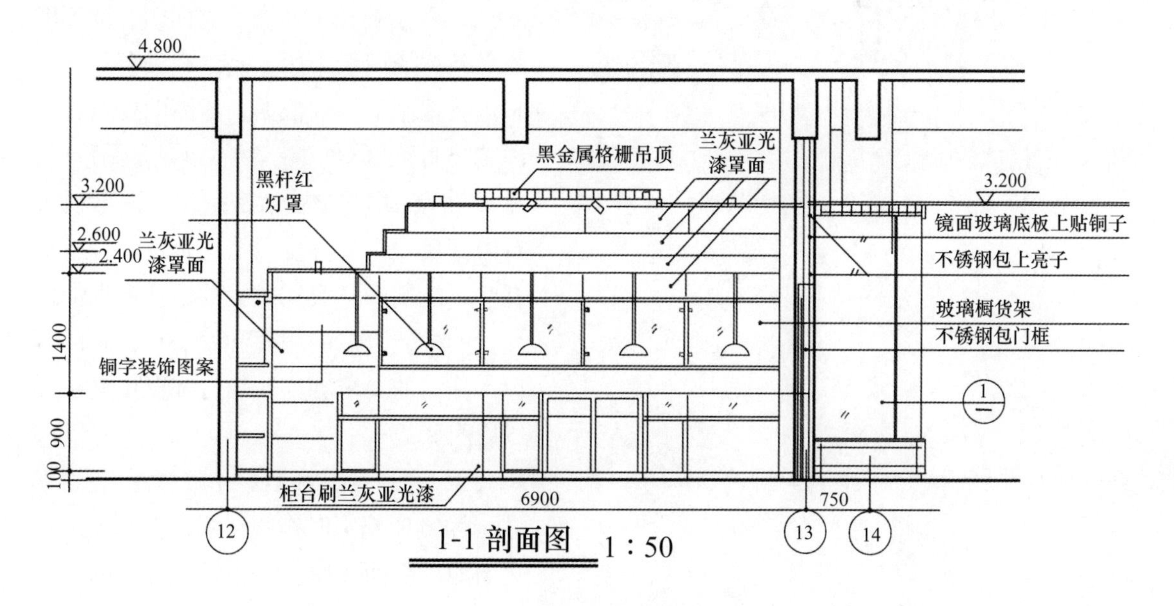

图 5-27 某专卖店剖立面图

2. **剖面图的图名**

剖面图的图名一般都要以剖切符号来编号，编号要采用阿拉伯数字并要与平面图上所标写的完全一致。剖面图的比例一般与平面图、立面图一致，有时为了表达清楚，也可以用较大的比例画出。当用较大比例绘制时（大于 1 : 50 时），剖面图中被剖切到的截面，一般都画上材料图例。若图样和图例仍不足以表达剖面图的意思，可以利用引出线，以文字标注说明。

3. 剖面图的图线

被剖切到的断面轮廓线用粗实线绘制，未被剖切到的其他可见结构或造型轮廓线可用中实线或细实线绘制，引出线、尺寸标注线用细实线绘制。

4. 剖面图的尺寸标注

标注内容为：被剖建筑空间的总体尺寸和轴线符号；建筑空间的总体尺寸和各开间尺寸；被剖展示道具造型主要结构尺寸；详图索引标志等。

（四）施工详图

对展示物细部或结构、配件的形状、大小、材料和做法，用较大的比例（1∶20、1∶10、1∶5、1∶2、1∶1），按正投影图画法详细表示出来的图样，称为施工详图。详图可能是某些部位的局部放大图样，也可能是某些部件的节点构造图（图5-28）。

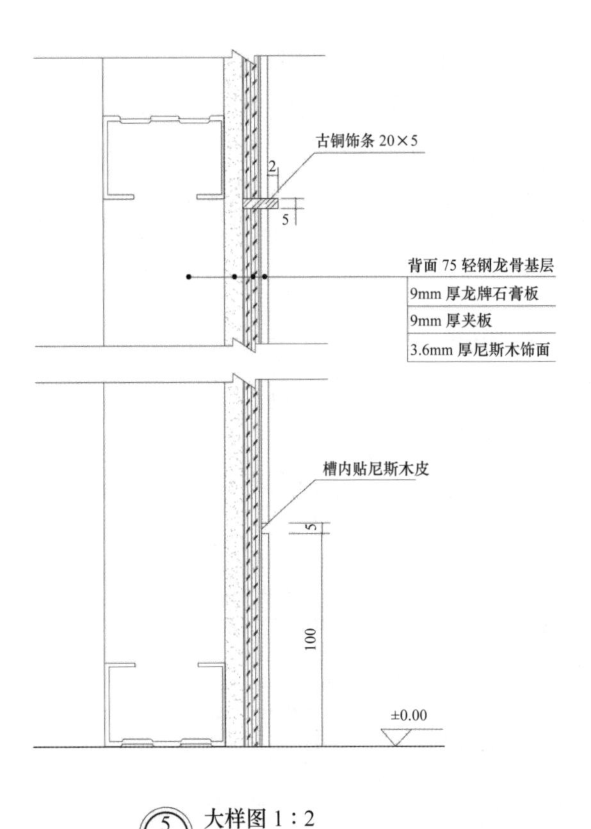

图5-28 详图示例

1. 详图的表示方法

应视展示物细部构造的复杂程度确定详图的表示方法。有时只需一个剖面详图就能表达清楚（如立面剖面图），有时还需另加一轴测图作为补充说明。

2. 详图的内容

详图是补充平面图、立面图、剖面图的最具体的图示手段，是工程细部施工、制作及编制预算的依据。详图的要点在于详实简明，应体现“三详”：第一是图形详，对于图示的形状交代清楚；第二是尺寸详，对图像尺寸标注齐全；第三是文字详，对有些不能用图样表达或无处标注数据的内容，如构造分层的用料和做法，材料的颜色，施工的要求和说明等，都要用文字详尽说明。

3. 详图索引标志和详图标志

为方便施工时查阅详图，在平面图、立面图、剖面图中，需用索引标志的符号注明已画出详图的位置、详图的编号以及详图所在的图纸编号，这种表示方法称为详图索引标志。

（1）详图索引标志（图5-29）。图样中的某一局部或构件，如另有放大详图的，应以索引标志索引。方法是用一引出线指出已画放大详图的地方，在线另一端对准圆中心画一直径为8 ~ 10mm的圆圈，并用一水平直径线将圆圈分为上下两半圆，上半圆内填写被索引的

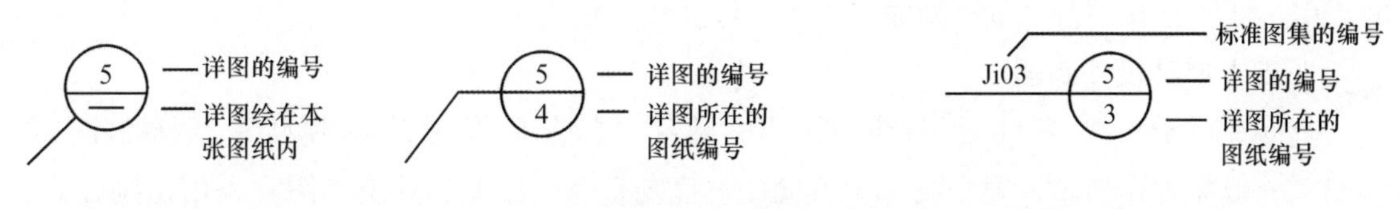

图 5-29　详图索引标志

详图编号，下半圆内填写被索引的详图所在图纸编号。如下半圆内填写一短横线，表明被索引的详图在本张图纸内；在水平直径的延长线上注有标准图编号的，表明被索引的详图所在的标准图集编号；索引标志的圆与直径及引出线均以细实线绘制。

（2）局部剖面索引标志（图 5-30）。当所索引的详图是局部剖面的详图时，在引出线的一端（被剖切部位）加一短粗线，表示剖切位置和剖面图的投影方向。

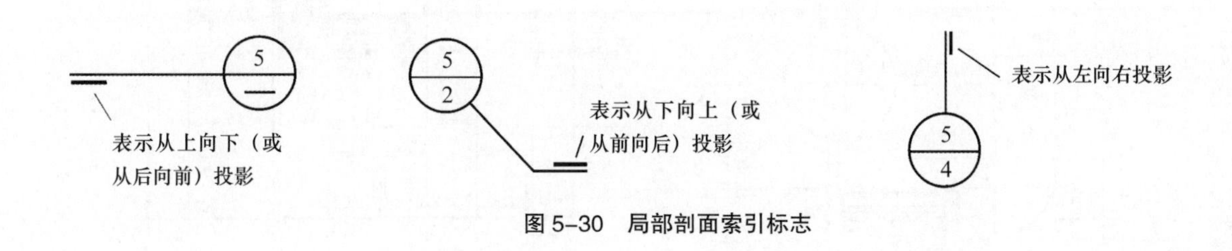

图 5-30　局部剖面索引标志

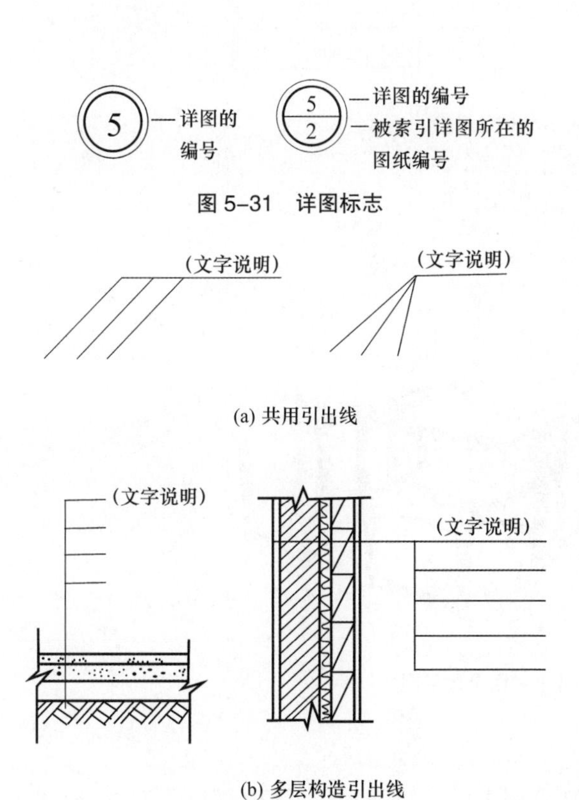

图 5-32　引出线

（3）详图标志（图 5-31）。详图标志表示详图自身编号，以便与其他详图区别。详图标志用双圆圈表示，外细内粗，内圈直径一般为 14mm，外圈直径一般为 16mm（也可用直径 14mm 的粗实线圆圈表示）。若详图与被索引的图样在同一张图纸上，圆圈内仅注写编号即可；如不在同张图纸上，可用细实线画水平直径分圆圈为上、下两半圆，上半圆内注写详图编号，下半圆注写被索引图纸的编号。

4. 引出线

为保证图样的完整和清晰，对尺寸标注和一些文字说明，常采用引出线来连接（图 5-32）。引出线一般用细实线绘制，宜采用水平向直线，或与水平方向成 30°、45°、60°、90° 的直线，或经上述角度后再折成水平线。文字说明在水平线上方或在水平线的端部。当同时引出几个相同意义的引出线时，引出线宜互相平行，也可画成集中于一点的放射状线。

（五）展具设计制图

展示用的道具很多，主要包括陈列橱柜、展台、展架、展板、灯箱和模型等。展具制图（图5–33）一般需表达出长、宽、高三个方向的尺度与造型，因此，这类制图宜采用正投影的三视图来绘制。有时，为了表达道具的直观效果，还可辅助以透视效果图表达（图5–34）。

1. **展具设计图绘制**

展具设计三视图多用1∶25、1∶20、1∶10或1∶5的比例；节点大样图用1∶2或1∶1比例；施工图要注明材料、数量、工艺做法、色调和质量要求等；金属展具要按机械制图要求标注。

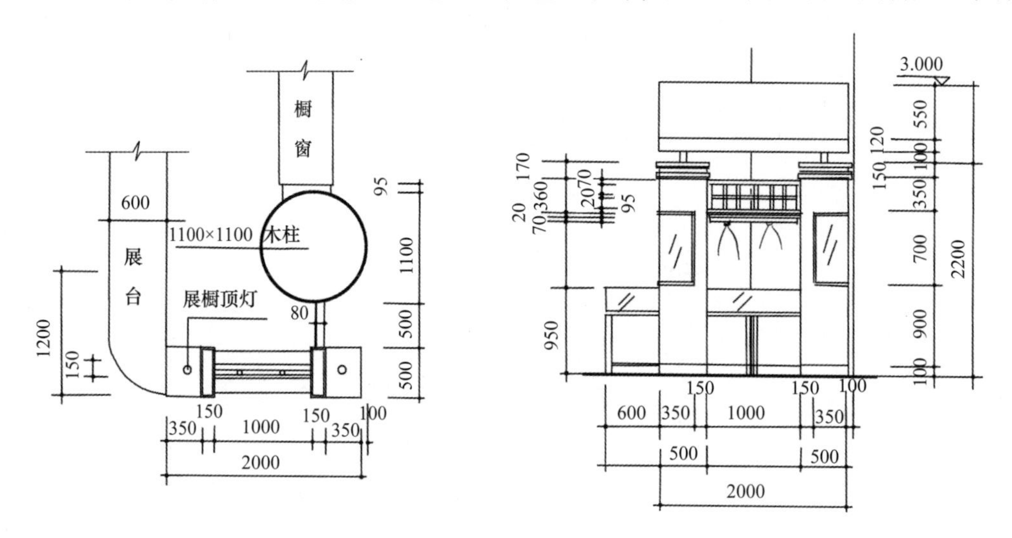

图5–33　某陈列橱柜设计示例（单位：mm）

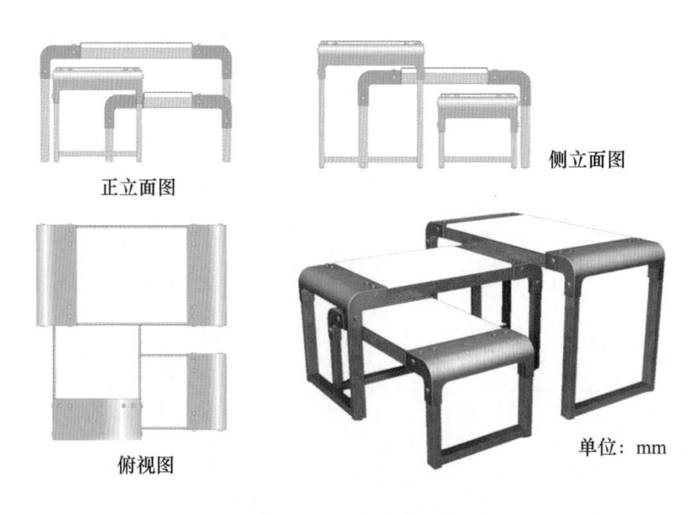

图5–34　道具设计三视图及效果图

2. **展具制图的线型**

剖切到的断面轮廓线用粗实线绘制，可见部分用中虚线绘制，剖面图中材料图例、引出线、尺寸标注用细实线绘制。

3. 检验核对

为施工绘制的展具制图往往涉及各种材料、工艺及结构组合，需要详图来表达出节点所用的各种材料及规格，因此，绘图时要认真细致，并注意图纸完成后的检验核对。

（六）参观动线示意

在必要的情况下，可以用动线展示图来分析、表示观众的动线，例如用不同的色块来表示平面图中展区各部分之间布局和量的比例关系。展览中的观众参观动线同通道走向设计密切相关，动线设计的要点是尽量避免无方向性和过多的交叉、迂回与逆行造成的阻塞。并非所有的展览都需绘制动线图，通常情况下，由平面图已可见展区各部分区域分布和通道走向设计，不必另外单独绘制动线图（图 5-35）。

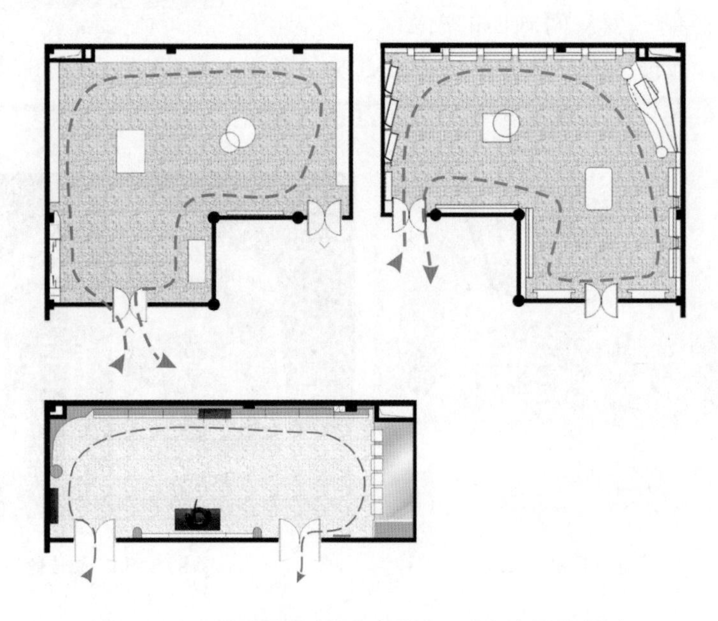

图 5-35　展馆平面图（图中虚线表示观众的参观动线）

走道同实际展区面积（展示物及其道具所占展览面积）的比例，大体为 1∶3，但由于展示性质、内容的差距及观众的多寡之别，其比例安排应灵活处理。在人流容易积聚区，如通道交叉处、表演区、占有大空间的展示物周围，通道要宽敞，反之则可以小些。

第二节　服装展示设计效果图

效果图也称作设计预想图、表现图，是为了表达展示设计工程实施后的效果。三视图只能分别表达物体的某一个投影面，读懂它要具备一定的专业知识；效果图则因为大多运用中心投影的原理做立体直观的表现，符合人们的视觉感受和印象，因此，效果图不仅为设计方进行设计意图的修改、分析和研究以及方案选择提供了必要的手段，也为业主、审批者和施工方提供了判断和评价的依据（图 5-36 ~ 图 5-38）。

一、透视效果图

将三度空间的形体转换成具有立体感的二度空间的画面，一般来说有两种方法，一是利用摄影，二是利用透视图。但摄影只能拍摄现有物体，若想把预想中的展示设计方案拍摄下来是不可能的。要想在两度空间的画面上准确、直观地表现出设计对象的空间关系，通常运用投影原理绘制透视效果图。

图 5-36 卖场效果图（一）

透视效果图是一种将三度空间的形体转换成具有立体感的二度空间画面的绘图技法。它能将设计师预想的设计方案以比较真实、形象、直观的方式表现出来（图 5-39、图 5-40），设计效果图的表现手法不只限于透视效果图，运用平行投影原理的轴测图（图

图 5-37 卖场效果图（二）

图 5-38 展位效果图

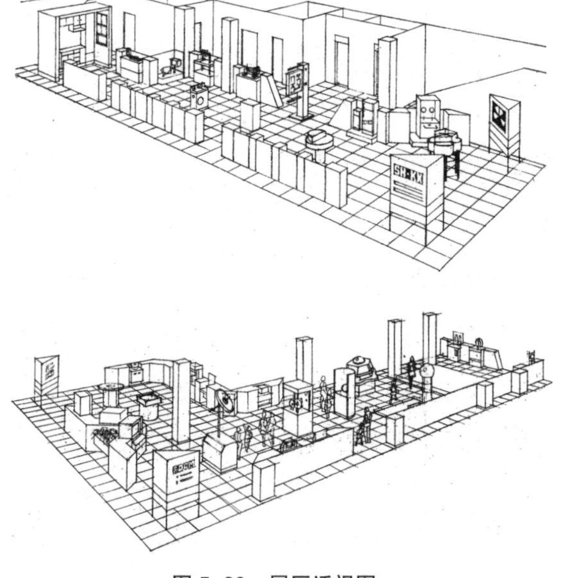

图 5-39 展区透视图

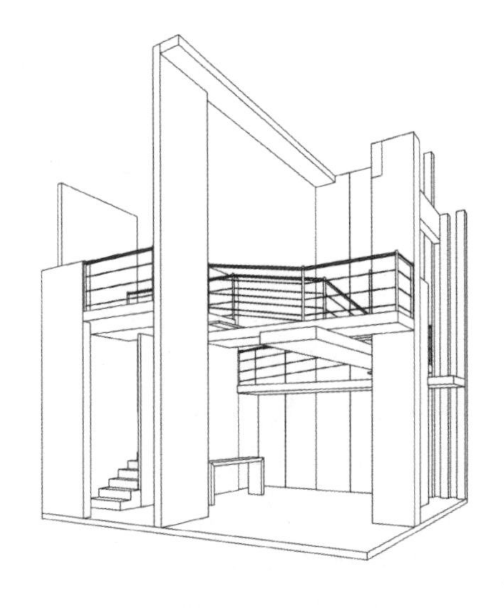

图 5-40 展位透视图

5-41），运用正投影原理的制图法以及减弱空间透视的图案表现手法等，都是对设计效果图表现手法的丰富和补充。

此外，由于设计效果图不仅要利用透视投影的原理模拟出表现对象的空间形体，还要利用一定的工具和材料赋予表现对象以色彩、材质和光影效果，力图达到模拟或再现人眼感官现实的表现效果，因此，在立体的透视图线上加以颜色渲染而形成的设计表现图——效果图，随着新的绘图工具和材料的出现，形成了丰富的表现技法，如透明水色技法，钢笔涂彩技法，彩色铅笔技法，麦克笔技法，喷绘法等，还有计算机辅助设计绘图法。

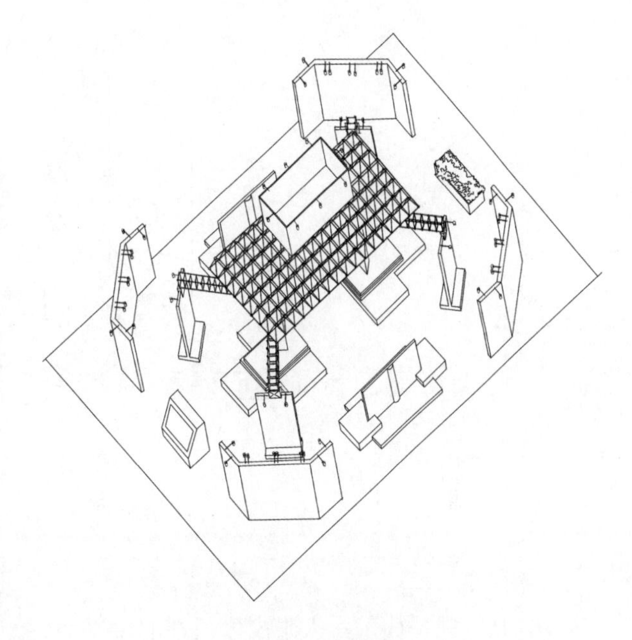

图 5-41　展位轴测图

按展示设计的进程，展示设计的效果图一般出现在方案设计阶段。当初步方案大致确定时，通过绘制设计方案的效果图，便于较深入地同业主、审批者分析评估设计方案以及最终确定一种最佳方案。效果图的绘制一般可按下列步骤进行：设计方案的平面、立面、剖面草图（按比例绘制）→设计创意的分析和理解→手绘透视草图（可加以色彩表现）→确定合适的预想空间效果→选择表现手段→绘制正稿→装裱。

二、透视投影画法

透视是假定以人眼作为投影中心的中心投影，因此，透视图符合人们的视觉印象，使人有直观、形象的视觉感受。透视效果图的技法源于透视制图法则和美术绘画基础，因此，掌握基本的透视制图法则，是绘制透视效果图的基础。

（一）透视的基本概念

按照中心投影的原理，把通过人眼看到的物体形象地画下来，这样被画出来的图称为透视图。所谓透视，是假设在人和物体之间设置一个透明画面，人的视线呈放射状地穿过透视画面投向物体，物体的图像相应地被显示在该画面上，所生成的图像即被称为透视图。

因为透视图是在人眼可视的范围内，通过放射状视线在画面上映出图像来，因此，这种图像具有近大远小、近高远低（或近低远高）、近疏远密、与画面不平行而互为平行的直线都消失于一点等特征。适于表现展示空间的透视画法主要有平行透视、成角透视、俯视图等。

（二）常用透视术语

常用透视专业术语如图 5-42 所示。

P. P.（画面）：假设与地面相垂直的一透明平面。

G. P.（基面）：放置物体的水平面（即地平面）。

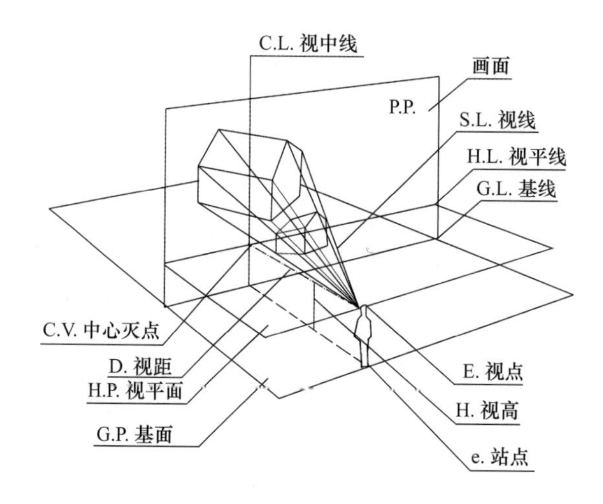

图 5-42 常用透视专业术语图示

H．P.（视平面）：人眼高度所在的水平面。

G．L.（基线）：垂直画面与地平面的交线，又称地平线。

H．L.（视平线）：视平面与画面相垂直的交线。

E.（视点）：作图者眼睛所在的位置。

S．L.（视线）：视点（人眼）与所见物体各点的连线。

C．L.（视中线）：在画面上过视心所作视平线的垂线。

D.（视距）：视点到画面视点的垂直距离。

e.（站点）：作图者所站立的位置。

C．V．[视心（中心灭点）]：过视点所作视中线与画面视平线的相交之点。

V．[灭点（消失点）]：不在画面上的互为平行的直线消失于视平线上的点。

M.（量点）：以灭点为圆心，灭点到视点的距离（视距）为半径，画弧交于视平线上的交点。

H.（视高）：视点到地面的垂直距离。

（三）平行（一点）透视

物体如果有一个面与画面平行，这种透视图叫做平行透视。平行透视图只有一个消失点，所以平行透视又称为“一点透视”。

平行透视消失点的位置取决于视点所处的方位，因此，视点位置的选择十分关键。在正式绘制前，可先绘制几幅小草图，以确定合适的视点。

平行透视相对来讲，寻求透视较方便，空间表现范围较广，其与画面平行的立面不会出现透视变形，适合表现对称、均衡的画面效果和稳重、严肃、宁静的空间，适用性大，故应用广泛。

在平行透视中，量线法是一种较简易的画法。其特点是：透视图的里墙面紧贴透视画面作为真高的量线，绘制者可以一面探讨透视图的大小，设定空间进深，一面作图。作图步骤如图 5-43 所示。

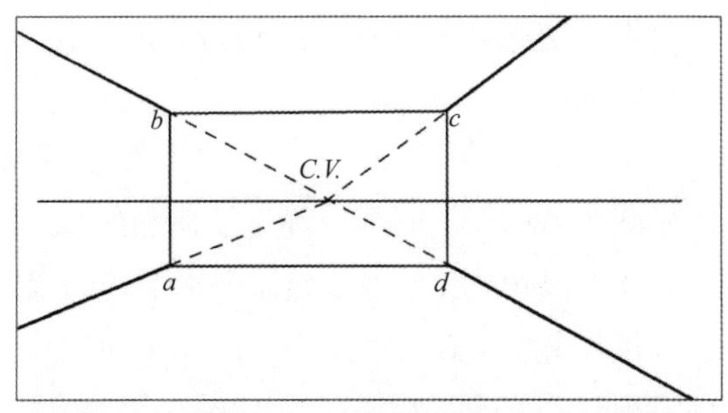

(a) 由视心 C.V. 过 a、b、c、d 作延长线，即求出空间各界面相交的边线（空间轮廓）。

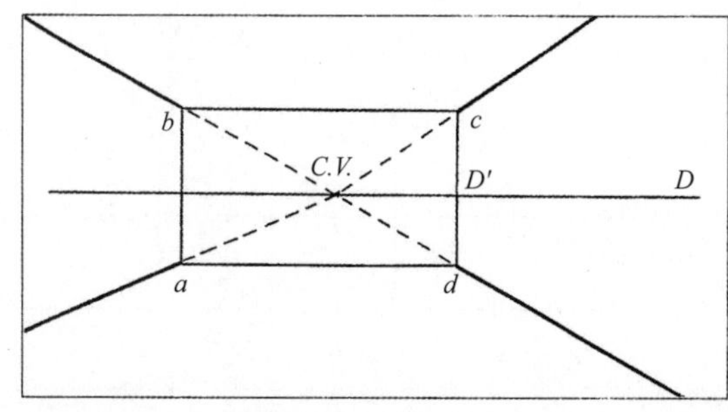

(b) 过心 C.V. 向右经点 D'，作水平延长线，并确定 D（D'D 为规距）。

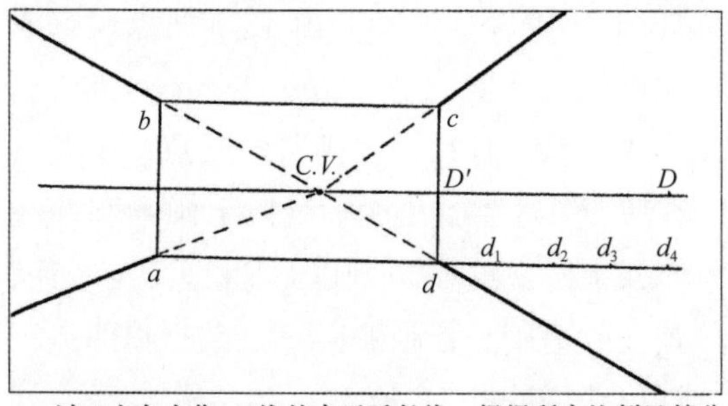

(c) 过 d 点向右作 ad 线的水平延长线，根据所定比例尺等分出展示空间进深尺寸的量点（$d_1 \sim d_4$）。

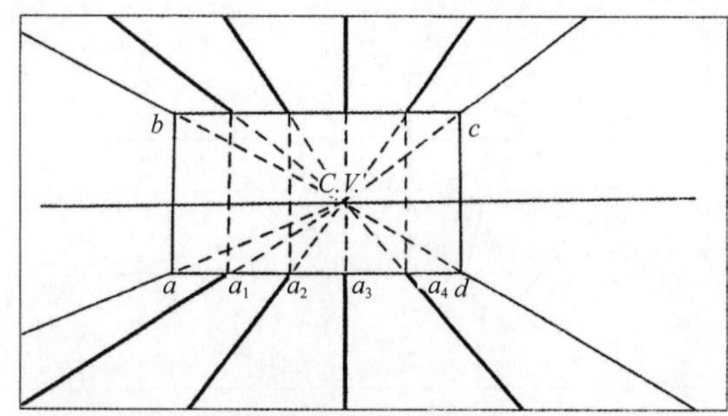

(d) 在地线 ad 上，根据所定比例尺等分点 $a_1 \sim a_4$，通过将各点与 C.V. 点连线的延长线即可求出地面等分格线，按照此法，亦可求出顶棚等分格线。

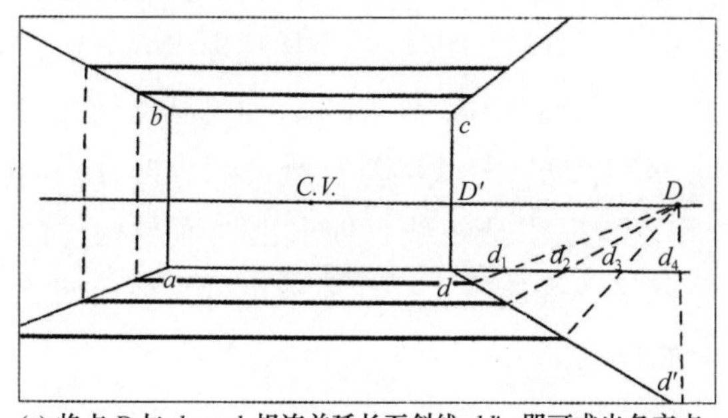

(e) 将点 D 与 $d_1 \sim d_4$ 相连并延长至斜线 dd'，即可求出各交点，过各交点分别作水平线与垂直线，即可求出展示空间透视图的基准线。

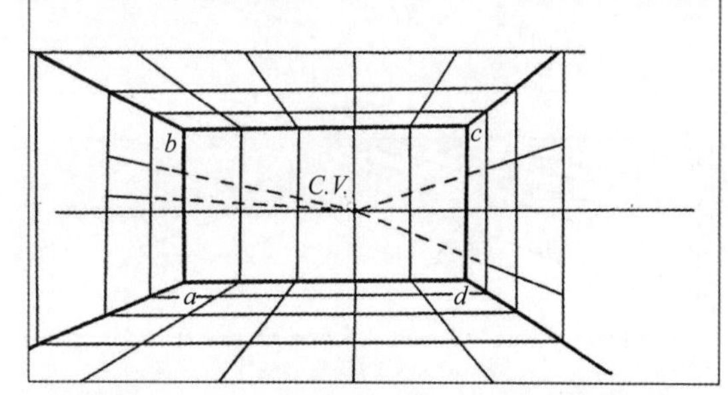

(f) 在侧墙上以 ab 线作量高线，即可求出展示空间构件道具的高度和结构线。

图 5-43　展示内部空间平行透视图——量线法的作图步骤

（四）成角（二点）透视

当铅垂的画面与物体的正立面成一夹角时，物体的各组与画面不平行的平行线组向各自的方向消失，我们称其为成角透视。因成角透视有两个消失点，又称二点透视。

成角透视视角较宽，能依画者的意图相对均衡地反映物体的三个面，表现效果真实生动，不但适于表现较大场面，也适合于表现某一个角度的特写。但若角度选择不当，所绘物体会产生过大的变形现象。成角透视中，灭点距离心点距离远近以及所绘物体与画面形成的角度是关键。

量点法是用 M 点求室内进深的方法，其特点是：在得知确定的视距和与画面的偏斜角度的情况下，灭点与量点的位置可计算或查出，也可以在为作图准备的基本平面图上求出，可

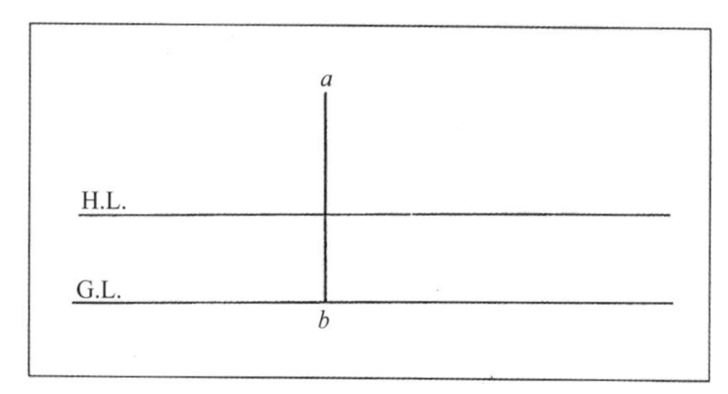

(a) 展示内部空间成角透视作图步骤 1

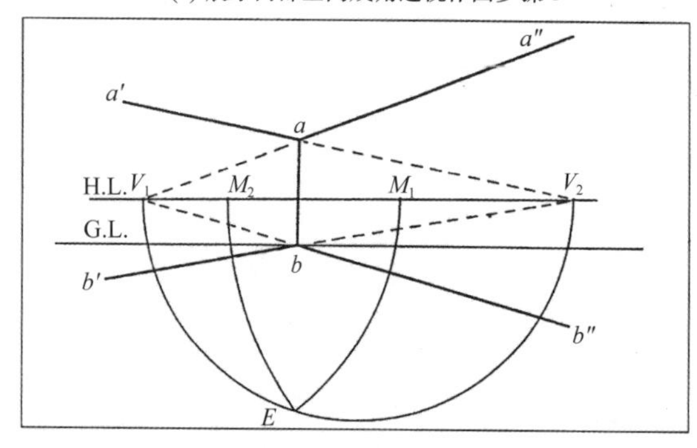

(b) 展示内部空间成角透视作图步骤 2

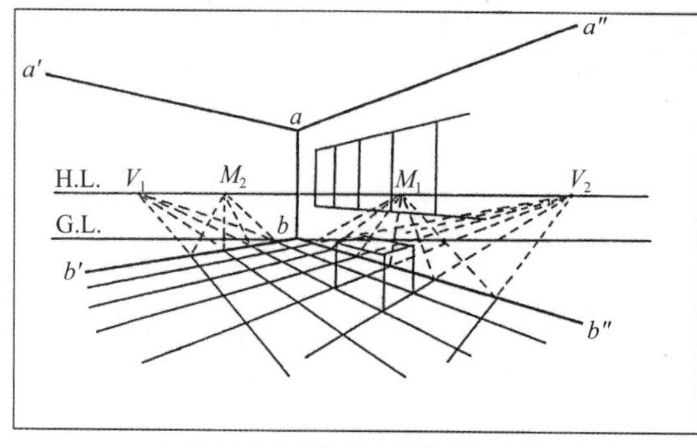

(c) 展示内部空间成角透视作图步骤 3

图 5–44　展示内部空间成角透视图——量点法的作图步骤

边设想透视图的大小，边进行作图。作图步骤如图 5–44 所示。

（1）室内空间成角透视作图步骤 1 如图 5–44（a）所示。确定墙阴角线 *ab*，并兼作量角线用。经 b 点作一水平辅助线，以供作基线（G.L.）使用。在线段 *ab* 上确定视高并作视平线（H.L.）。

（2）室内空间成角透视作图步骤 2 如图 5–44（b）所示。由 a、b 两点确定成角墙面上下边线 *aa′* 、*bb′* 与 *aa″* 、*bb″* 。在视平线（H.L.）上找出两灭点 V_1、V_2。以 V_1 V_2 为直径在视平线以下画半圆并在半弧上定视点 E，分别以 V_1E 和 V_2E 为半径、V_1、V_2 为圆心，画弧交 H.L. 线上得两点，即可获得量点 M_1 和 M_2。

（3）室内空间成角透视作图步骤 3 如图 5–44（c）所示。根据展示空间表现需要，在辅助线 G.L. 上任意标出等分点，并分别向 M_1 与 M_2 引线，通过其延长线在 *bb′* 与 *bb″* 上求得各自透视点，再分别向 V_1 与 V_2 引透视线，即求出地面与构件的网格透视轮廓。按此原理也可求得顶部透视网格。

三、轴测投影画法

三视图能在其各个视图中显示出物体的实形，能表达相应比例下的实际尺寸，利用工具制图比较快速方便，因此，三视图普遍为各类工程制图所采用，但其不足之处是不能一同显示物体的立体形象。而轴测图却能同时显示出物体的三个相互关连的面，三个面上相互正交的三轴又能以一定关系来表达、量度和标注出物体尺寸，并具有视图的立体感和物体的整体视感效果。补充了三视图表现的不足，所以轴测图有着独到的功效和用途。

绘制轴测图时，因需要在轴线上测量得知空间的三维尺寸，所以称为轴测图。应用轴测投影画法的轴测图，可以在一张图纸上将大场面的展示空间组合及展品道具的陈列状况表达出来，适合于作展示设计的效果图，但它不是应用中心投影原理而得到的透视图，而是平行投影图。轴测图一般只作为工程图纸的辅助图样，用以帮助阅读正投影图，但对有些较简单的形体，也可以用其轴测图来代替部分正投影图。

轴测图虽然也有三维的立体效果，但却没有透视图那种近大远小的透视规律，在空间上是应用平行投影原理来表达。轴测图的形成是利用方向不同的三根轴线，按照确定的不同夹角及空间与物体的长度、宽度和高度的变形系数（立体形态的长度、宽度和高度随着该形态在空间的透视角度的变化而产生的相应的变化关系）进行绘制来完成立体图样。目前，轴测图的画法有多种，例如，正等轴测、正二测轴测、正三测轴测、正面斜轴测和水平面斜轴测等。以上几种画法，因所规定的轴间夹角不同，进而每个轴的变形系数也就不同，三维面貌都有变形，因此画出的轴测图观看的角度及空间效果也就不同了。

（一）轴测图的形成

轴测图是根据平行投影原理，把形体连同确定其空间位置的三条坐标轴一起，沿不平行于上述三条坐标轴或不平行于由这三条坐标轴组成的坐标面的方向，投影到一个新投影面上所得到的投影（图 5-45）。当投影方向垂直于投影面时，所得的轴测投影称为正轴测投影。当投影方向倾斜于投影面时，所得的轴测投影，称为斜轴测投影。

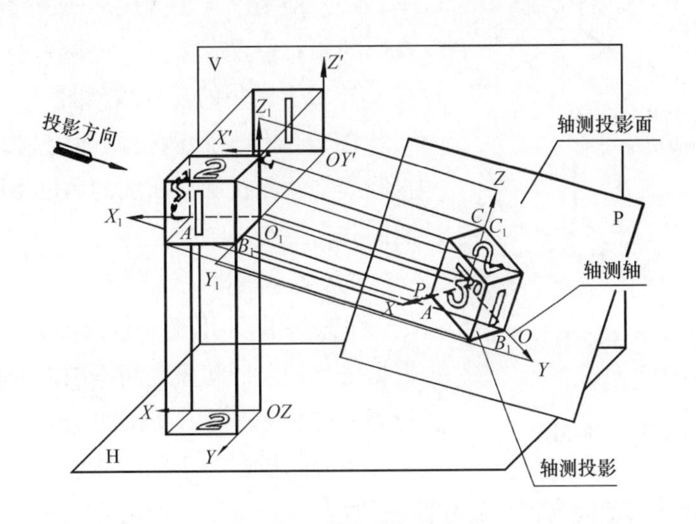

图 5-45　轴测投影的形成

设想将一个正方体的三个互相垂直的面都不垂直也不平行于投影面，也就是与投影面形成倾斜角度，再以其对投影面作正平行投影，那么，所成的图像就能显示正方体的三个面和三个轴了（图 5-46）。

我们再设想以正方体的任一面与投影面平行，而将垂直于投影面的平行投影线改为与投影面成倾斜角度的平行投影线，并以其对投影面作斜平行投影，那么，这里所成图像也能显示正方体的三个面和三个轴（图 5-47）。

利用正、斜平行投影的方法，均能产生三轴三面的图像效果。也就是通过三轴可以确定物体长、宽、高三度尺寸，又可以同时反映物体三个面的形象，这种投影方法就是轴测投影法。用作投影成像的面称为轴测投影面，所形成的图像称为轴测投影图，简称轴测图。

三条直角坐标轴 OX、OY、OZ 的轴测投影 O_1X_1、O_1Y_1、O_1Z_1 称为轴测轴；轴之间的夹角 $\angle X_1O_1Y_1$、$\angle X_1O_1Z_1$、$\angle Y_1O_1Z_1$ 称为轴间角，轴测轴上某段长度与它的实长之比为 O_1X_1：

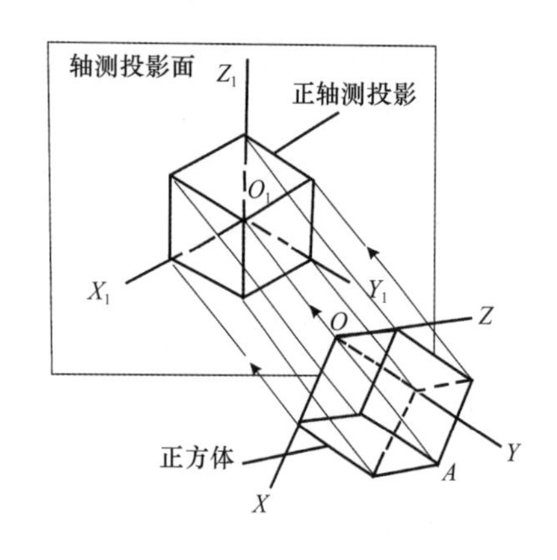

图 5–46　正轴测图

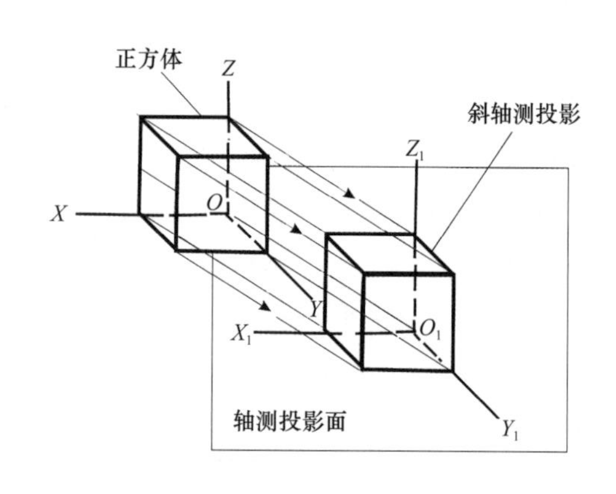

图 5–47　斜轴测图

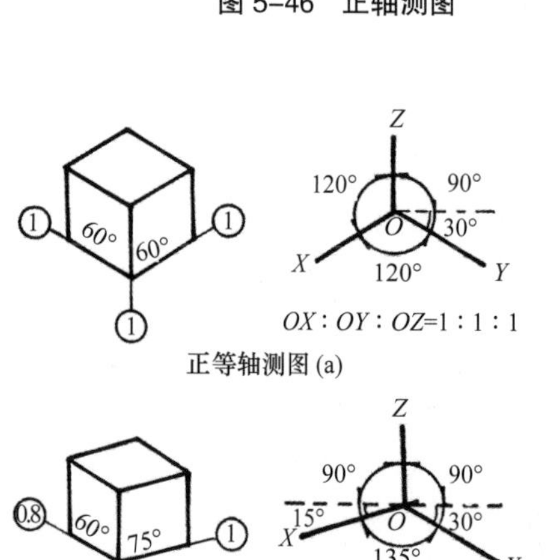

图 5–48　常用正轴测图的形成

OX = p、O_1Y_1：OY = q、O_1Z_1：OZ = r，称为轴向伸缩率，轴向伸缩率与轴测投影面、投影方向以及形体与投影的相对位置有关。

（二）常用的几种轴测图

随着形体与轴测投影面的相对位置不同和平行投影线与轴测投影面所成的角度不同，可将常用的轴测图分为二类。

1. **正轴测图**

正轴测图即用正平行投影方法所得到的轴测图。根据三个轴向伸缩率之间不同的关系，三个轴向系数相等，即 p=q=r 时，所得的正轴测投影称为正等测投影。正等测投影三个轴向伸缩率都等于 0.82，习惯上简化为 1，这样就可以直接按实际尺寸作图 [图 5–48（a）]。此时画出来的图形比实际的轴测投影要大些，各轴向长度的放大比例都是 1.22 : 1。正等测投影是最常用的一种轴测投影，三根轴线的夹角均为 120°；三个轴的变形系数都定为 1，即空间造型在此轴测图中按照物体的尺度，把长度、宽度、高度都以相同的比例关系画出。用此方法作图简便，能节省时间。

当三轴中有两轴的系数相等，另一轴按缩短系数修正，即 p=r=2q 时，此时的轴测投影称为正二测投影（简称正二测），它的两个轴伸缩率 p=r=0.94, 另一轴伸缩率 q=0.47，习惯上把 p 和 r 简化为 1，q 简化为 0.5。这时画出的正二测图 [图 5–48（b）] 比实际的轴测投影稍大些，各轴向长度的放大比例为 1.06 : 1。正二测投影也比较常用，它的立体感较强，但其轴间角各不相同，作图比较麻烦。画图时可用量角器量出，或特制一把尺子，配合丁字尺作图（图 5–49）。

2. **斜轴测图**

用倾斜于轴测投影面的平行投影线，做出形体有立体感的斜投影，称为斜轴测投影。以形体正面平行于轴测投影面所得的斜轴测投影，称为正面斜轴测投影。以形体水平面平行于

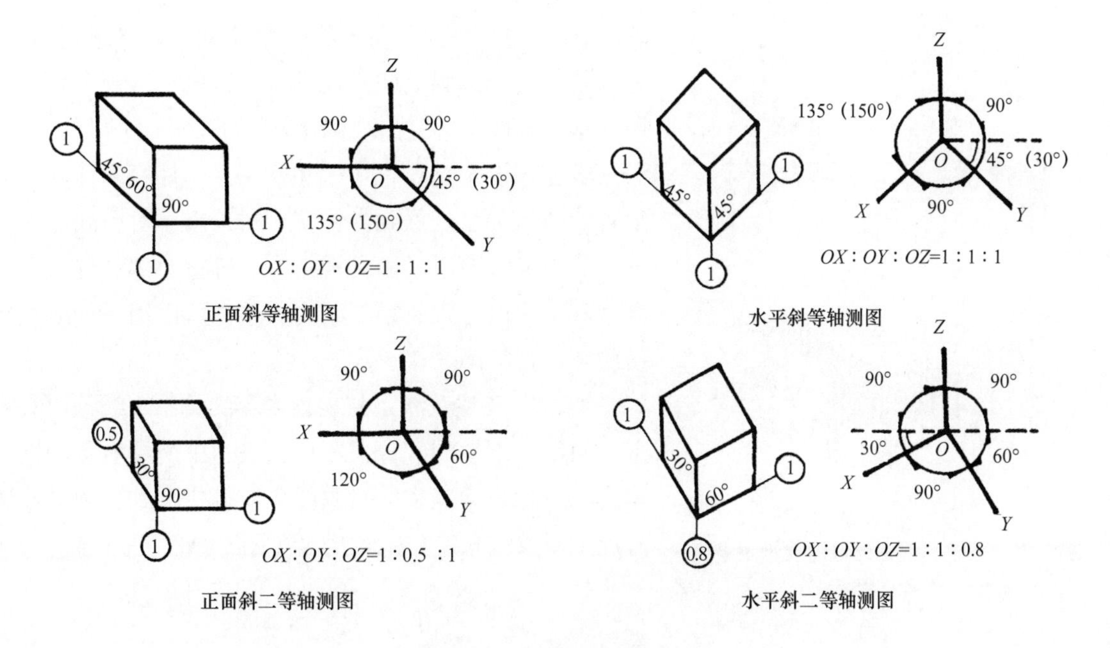

图 5-49　常用斜轴测图的形成

轴测投影面所得的斜轴测投影，称为水平面斜轴测投影。如图 5-49 所示。

正面斜轴测投影根据轴变形系数的不同分为正面斜等轴测投影（简称正面斜等测）和正面斜二等轴测投影（简称正面斜二测）。正面斜等测三根轴线的夹角分别是 90°、135°和 135°，三个轴的变形系数都是 1。正面斜二测三根轴线的夹角分别是 90°、120° 和 150°，三个轴的变形系数为 1、0.5 和 1。正面斜轴测投影多采用于强调表现竖面或立面的图像。

水平斜轴测投影也分为水平斜等轴测投影和水平斜二等轴测投影。水平斜等轴测图的三根轴线夹角是 90°、135° 和 135°，三个轴的变形系数都定为 1。水平斜二等轴测图的三根轴线夹角是 90°、120° 和 150°，三个轴的变形系数定为 1、1 和 0.8。水平斜轴测投影多用于强调表现顶面和水平面图像，如轴测鸟瞰图等。

四、几种手绘效果图表现技法

（一）钢笔勾线法

钢笔分为一般书写用钢笔和美工笔两种，都可以作为黑白线稿表现的常用工具。在效果图绘制中可以采用钢笔来绘制不同粗细变化的线条，其特点是线条流畅，粗细灵活而富于变化。

钢笔勾线法在画法上可分为线描形式、明暗形式、线面结合形式三种。

大多数初学者所谓画不好，其实就是线条不够流畅自然，重复笔画太多，线条不直或不圆滑，再就是透视不够准确。建议初学者首先应进行直线、曲线、圆线的绘画训练，再进行单独物体的绘画训练，在由写生到默画出对象物体过程中加深对透视的理解，训练线条绘画的速度与准确度。

一个有经验的作者下笔时可以从任何一个局部开始，而作为初学者，在确定构图布局之

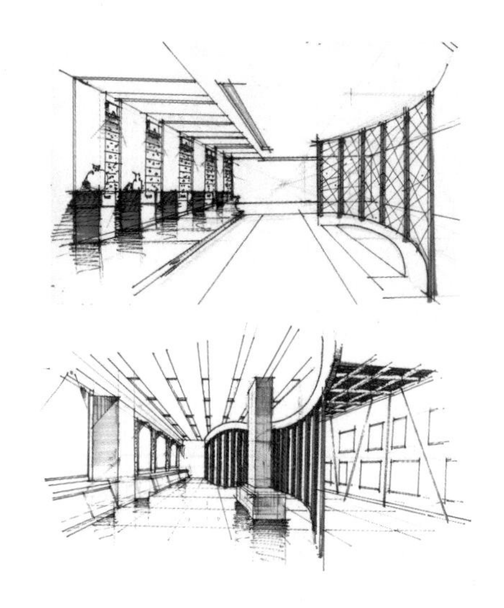

图5–50　钢笔勾线法绘制的展示效果图一（作者：唐娜仁）

后，最好从视觉中心、形体最完整的对象入手进行绘制，并以其作为场景画面中其他部分的比例、透视关系的参照，这样画面不容易出现偏差。

绘画时要分清画面中的主次关系，注意主体和环境配景的疏密关系，做到主体实、衬景虚，对空间有一个整体的把握。对于画面的视觉中心等重要部位要重点刻画，其主要的透视关系与结构关系都可以用一些复线或粗线来进行强调。

绘画时要注意线条与表现内容的关系。线条要有轻重、粗细、刚柔的区分，要尽量表达出所绘对象的性格与形态，如表面坚实的对象线条应挺拔刚劲，表面柔软舒展的对象线条应松弛流畅等（图5–50、图5–51）。

图5–51　钢笔勾线法绘制的展示效果图二

（二）钢笔淡彩法

此方法通常是用碳素墨水加照相透明色（或水彩色）来表现，适宜设计方案的快速表达，常常不将画面画满。其具体画法是：先以倾向于展示空间主调色的灰色打底（以主调色加少量碳素墨水和少量白色相调，也可选用带色调的特种纸），将表现的画面形象拷贝在纸上，徒手或借助绘图工具用黑色钢笔打出轮廓，再以色彩层层染出素描关系，最后用饱和的亮色（可用水彩色）画出高光完成（图5–52、图5–53）。

（三）彩色铅笔法

彩色铅笔是当今效果图快速表现常用的工具之一（图5–54、图5–55）。彩色铅笔的笔芯是由含色素的染料固定成笔芯形状的蜡质媒介物制成，媒介物含量越多笔芯就越硬。

彩色铅笔分为水溶性彩色铅笔和不溶性彩色铅笔两种。水溶性彩色铅笔具有溶于水的特点，沾水便可像水彩一样溶开，具有浸润感，也可用手纸擦抹出柔和的效果。它的色彩丰富，表现力强，在表现柔软质感的物体上有不可替代的作用。

用彩色铅笔作画时，可以在墨线稿的基础上直接上色，用法同普通素描铅笔一样，着色

图 5-52　钢笔淡彩法绘制的展示效果图一（学生作业）

图 5-53　钢笔淡彩法绘制的展示效果图二（学生作业）

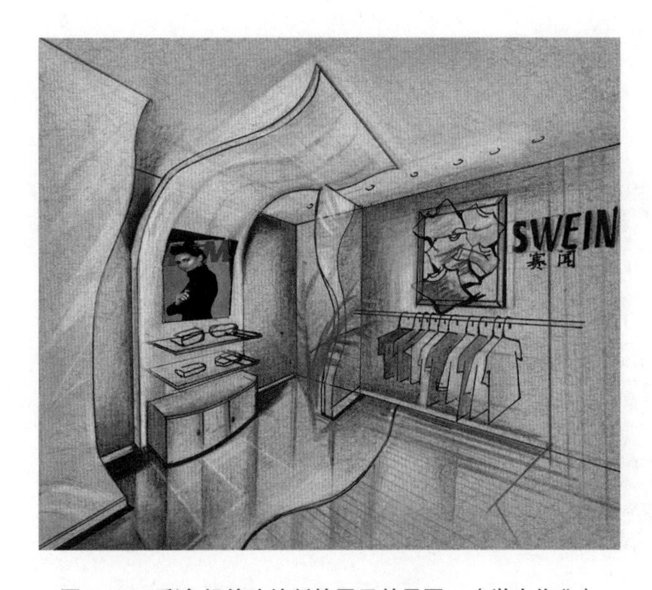

图 5-54　彩色铅笔法绘制的展示效果图一（学生作业）

图 5-55　彩色铅笔法绘制的展示效果图二

的规律由浅到深，用笔需有轻重缓急的变化，利用颜色的叠加产生丰富的色彩变化。用水溶性彩色铅笔上色后，可用水涂色来在画面中获得浸润感，还可用手纸或擦笔抹出柔和的色彩效果。

然而，彩色铅笔的颜色较淡，且大多数颜色的饱和度都不高，即使是水溶性彩色铅笔经水溶上色后，色彩变化也不如水彩或水粉丰富。用线条涂成的色块往往看起来比较粗糙，不够细腻。因此，彩色铅笔作为一种快速表现的工具，不适合单独为较大的画幅着色，大多数与马克笔等工具材料配合使用，可弥补马克笔笔触单一的缺点，并且可以自然地衔接马克笔笔触之间的空白，起到完善和丰富画面的作用。

使用彩色铅笔时的用笔压力及重叠用笔，均能够影响色彩的明度与纯度。轻压用笔就会产生浅淡的色彩，若重压则色彩相对浓烈。在进行排线重叠时，可以像素描一样交叉重叠，但重复次数不宜过多，因为重叠过多会失去色彩的明快感。

需要注意的是，一幅画作中彩色铅笔的色彩不能用得过多，一般使用两三种色彩来表现便足够了。要把彩色铅笔当做是为了表达物品的灰色面而使用的工具，而不可把其当做物品的固有色进行满涂。较亮的部分可以不涂，使其保持物品的光感和体积感，有亮光的物体要注意留白。

（四）马克笔法

马克笔品种相当丰富，如水性的、油性的、酒精性的。水性马克笔没有浸透性，可溶于水，绘画效果与水彩大致相同；油性马克笔通常以甲苯为溶剂，具有浸透性，干得快、不掉色，笔触之间的衔接较好，由于它不溶于水，所以常与水性马克笔混合使用，而不破坏水性马克笔的痕迹；酒精性马克笔一般可在复印过的图纸上直接描绘，不会溶解复印墨粉，含有能使颜色渐深或渐浅的彩色色调，颜色可自由混合，是当今效果图快速表现工具的首选（图5-56、图5-57）。

图5-56　马克笔法绘制的展示效果图一（设计者：蔡婷）

图5-57　马克笔法绘制的展示效果图二

马克笔笔头为面积较小的宽扁形，用笔时可巧妙地利用笔头形状，按各体面需要均匀排列笔触，准确地表现形体结构。

马克笔着色的最大特点是画面色彩透明、干净。用马克笔着色时应遵循色彩明度与纯度逐层递进的原则，高明度色块与低明度色块之间要用中间调子来调和和衔接，各种复色表现的高级灰色调能使画面整体协调，纯度较高的颜色应慎用、巧用。

适于马克笔表现的纸张较为广泛，普通复印纸、素描纸、水粉纸、色板纸都可以使用，也可以选择带底色的纸，这样比较容易统一画面的色调。纸的吸水性及吸油性要好，这样着色后画面色彩才能鲜艳饱和。

初学者绘制马克笔表现图时建议参考以下几种方法：

（1）用马克笔着色时可先用冷灰色或暖灰色定出图中的明暗基调。

（2）运笔要准确、快速，用笔的遍数不宜过多。在第一遍颜色干透后，再进行第二遍上色，否则色彩会渗出而形成混浊之状。

（3）要形成统一的画面风格，就要有规律地组织线条的方向和疏密，因此用马克笔表现时，笔触大多以排线为主。除运用排线笔触外，还可根据需要灵活地使用点笔、跳笔、晕化、留白等方法。

（4）马克笔淡色无法覆盖深色，在给效果图上色的过程中，应该先上浅色而后覆盖较深的颜色。注意色彩之间的相互协调，应慎用过于鲜亮的颜色，多用中性复色。

（5）为了丰富画面的效果，在使用马克笔时还可结合使用彩铅、水彩等工具。

（五）综合表现法

综合表现法是将目前比较实用且容易出效果的几种表现技法综合起来使用。如把马克笔、彩色铅笔、水粉、水彩、喷绘法（图 5-58）等表现技法综合运用，可以几种工具配合使用，充分利用多种表现技法的优势来取长补短，使得画面效果更加丰富和完美。

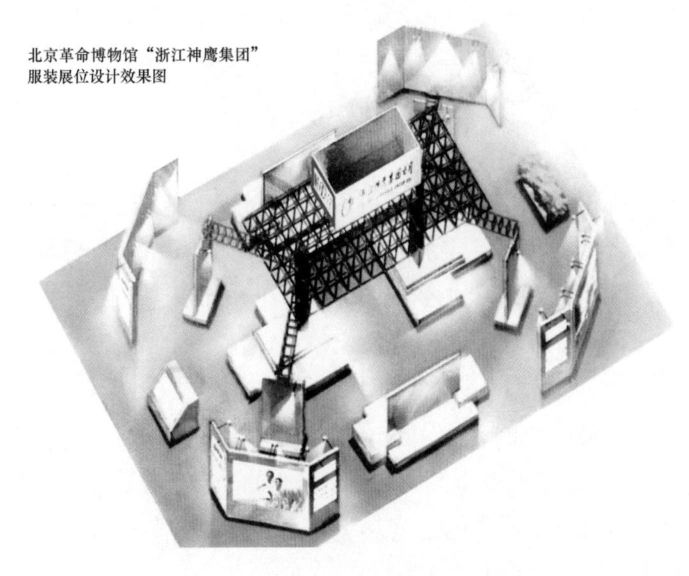

图 5-58　喷绘法绘制的展示效果图
（设计者：王芙亭、孙世圃）

综合表现技法是建立在对各种表现技法的深入了解和熟练掌握的基础上，根据画面内容、效果以及个人的喜好来灵活地结合使用各种表现技法，一般以马克笔为主，彩色铅笔和水彩为辅。综合表现技法兼具设计速写技法的快捷，水彩技法的透明、轻盈，彩色铅笔技法的细腻和马克笔技法的干脆、明快及个性鲜明等特点，非常实用且较易出效果，是现代设计师常用的方法之一（图5-59、图5-60）。

图5-59 综合法绘制的展示效果图（一）

图5-60 综合法绘制的展示效果图（二）

五、计算机辅助设计

设计方案的表达方式有很多种，如模型、效果图等。其中利用计算机绘制效果图已成为展览设计市场的主流。通过计算机三维的虚拟手段，设计者不仅可以在绘制过程中推敲空间尺度、形态比例，还可以使最终的表达图纸效果更加真实，符合大众的审美要求。目前市场上的计算机辅助设计软件较多，这里推荐使用三维制作软件3Dmax和图形图像处理软件Photoshop。

在设计方案草图（图5-61）确定后，就可以在3Dmax上建模，进一步确立形态与尺度。使用3Dmax建模，设计者需要具备一定的软件使用技术，这在市面上任何一本3Dmax教程上都可以学到。本章主要针对服装展位的效果图制作过程进行阐述，仅供学习者参考。

首先，打开3Dmax程序，在建模之前先设定模型单位。通常情况下，将单位设定为“米”（图5-62）。

开始建模的时候，先将展位的地面用box命令建出，在此基础上从宏观入手，将大块面的构筑物建出。建模时须注意：一方面，不要因为细部的造型或建模命令影响模型的尺度、比例；另一方面，大块面构筑物形成的空间尽量符合实际功能的需要，如人流的通过、服装展示区的位置、展板高度与视角等（图5-63）。

服装展示摊位的设计特点大都倾向于简洁，以便突出服装产品的色彩与款式。因此，服

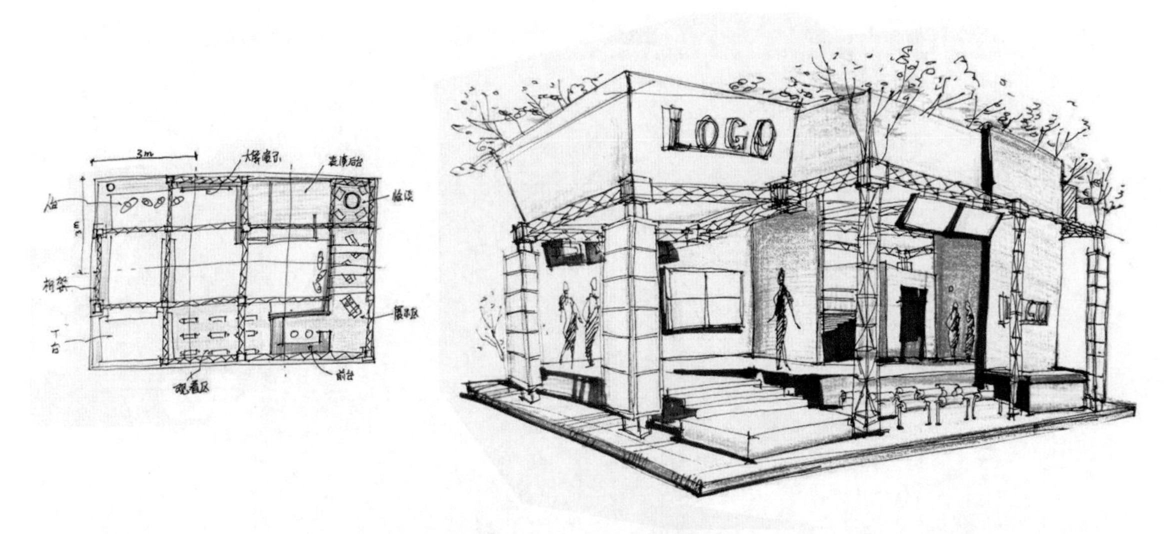

图 5-61　设计方案草图

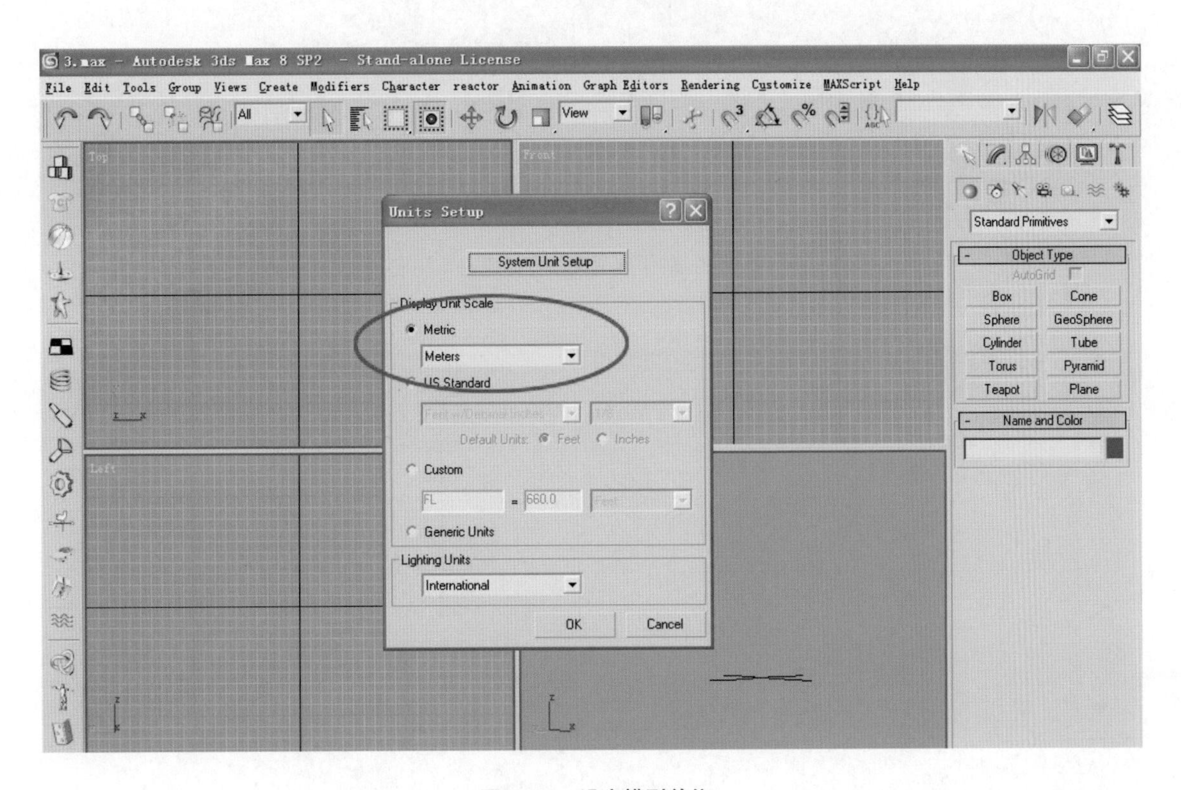

图 5-62　设定模型单位

装展位使用最多的就是普通墙体与金属桁架的结构。金属桁架的布置在整个设计中尤为重要，一方面关系到设计方案结构实施的可行性，另一方面是展位布置照明灯具的基础，要结合展位自身的形式特点设计桁架（图 5-64）。在建立桁架模型的时候，通常初学者会使用圆柱体拼接完成造型，这种做法容易使模型文件过大，渲染困难。可以利用 3Dmax 的线条命令直接绘出桁架结构，在修改命令面板上将线框变粗（图 5-65）。

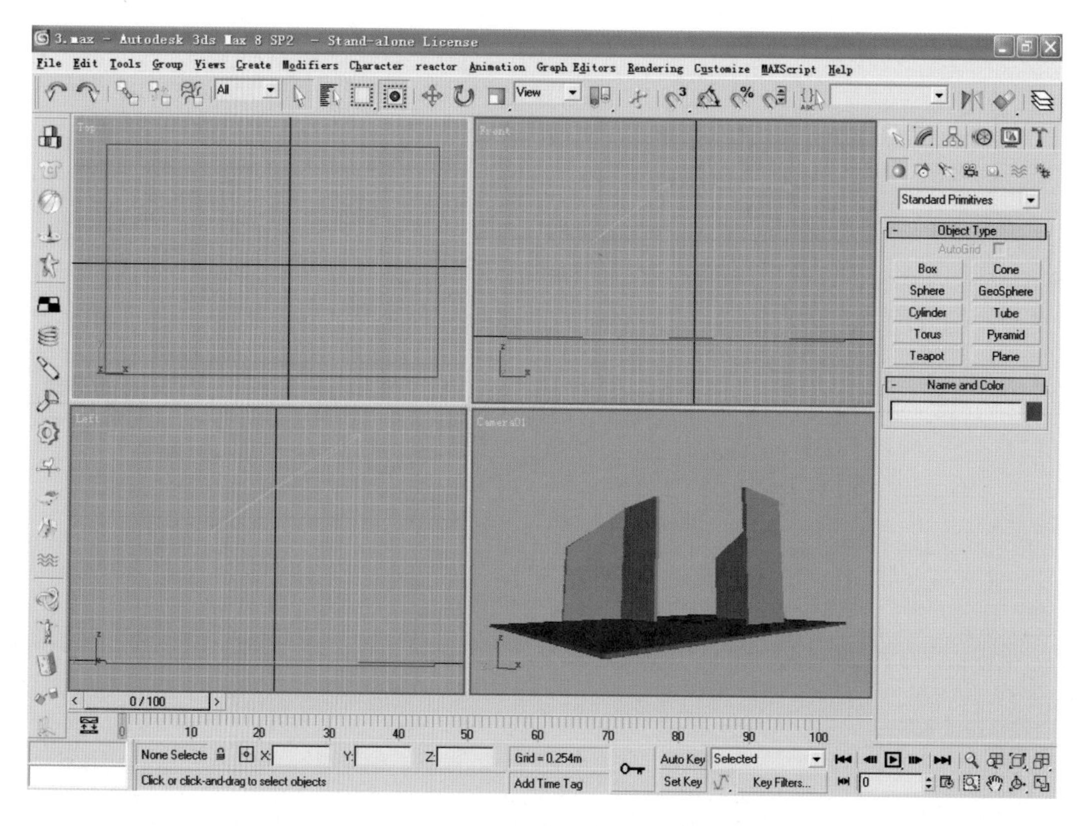

图 5-63　展位大体框架建模

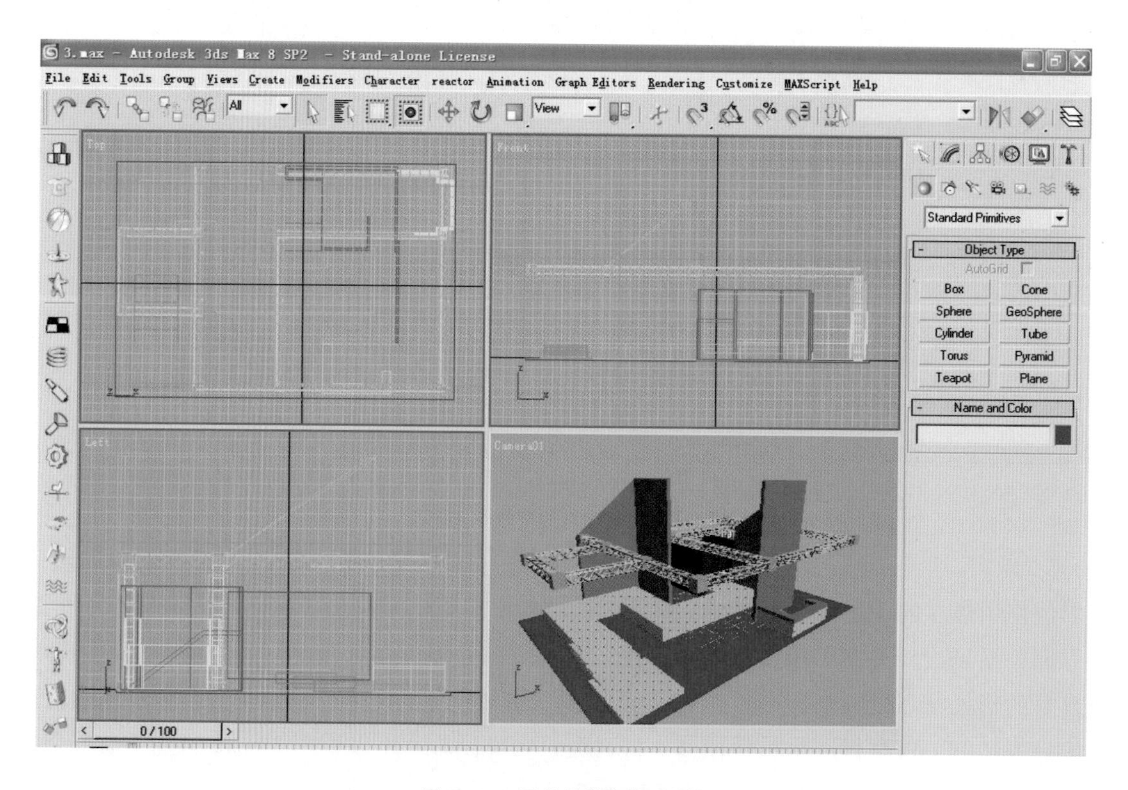

图 5-64　展位结构框架建模

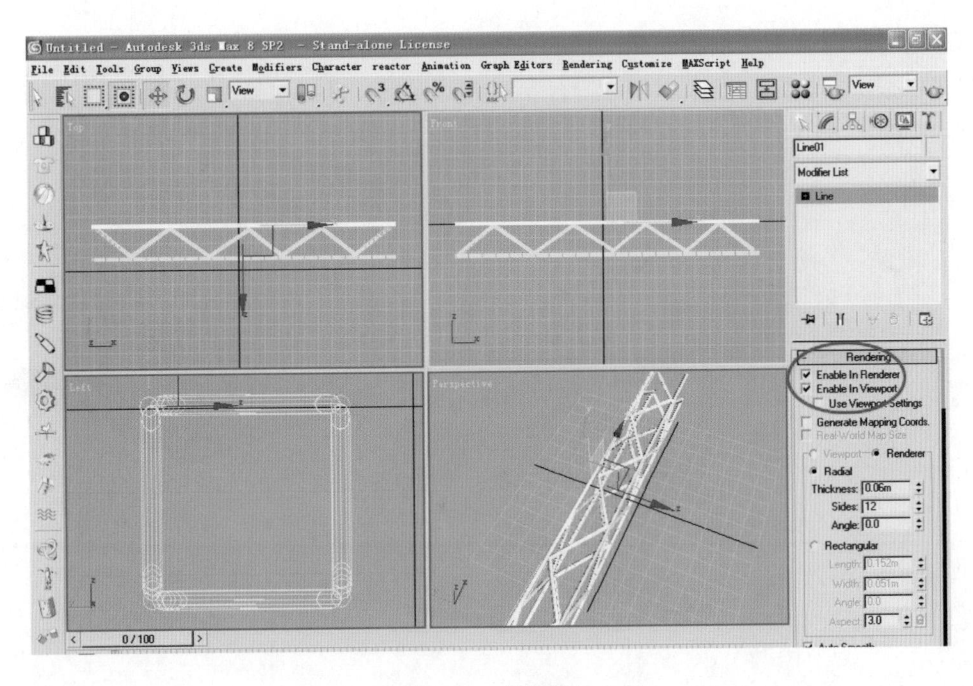

图 5–65　桁架做法

桁架还可以通过材质球编辑来完成。先建出与桁架形态相仿的几何形体，将几何形体分出结构线段，在材质球编辑对话框中，选择“Wire 线框材质”，勾选“2–Side”选项，在“Size”选项后键入线框粗度，最后将材质球赋予模型，就可以得到类似桁架结构的形体（图 5–66）。

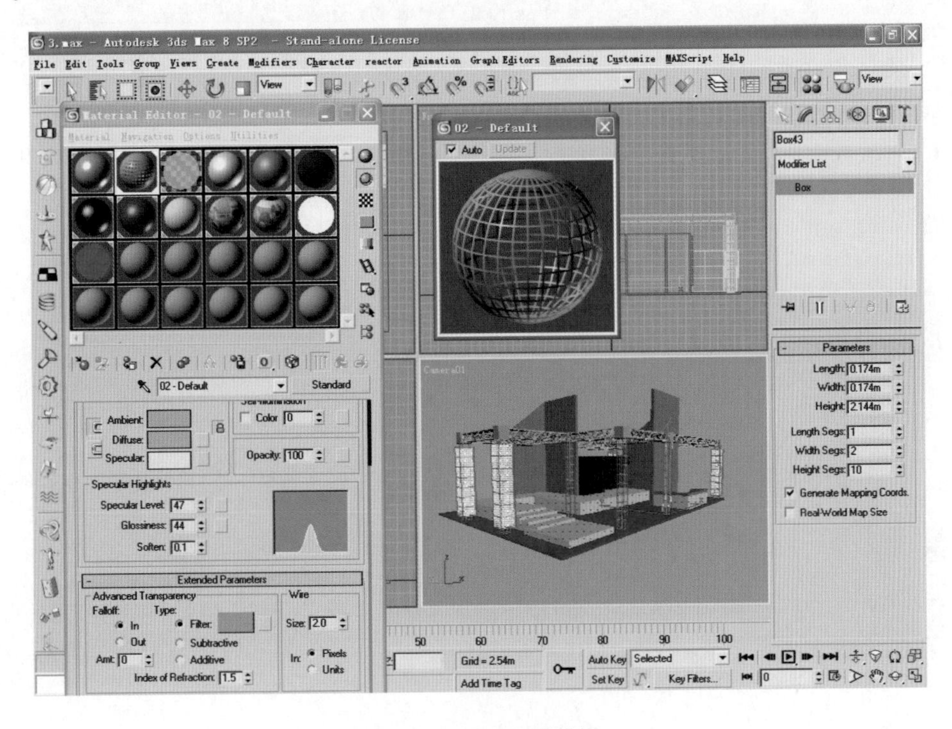

图 5–66　线框材质编辑

展位总体框架建好之后，要从模型的各个角度审视整体形态。务必使展位从任何一个方向看起来都很丰富，各功能区的尺寸符合参观者的人机尺度。这是一个再设计和不断完善改良的过程（图 5–67）。

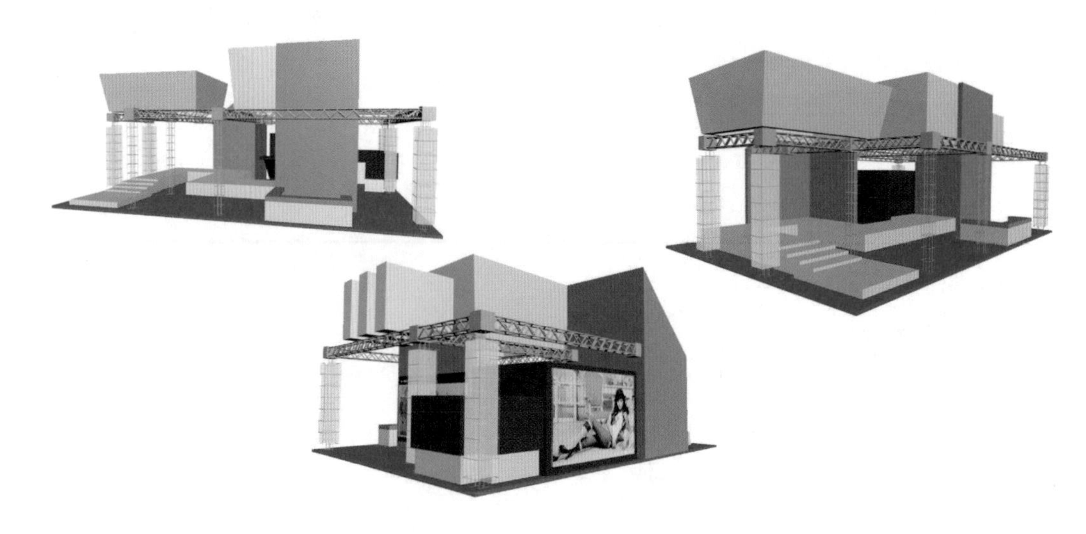

图 5–67　展位各角度推敲完善

为了方便推敲设计，考虑到实际参观者的视角，在建模过程中要在场景中架设摄像机。摄像机的距地高度设在 1.6m 左右，镜头焦距设在 28 ~ 35mm，具体参数视实际效果而定（图 5–68）。

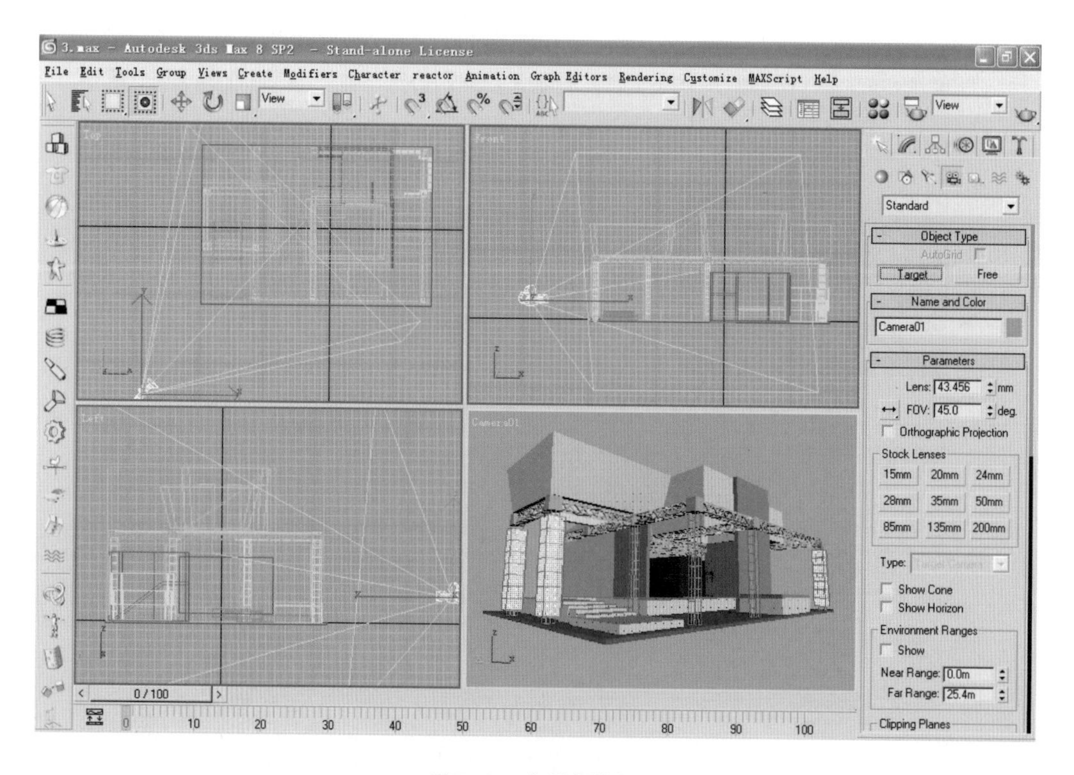

图 5–68　架设摄像机

为了使最后的效果更加耐看，建模时要注意细节的处理。例如，展位的企业标志，桁架上的射灯，坐凳，护栏扶手等。这些细节越丰富，最终的效果图越显得精细美观（图5–69）。建模完毕，在展位模型下方再建立一个大的方块当作展馆的地面，再将环境设置成有渐变色的背景。一切就绪后，为模型赋予材质（图5–70）。

图 5–69　展位精细建模

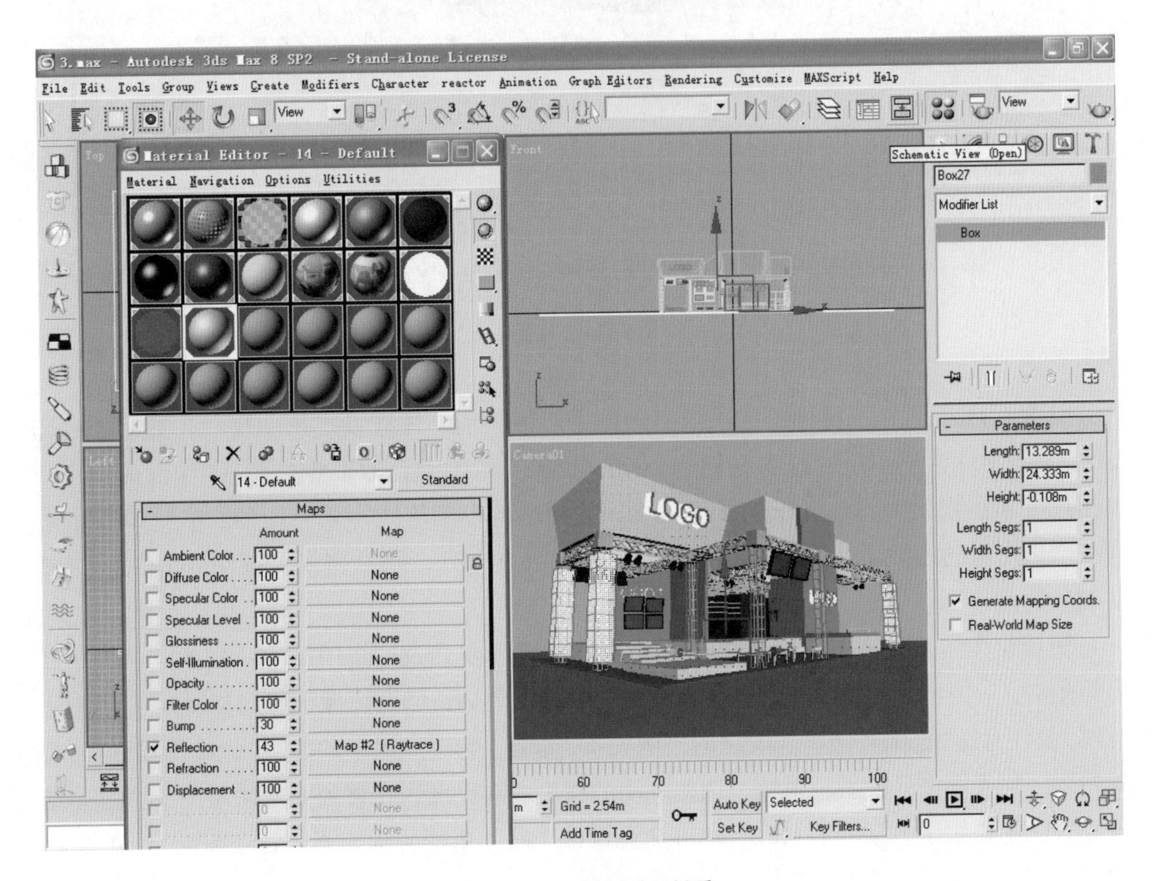

图 5–70　为模型赋予材质

材质编辑完毕，为场景布置灯光效果。3Dmax 的布光是比较难的一项工作，渲染的效果好坏很大程度上取决于灯光是否合理布局。一般情况下，在场景中的高点设置一盏可以照亮全局的射灯为场景主灯，并为射灯设定浅灰色的投影色。在主灯照不到的地方使用 Onmi 泛光灯进行补光，场景的最终效果应该是具有明显的立体感和光感，亮部有颜色、不苍白，同时避免暗部死黑的现象（图 5–71）。

图 5–71　布置灯光

灯光合理布局后，就可以正式渲染出图了。渲染前，注意设定出图尺寸。如果要打印 A4 幅面的图纸，出图尺寸至少设定为 2000 × 1500（像素）。如果要打印 A3 幅面的图纸，出图尺寸至少设定为 4000 × 3000（像素）。渲染后的存图格式主要有两种：Jpeg 和 Tif。如果渲染出图后的图纸还需要在 Photoshop 中做进一步的加工，那么建议大家使用 Tif 格式（图 5–72）。

渲染出图后，可将图纸导入 Photoshop 进行处理。在 Photoshop 中，加入人物、人台、植物等元素，一方面充实场景气氛，另一方面使导入的人物造型在图像中起到参照标尺的作用。所以，要注意透视、人物造型与展位的比例关系、前后人物近大远小的关系、人物的投影等（图 5–73）。加入图像元素后，再统一调整画面的亮度、对比度，完善画面效果（图 5–74）。表现效果图主要用于方案的展示、与甲方交流设计思路，更完善的方案表达还需配套平面和立面尺寸图、剖面图、结构详图等。

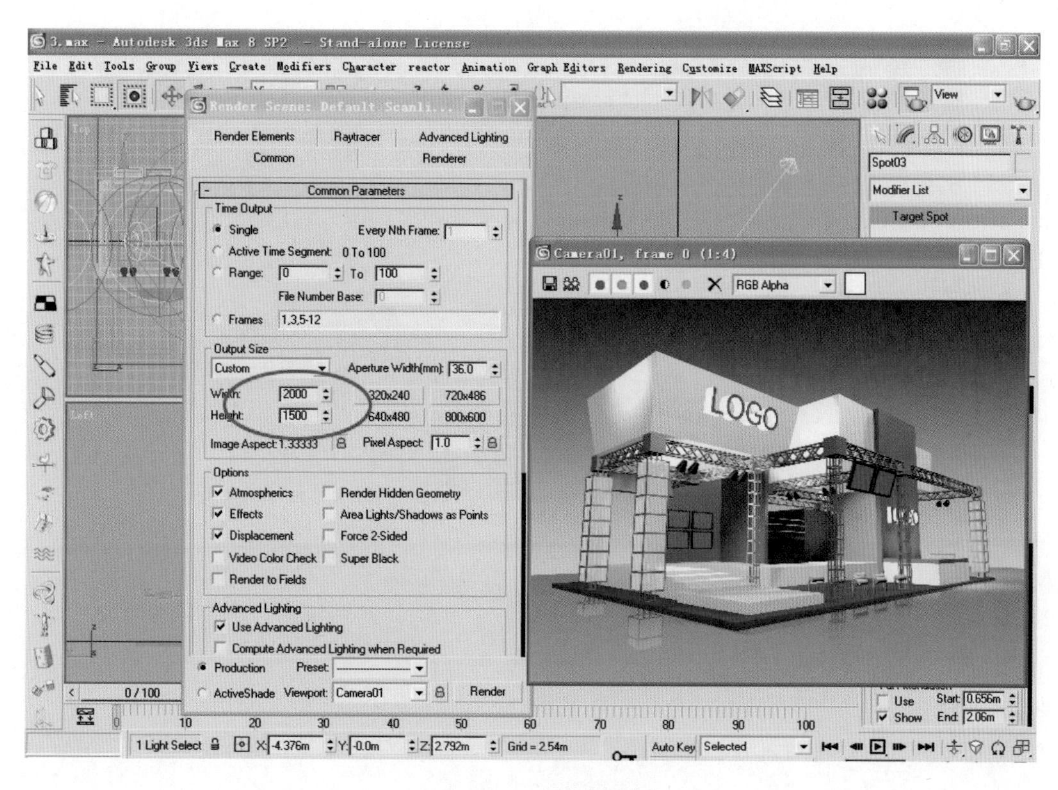

图 5–72 渲染出图

图 5–73 利用 Photoshop 进行处理

图 5-74 调整完善后的画面效果

思考题

1．投影现象与制图的关系是什么？

2．简述三视图是如何形成的，投影之间有什么关系。

3．完成教师指定的制图练习题。

4．简述透视的基本概念及透视图形成的投影原理。

5．学生自备展具三视图，绘制完成展具的平行（一点）透视图和轴测图。

6．学生自备服装卖场或服装展位设计方案三视图，绘制完成展示场景的成角（二点）透视图。

7．选择完成的透视图，使用自己喜好的色彩效果图表现技法来完成设计效果的表达。

8．学生自备服装卖场或服装展位设计方案三视图，使用三维制作软件绘制完成展示场景的效果图。

参考文献

[1] 丁允明 . 现代展览与陈列 [M]. 南京：江苏美术出版社，1992.
[2] 任仲泉 . 展示设计 [M]. 南京：江苏美术出版社，2001.
[3] 朱淳 . 展示设计 [M]. 杭州：中国美术学院出版社，2001.
[4] 汪建松 . 商业展示及设施设计 [M]. 武汉：湖北美术出版社，2001.
[5] 广川启智 . 日本建筑及空间设计精粹 [M]. 北京：中国轻工业出版社，1999.
[6] 韩斌 . 展示设计学 [M]. 哈尔滨：黑龙江美术出版社，1996.
[7] 赵奉堂 . 色彩构成技法 [M]. 天津：天津人民美术出版社，2002.
[8] 罗越 . 展示设计与制作 [M]. 北京：高等教育出版社，1999.
[9] 张绮曼，郑曙旸 . 室内设计资料集 [M]. 北京：中国建筑工业出版社，1991.
[10] 张明 . 现代展示设计 [M]. 杭州：中国美术学院出版社，1999.
[11] 马大力，徐军 . 服装展示技术 [M]. 北京：中国纺织出版社，2006.
[12] 毛春义 . 服装展示 [M]. 武汉：湖北美术出版社，2006.
[13] 孙雪飞 . 服装展示设计与教程 [M]. 上海：华东大学出版社，2008.
[14] 郭常鸣，郭盛庆，王永斌 . 展示创意设计教程 [M]. 上海：上海人民美术出版社，2006.
[15] 朱福熙 . 建筑制图 [M]. 北京：人民教育出版社，1983.
[16] [英] 大卫 · 德尼 . 英国展示设计高级教程 [M]. 上海：上海人民美术出版社，2007.
[17] 庞博 . CIS 设计 [M]. 上海：东华大学出版社，2011.

附录　展示作品赏析

附录一　天津工业大学“纺织非物质文化遗产学研馆”展示设计方案

天津工业大学纺织非物质文化遗产学研馆于2013年4月1日正式启用。学研馆占地300平方米，在实现博物馆展示功能的同时，更加强调“学研”特色。学研馆的整体设计元素以“线”为主，贯穿主题元素“纺梭”，划分为传统、继承、创新三大区域。

传统区汇聚于中国自古就有的丰富纺织文化——织、绣、印、染，绫、罗、绸、缎，可使参观者重温璀璨的中国纺织服装文化；继承区展示了本校服装设计专业最新教学成果，为学生学习互动提供丰富资料；创新区通过先进的数字媒体互动技术，打破书本为主的单一教学模式，将知识与实践相融合，用全新的方式演绎纺织服装新内涵。

天津工业大学艺术与服装学院青年教师王维、冯芬君带领环艺工作室的学生，负责天津工业大学纺织非物质文化遗产学研馆项目的展示空间设计，参与了此项目的实地测绘、方案提交、方案汇报、图纸绘制、施工监管、布展及相关设备安装等全过程。此项目的设计方案荣获2012年第十五届中国室内设计大奖赛“学会奖”。

附图1-1　天津工业大学纺织非物质文化遗产学研馆实景图片

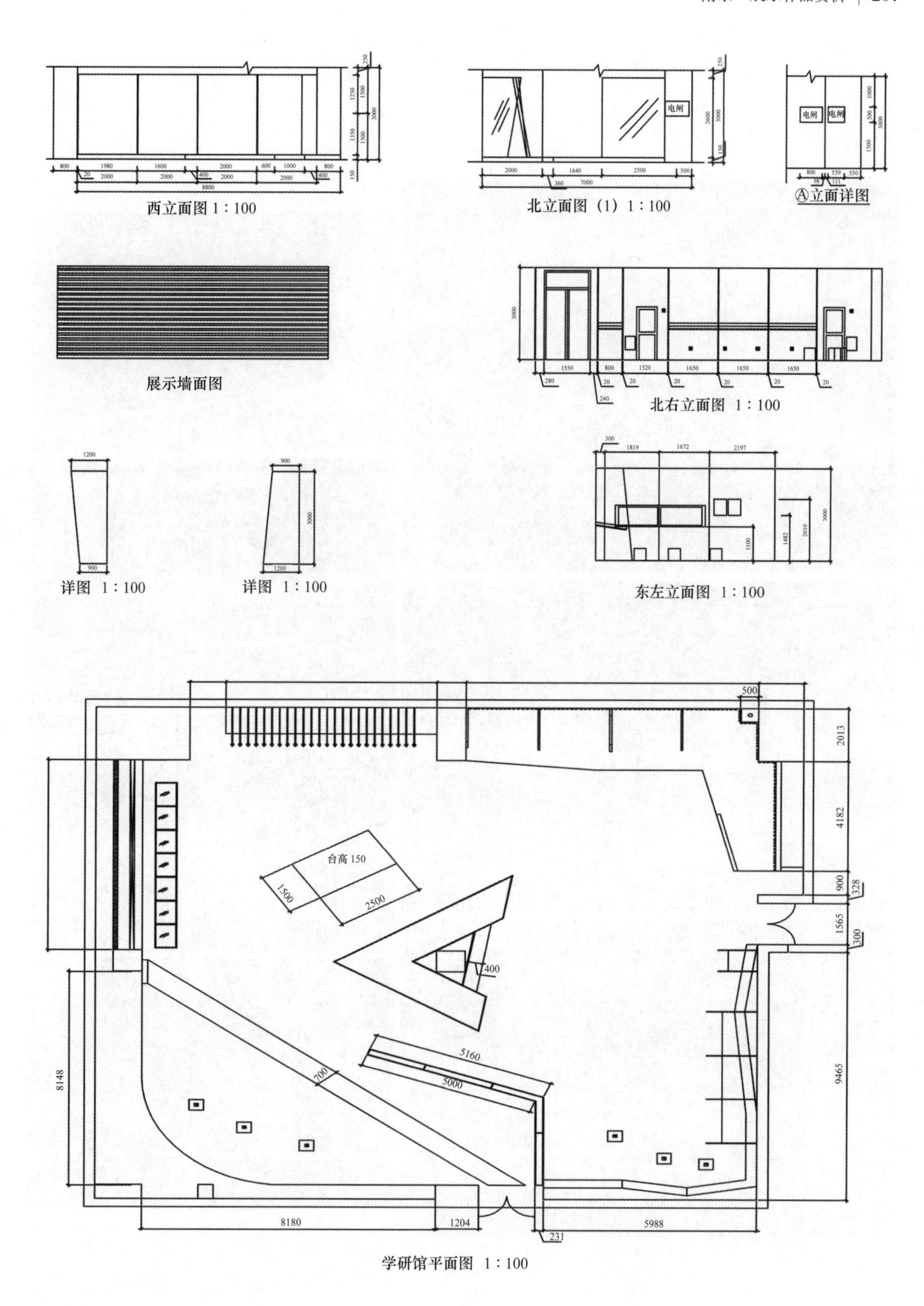

附图 1–2　天津工业大学纺织非物质文化遗产学研馆平面、立面图

附图1-3 天津工业大学纺织非物质文化遗产学研馆效果图

（作者：郭佳）

（作者：于洋）

（作者：祝文武）

附图 1-4　天津工业大学艺术与服装学院学生设计作品

附录二　天津工业大学艺术与服装学院学生设计作品

一、天津工业大学艺术与服装学院服装表演厅方案概念设计

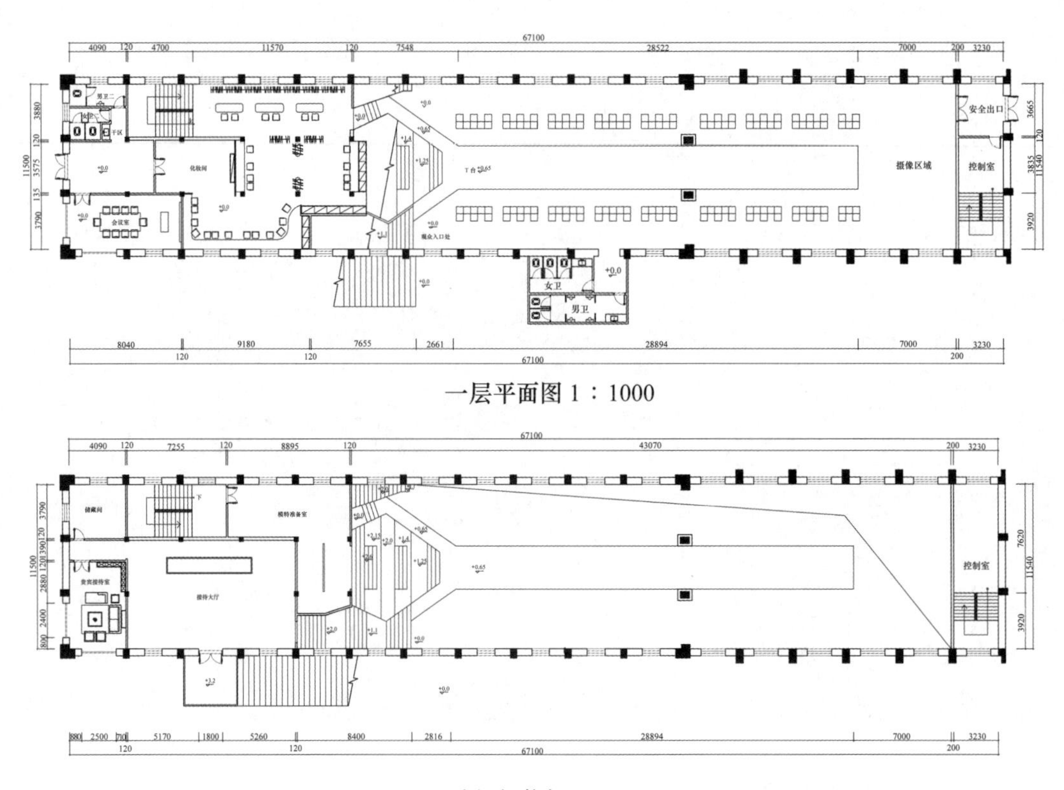

二层平面图 1：1000

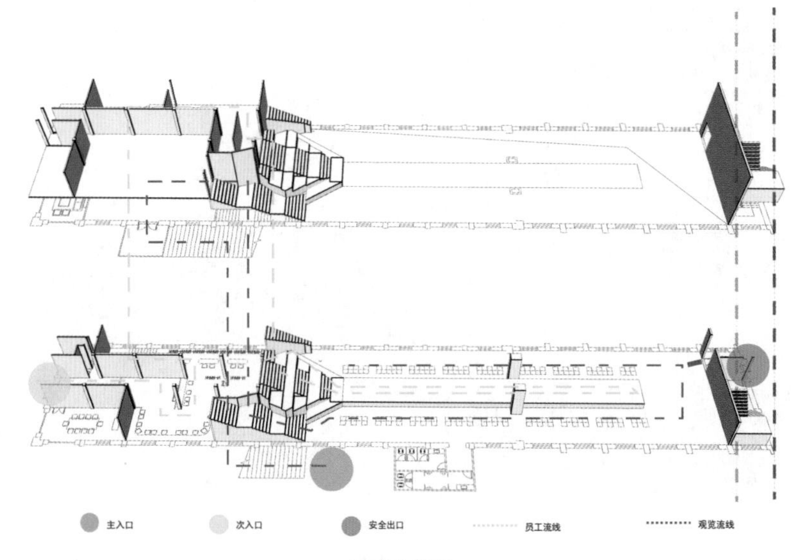

动线分析图

附图 2–1　天津工业大学艺术与服装学院服装表演厅平面图及动线分析图（作者：陈晨）

设计的灯光元素灵感来源于摄影棚的柔光灯箱。柔光灯光线柔和，没有明显的阴影，且操控简单，造型感强。多个灯光不同角度摆放，使得光源交错，增加设计感、造型感及层次感。

功能性在于面光表现，利用铝制的正方体桁架规律地搭乘吊顶的形式，T台中间利用大面积的面光集中视觉中心。“静止”的面光效果与舞台“动态”的射灯效果，形成了中心律动的感觉。

利用每一个柔光灯的重叠串联成一长条的灯带作为室内的面光源，形成一种概念设计的灯光。

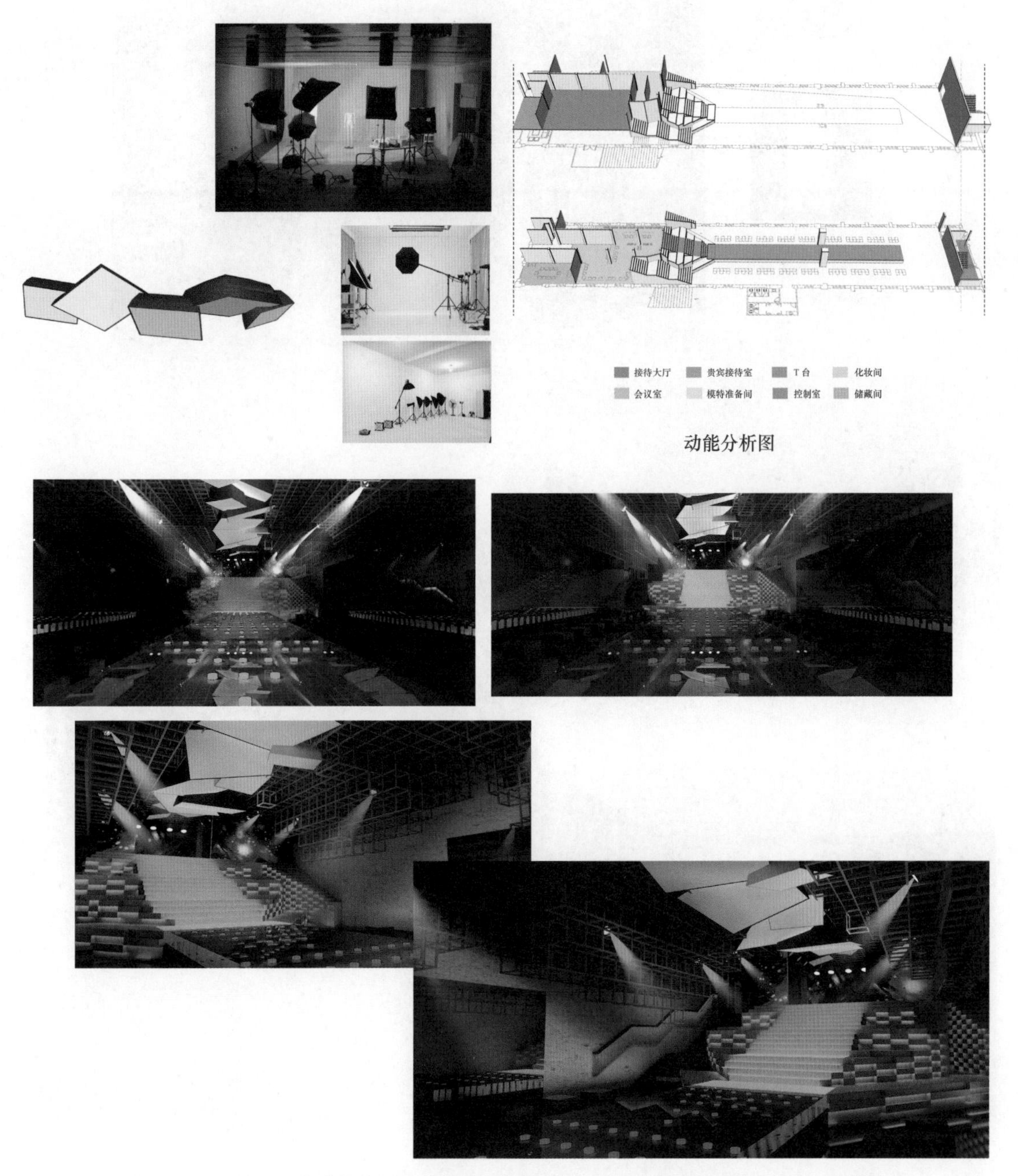

附图 2-2　天津工业大学艺术与服装学院服装表演厅功能分析图及效果图（作者：陈晨）

二、天津工业大学艺术与服装学院学生设计作品

店面入口处以“江南布衣”品牌标志 JNBY 英文字母中的“Y”字形的木质隔板作为服装展示道具的创意亮点，店内天然木质材料的墙壁作为整体空间的主基调，没有过多的变化和装饰，彰显其自然、沉稳、雅致的生活态度，诠释了江南布衣“自然、健康、完美”的生活方式的品牌理念。

“Y”字形木质隔板的服装展示道具

附图 2-3　江南布衣（JNBY）专卖店效果图（作者：孙冰楠）

三、天津工业大学艺术与服装学院学生设计作品

二层洽谈空间采用半封闭式设计，目的在于贵客在洽谈协商时也可以领略香奈儿（CHANEL）T台秀的风采。为了避免黑白两色在一起的单调性，在局部以水墨画中黑白相融的形式展现，更有韵律美。照片墙不但具有装饰性，更传播了CHANEL的文化。

东立面外部设计简单而有新意，距离地面1.5m处设有CHANEL品牌的今日风采展示栏。在展厅外壁上设有较多的LED屏幕，采用了多媒体技术，对内部的动态展进行现场直播，便于在外面的观众观看到CHANEL品牌秀的精彩展示。

附图2–4　香奈儿（CHANEL）展位设计效果图（作者：夏蕾）

附录三　国内外展示作品赏析

附图 3-1　日本东京 2004 年“春夏新产品发布展示会”展台上造型奇特而优雅的人体模型在光的辉映下充满春的气息和风韵

附图 3-2　“2001 年国际体育博览会”上，似乎“吸附”于背景画面上的青年人体模型张开双臂的姿态，强化了运动与健康的展示概念

附图 3-3　造型简练单纯的浅白色展墙与地面连接成 U 形，给精致艳丽的泳装提供了明快的展示背景

附图 3-4 挂服装的三条曲线利落且充满弹性，灯光将其所陈列服装所具有的动势突显出来

附图 3-5 吊挂在“柴堆”上的人体模型随着支架的放射方向形成强烈的视觉张力

附图 3-6 橘红色成为空间中活跃的符号元素，壁面上圆形的白色泡罩用来陈列女士手包别具一格

附图 3-7 新奇刺激的人体模型陈列，看似随意又别具匠心

附图 3-8 固定在顶棚上的大型灯罩新奇且引人注目，不仅对空间具有划分作用，也丰富了空间的形态

附图 3-9　吊挂的服装宁静素雅，从顶棚吊垂的白色布幔引人联想

附图 3-10　剥落的墙皮露出砖墙，空间中充盈着顶棚灯光的神秘光色

附图 3-11　服装展室的陈列，借助镜面与地面的反光，使低密度的服装陈列空间丰富敞亮

附图 3-12　博物馆展示，纤维光束构成的“草”在服装之间摇曳

附图 3-13 商场大厅的圣诞节展示充满青春的活力与激情

附图 3-14 诙谐幽默的陈列表现充满创意

附图 3-15 伸展的“树枝”作为象征性元素，渲染着浪漫的情调

附图 3-16 暴露的顶棚反衬出卖场的设计感与展示用服装模特的艳丽

附图 3-17 奇特虚渺的空间形态中，吊挂的人体模型更显得引人注目

附图 3–18　运动装品牌专卖店中，暗黑色的顶棚与亮白色地面、墙面及展台形成强烈的对比，体现品牌特征的橘红色与深灰色醒目活跃，地面上的深灰色则成为空间中调和的因素

附图 3–19　呼应周围老街手工业意象的前卫时尚概念店，金属造型不仅可以满足服装吊挂机能，还创造出强烈的视觉印象

附图 3–20　人体模型在隧道般的空间吊挂陈列，左上部的灯光显现了人体模型着装的立体感与质感，玻璃隔墙透过的蓝光在灰色调的空间中更显神秘

附图 3-21　在整个空间灰暗的色调气氛中，服装挂架上部的隐蔽灯光映衬着服装的轮廓，顺应 V 形墙体结构的展示设计加强了空间的透视感

附图 3-22　陈列台悬浮在灯光上，吊顶造型改善了高大空间的空旷感，较低的基本照度和陈列密度，更好地体现出销售空间的档次与品牌价值

附图 3-23　通风管装置从顶棚环绕到地面及墙面，成为服装与配饰的展示台面

附图 3–24　品牌的图形，特别是色彩视觉识别要素在其服装的展示中得到充分运用

附图 3–25　穿着黑衣的人体模型悬空吊挂，给人的视觉与心理带来异样的刺激

附图 3–26　蓝色调与光的运用将人体模型置于“月光下”的情境中，绽放的梅花点出了新春的主题

附图 3–27　空间上部的暗色调与下部的亮色调反衬出人体模型的身姿，伸展的树干与横向的条板对空间的构图起到丰富和平衡的作用

附图 3-28 服装展室的陈列，幽暗的空间中，照明的运用将人们的视线集中于陈列的服装，顶棚的反影增加了空间的虚幻气氛

附图 3-29 蓝灰的色调、固定墙壁贴面的螺丝孔洞，服装卖场空间彰显着神秘感

附图 3-30 低密度的服装陈列空间有序而不单调，隔板的红木色与服装跳跃的红色形成呼应，隔板上的浅白色衬板增加了空间层次